粒计算研究丛书

大数据挖掘的原理与方法

——基于粒计算与粗糙集的视角

李天瑞　罗　川　陈红梅　张钧波　著

U0230184

科学出版社

北　京

内 容 简 介

现代信息社会已经迈入大数据时代，但大数据给人们带来了前所未有的挑战，如何有效地从动态变化、结构化、半结构化和非结构化等多模态数据共存的大数据中进行高效实时的数据挖掘并发现有价值知识已成为当前信息科学领域亟待解决的问题。本书针对大数据呈现的体量巨大、多源异构、动态性和不确定性等特点，以粒计算理论为基础，以典型粗糙集模型为对象，以增量学习技术为手段，以云计算并行框架为支撑平台，构建大数据分析与挖掘的原理和方法及其算法，并融入了相关领域学者在动态知识发现、数据融合和大数据并行处理等成果，力图展现基于粒计算和粗糙集视角处理大数据的最新进展。

本书可供计算机科学与技术、智能科学与技术、软件工程、自动化、控制科学与工程、管理科学与工程和应用数学等专业的教师、研究生、高年级本科生和科研技术人员参考。

图书在版编目(CIP)数据

大数据挖掘的原理与方法：基于粒计算与粗糙集的视角/李天瑞等著. —北京：科学出版社，2016.6
(粒计算研究丛书)
ISBN 978-7-03-048368-3

Ⅰ. ①大… Ⅱ. ①李… Ⅲ. ①数据处理 Ⅳ. ①TP274

中国版本图书馆 CIP 数据核字 (2016) 第 114899 号

责任编辑：任 静／责任校对：桂伟利
责任印制：徐晓晨／封面设计：华路天然

科 学 出 版 社 出版
北京东黄城根北街 16 号
邮政编码：100717
http://www.sciencep.com

北京中石油彩色印刷有限责任公司 印刷
科学出版社发行　各地新华书店经销

*

2016 年 6 月第 一 版　开本：720 × 1000 1/16
2020 年 5 月第五次印刷　印张：12
字数：211 000

定价：109.00 元
(如有印装质量问题，我社负责调换)

丛 书 序

　　粒计算是一个新兴的、多学科交叉的研究领域。它既融入了经典的智慧，也包括了信息时代的创新。通过十多年的研究，粒计算逐渐形成了自己的哲学、理论、方法和工具，并产生了粒思维、粒逻辑、粒推理、粒分析、粒处理、粒问题求解等诸多研究课题。值得骄傲的是，中国科学工作者为粒计算研究发挥了奠基性的作用，并引导了粒计算研究的发展趋势。在过去几年里，科学出版社出版了一系列具有广泛影响的粒计算著作，包括《粒计算:过去、现在与展望》《商空间与粒计算——结构化问题求解理论与方法》《不确定性与粒计算》等。为了更系统、全面地介绍粒计算的最新研究成果，推动粒计算研究的发展，科学出版社推出了《粒计算研究丛书》。本丛书的基本编辑方式为：以粒计算为中心，每年选择该领域的一个突出热点为主题，邀请国内外粒计算和该主题方面的知名专家、学者就此主题撰文，来介绍近期相关研究成果及对未来的展望。此外，其他相关研究者对该主题撰写的稿件，经丛书编委会评审通过后，也可以列入该系列丛书。本丛书与每年的粒计算研讨会建立长期合作关系，丛书的作者将捐献稿费购书，赠给研讨会的参会者。中国有句老话，"星星之火，可以燎原"，还有句谚语，"众人拾柴火焰高"。《粒计算研究丛书》就是基于这样的理念和信念出版发行的。粒计算还处于婴儿时期，是星星之火，在我们每个人的爱心呵护下，一定能够燃烧成燎原大火。粒计算的成长，要靠大家不断地提供营养，靠大家的集体智慧，靠每一个人的独特贡献。这套丛书为大家提供了一个平台，让我们可以相互探讨和交流，共同创新和建树，推广粒计算的研究与发展。本丛书受益于粒计算研究每一位同仁的热心参与，也必将服务于从事粒计算研究的每一位科学工作者、老师和同学。《粒计算研究丛书》的出版得到了众多学者的支持和鼓励，同时也得到了科学出版社的大力帮助。没有这些支持，也就没有本丛书。我们衷心地感谢所有给予我们支持和帮助的朋友们！

《粒计算研究丛书》编委会

2015 年 7 月

序

近年来，随着信息技术、网络技术在国家治理、科学研究、生产实践、日常管理等各个领域的蓬勃发展，数据的产生、收集和处理的期望和驱动更加迫切，"大数据"应运而生。在过去几十年，众多学者已在机器学习、数据挖掘、人工智能、统计分析、知识工程等领域的研究中取得了丰硕的成果。但大数据带来了前所未有的挑战和机遇：数据的不确定性攀升、数据的计算规模激增、数据的实时性凸显、数据结构的复杂性和数据稀疏性等参错重出。大数据蕴涵更加丰富的知识，如何以简御繁，有效地挖掘提炼知识以满足不同应用场景的需求是一个亟须解决的问题。

粒计算理论是近年来新兴的一个研究领域，是信息处理的一种新的计算范式，主要用于描述和处理不确定的、模糊的、不完整的和海量的信息及提供一种基于粒和粒间关系的问题求解方法。粒计算的模型与现实世界的结构、人们的思维模式及行为方式是一致的。它提供了对所解决问题多视角、多层次的理解、概括和操作。用粒计算指导的思维模式和行为方式可将复杂问题分解成若干小问题，再进行分而治之。粒计算可对问题进行不同层次的抽象和处理，寻求不同粒度上的近似解。在大数据环境下，充分利用粒计算的特性进行问题求解和智能信息处理是一个行之有效的方式。

粒计算的主要理论分支包括粗糙集、词计算、商空间理论和三支决策等。其中，粗糙集理论近年来越来越受到人们的重视。它聚焦于不确定信息的近似逼近，用上下近似集对不确定信息进行近似描述，无需先验知识，进而拓展到特征选择、逻辑推理、关联规则、粒化模型构造等相关的研究。基于统计学的智能信息处理需要数据分布等先验知识，而在大数据环境下，数据的统计信息的获取和假设有诸多限制，不同的假设可能影响最终的结果。粗糙集理论从数据的粒度结构出发，可以刻画出不同的粒度结构和近似描述，能有效地适应大数据环境去繁就简和数据融合的需要。近年来，粗糙集理论得到了蓬勃发展，其有效性已在许多科学与工程领域的成功应用得到证实，尤其是将概率论、贝叶斯决策理论和粗糙集理论相结合的决策粗糙集理论，已在风险决策和不确定信息处理方面得到了很好的应用。

基于粒计算和粗糙集理论与方法的大数据处理技术已得到了研究者的广泛关注。本书针对大数据呈现的体量巨大、多源异构、动态性和不确定性等特点，以粒计算理论为基础，以典型粗糙集模型为对象，以增量学习技术为手段，以云计算并行框架为支撑平台，构建大数据分析与挖掘的原理和方法及其算法，并融入了相关领域学者在动态知识发现、数据融合和大数据并行处理等方面的成果，反映了基于粒计算和粗糙集视角处理大数据的最新进展。本书汇聚了作者多年来在这个领域的创新研究成果，各章节内容选题恰到好处，不但系统梳理了大数据挖掘的产生背景、基于粒计算和粗糙集理论的动态知识发现国内外研究进展，而且分别针对大数据挖掘中几个主要挑战性问题给出作者的独特解决方案。其主要贡献包括三方面：①全面刻画了大数据中动态特性的三种粒度变化类型，提出了面向大数据基于粒计算和粗糙集理论的动态知识发现系列方法及相应的算法，设计了数据并行、模型并行以及数据-模型并行方法，并在流行的云平台 Hadoop 和 Spark 上进行多机和多核并行的全方位性能评测；②充分利用增量学习技术，即能够有效利用已有知识，通过对新数据的增量分析处理，从而实现知识的渐进性修改和更新，揭示了不同粒层次之间转换的数学关系，刻画了不同粒度之间的变化规律，提高了数据快速增长时的知识获取效率；③借助矩阵这一通用的表达和运算工具，精巧地刻画了数据矩阵、关系矩阵、诱导对角矩阵、等价类特征矩阵和特征值矩阵、决策特征矩阵和特征值矩阵以及属性重要度矩阵等概念，创新了近似集的布尔矩阵表示，阐明了等价类的泛化决策与近似集之间的关系，展示了决策特征矩阵和分配辨识矩阵的更新来实现知识的动态更新过程，所设计的基于矩阵增量学习方法不但简明、直观性较好，而且更新知识效率高，为大数据中的动态知识发现提供了一个新的技巧与工具。

另外，书中在刻画概念、引理、定理和算法等内容时配有相当数量的图解和实例，以便于读者充分理解书中的知识点，突出基于粒计算和粗糙集理论应用于大数据分析与挖掘的直观性。该书充分展示了利用粒计算和粗糙集理论解决大数据复杂问题的优势，为大数据分析、处理与挖掘提供了新的理论支撑和技术支持，同时对于推动大数据产业的快速发展具有重要的现实意义和应用价值。通过阅读此书，读者可以了解到基于粒计算理论的大数据挖掘方法和其相关领域的知识背景以及获取此研究领域最前沿的信息。本书很适合作为参考资料或者研究生的课程教材。

潘　毅

美国佐治亚州立大学

2016 年 5 月 16 日

前　　言

　　随着新兴信息技术和应用模式的快速产生与发展，现代信息社会已经迈入大数据时代。大数据的分析、挖掘与应用也已经渗透到国家治理、经济运行、文化建设和社会管理的方方面面。大数据具有体量巨大、类型繁多、价值密度低、变化速度快和数据真实性等特点，它给人们带来了前所未有的挑战。如何有效地从动态变化，结构化、半结构化和非结构化等多模态数据共存的大数据中进行高效实时的数据挖掘并发现有价值的知识已成为当前信息科学领域亟待解决的科学问题。

　　大数据中提炼出的知识将在更高的层面、更广的视角、更大的范围帮助人们提高洞察力，提升决策力，将为人类社会创造前所未有的重大价值。而在大数据环境中，由于数据采集手段的不足、测量产生的误差和人为因素等导致数据的非真实性特征更加鲜明、不确定性更加显著，因此不确定性问题处理成为从大数据中发现有用知识极其困难的挑战。如何在数据分析与挖掘阶段对大数据的不确定性问题进行有效的处理，已成为大数据知识获取的一个重要研究课题。粒计算作为一种新的计算范式，为我们提供了一套基于信息粒化的复杂问题求解理论框架，是当前计算智能领域中模拟人类思维和解决复杂问题的核心技术之一。通过对复杂问题的抽象、划分从而转化为若干较为简单的问题，粒计算可以从不同粒度层次的角度对复杂问题进行多层次、多视角的简化分析与处理，并通过忽略不必要的求解细节来提高问题处理的计算效率。粗糙集理论是不确定信息近似处理的一种重要粒计算模型，其利用信息的已知划分，通过上下近似集对不精确或不确定的目标概念进行近似刻画，从而不需要待处理数据之外的任何先验信息。粒计算和粗糙集理论所具有的复杂问题求解优势将为大数据环境中不确定性问题的近似求解、处理与解决提供重要的理论依据。

　　采集、分析大数据是一个持续更新、不断优化的升级过程。"大数据"由"小数据"发展而来，数据随着时间的推移，产生得快，变化得快，折旧得也快，数据快速增长化成为大数据的另一个重要特征，数据的激增使得大数据环境中信息处理的时效性要求越来越高。如何分析、设计动态高效的知识获取方法来应对大数据环境中数据处理的时效性需求也已成为当前信息科学领域亟待解决的挑战性任务。传统的批量式知识获取方法在面对不断变化的动态数据环境，随着问题求解规模的不断增大，对时间和空间的需求也会迅速增大，从而导致知识学习的速度远不及数据更新的速度。增量更新技术模拟人类的认知机理，能够在不断变化的动态数据环境中实现基于增量数据的渐进性知识修正、加强、更新和维护，为我们降低了数据快速增长时知识获取方法对时间和空间的需求，对于提高大数据挖掘和分析的实时处理能力，实现从复杂海量数据到潜在有用知识的高效转化具有重要的借鉴作用。

随着数据量的不断增加和问题求解规模的不断扩张，传统的基于串行计算技术的数据挖掘模型及算法无法满足大数据环境中人们对响应时间、吞吐量的可伸缩性要求。并行计算是提高计算机系统计算速度和处理能力的一种有效手段。云计算是由并行计算、网格计算、分布式计算和效用计算等发展而来的一种基于互联网的新兴的计算模式。它可为人们提供各种不同层次、各种不同需求的低成本、高效率的智能化服务及信息服务模式的改变。云计算中并行技术可最大限度地整合计算存储资源，能够有效应对多源异构动态数据挖掘时信息数据异构分布、计算资源利用不足的效率瓶颈。基于云计算技术提高大数据处理效率是符合当前智能信息处理的发展趋势。因此，充分应用云计算并行技术来优化基于粒计算和粗糙集理论的大数据学习算法，以突破粒计算和粗糙集理论应用于大规模复杂动态数据中实时处理的效率瓶颈问题，推动大数据分析处理理论、方法及其算法的发展与完善。

本书旨在基于粒计算和粗糙集理论，利用增量学习技术和并行计算模型，以大数据环境中的不确定性问题和实时分析处理为研究目的，开发高效实用的大数据挖掘与学习算法。本书的研究工作不仅拓展了粒计算与粗糙集理论及应用的研究范畴，为大数据环境中的数据挖掘与知识发现问题提供了新的处理技巧和研究视角，而且可以促进大数据产业的快速发展，加快实现数据增值服务，具有重要的理论意义和实际应用价值。

本书共 7 章，第 1 章综述大数据挖掘、粒计算与粗糙集理论的研究现状；第 2 章给出本书的预备知识，包括经典粗糙集理论与扩展粗糙集模型，以及基于粗糙集理论的属性约简方法和粒度度量等；第 3 章介绍面向大数据的并行大规模特征选择方法；第 4 章介绍多维粒度动态变化下粗糙近似集的增量更新方法；第 5 章介绍信息系统中属性值粗化细化时决策规则动态更新方法；第 6 章介绍动态不完备数据环境中概率粗糙集模型及其近似集的高效求解方法；第 7 章介绍复杂数据融合与高效学习方法。

本书的工作得到了很多专家和同行的帮助，包括比利时国家核能研究中心阮达研究员，加拿大里贾那大学姚一豫教授和姚静涛教授，美国佐治亚州立大学潘毅教授，台湾科技大学洪西进教授，西南交通大学徐扬教授、秦克云教授和刘盾副教授，重庆邮电大学王国胤教授，同济大学苗夺谦教授，山西大学梁吉业教授、李德玉教授和钱宇华教授, 南京大学周献忠教授和商琳副教授, 天津大学胡清华教授和代建华教授, 浙江海洋学院吴伟志教授, 河北师范大学米据生教授, 河南师范大学徐久成教授, 闽南师范大学李进金教授和祝峰教授等。

　　本书的出版受到了国家自然科学基金项目 (No. 61573292, 61572406) 的资助, 在此表示衷心感谢。另外, 由于作者水平有限, 书中不足之处在所难免, 敬请读者指正 (联系方式: trli@swjtu.edu.cn)。

作　者

2016 年 4 月

目　　录

第 1 章 绪 论

1.1 大数据及其挖掘技术

近年来,随着互联网、物联网、云计算和三网融合等信息与通信技术的迅猛发展,数据的快速增长成了许多行业共同面对的严峻挑战和宝贵机遇,信息社会已经进入了"大数据"时代。"大数据"是一个抽象的概念,若仅从字面来看,它是指数据规模巨大。但是光凭体量巨大这一点显然无法区别大数据与以往的"海量数据"和"超大规模数据"等概念。人们目前对于大数据还没有一个公认的定义,现有的一些大数据定义基本上都是从其特征出发来刻画。其中,维基百科将大数据定义为"所涉及的数据量规模巨大到无法通过人工,在合理时间内达到截取、管理、处理并整理成为人类所能解读的信息";百度百科中大数据的概念是"所涉及的资料量规模巨大到无法通过目前主流软件工具,在合理时间内达到撷取、管理、处理并整理成为帮助企业经营决策更积极目的的资讯"。简而言之,大数据与一般数据的区别在于:大数据是指不能用传统存储技术和算法在合理的时间内进行分析与处理。

当前大数据在各个领域中开始崭露头角,取得了令人瞩目的成就。例如,在社会民生方面,2015 年中国春运大军已经增长到 36 亿人次,人们很关心这 36 亿人次在这么短的时间内是如何迁徙的,央视借助百度迁移(用手机中基于位置服务的定位功能和大数据可视化技术等)把春运大军的迁徙状况形象地呈现在电视屏幕上,给每一位观众带来最直观的感受,也为运输部门的决策提供了重要参考依据。阿里金融的阿里小贷业务也堪称大数据应用中的典型案例,其目的是为阿里巴巴 B2B业务、淘宝和天猫三个平台的商家提供订单贷款和信用贷款。阿里巴巴利用该集团中庞大的客户资源大数据和信息流,通过分析淘宝、天猫、支付宝和 B2B 上商家的各种类型数据,对商家进行信用评级,商家凭借这个信用评级,不用提交任何担保、抵押,就可以申请阿里金融旗下的信贷产品。与现有银行相比,这种创新的金融信贷审批模式极大地提高了贷款效率和企业竞争力。

大数据的不断迅猛发展也呈现出其独特的特性,可概括为以下五方面,也称为"5V"。

(1) 数据量大 (volume)。数据集的规模不断扩大,已从 GB 到 TB 再到 PB 级,甚至已经开始以 EB 和 ZB 来计数。截至目前,人类生产的所有印刷材料的数据量是 200PB,而历史上全人类说过的所有话的数据量大约是 5EB。根据 IDC 的"数字宇宙"的报告,预计到 2020 年,全球数据使用量将达到 40ZB[1]。

(2) 种类繁多 (variety)。相对于以往便于存储的以文本为主的结构化数据,非结构化数据越来越多,包括网络日志、音频、视频、图片和地理位置信息等,现代互联网上半结构化和非结构化数据占有比例将达到整个数据量的 95% 以上,这些多类型的数据对数据的处理能力提出了更高的要求[2]。

(3) 速度快 (velocity)。大数据区别于传统数据挖掘的最显著特征是它往往以数据流的形式动态、快速地产生,具有很强的时效性,用户只有把握好对数据流的掌控才能有效利用这些数据[3]。

(4) 价值密度低 (value)。基于传统思维与技术让人们在实际环境中往往面临信息泛滥而知识匮乏的窘态,呈现出价值密度的高低与数据总量的大小成反比的情况。但对于众多潜在的应用而言,大数据整体往往蕴藏着巨大的价值[2]。

(5) 真实性 (veracity)。现实世界中的数据普遍存在模糊性、不一致性或含有噪声,例如,当传感器受到外界干扰时,将导致所获得的数据存在误差等。

大数据的涌现不仅改变着人们的生活与工作方式、政府的管理方法和企业的运作模式,甚至还引起科学研究模式的根本性改变。大数据是与自然资源、人力资源一样重要的战略资源,隐含着巨大的社会和经济等价值,已引起了各行各业的高度重视[4]。近几年,*Nature* 和 *Science* 等国际顶级学术刊物相继出版专刊来专门探讨大数据的研究。其中,2008 年 *Nature* 出版的专刊从互联网技术、网络经济学、超级计算、环境科学、生物医药等多方面介绍了大数据带来的技术问题和挑战[5]。2011 年 *Science* 推出的专刊讨论了数据洪流所带来的挑战,特别指出,倘若能够更有效地组织和使用这些大数据,人们将得到更多的机会发挥科学技术对社会发展的巨大推动作用[6]。2012 年 4 月欧洲信息学与数学研究协会会刊 *ERCIM News* 也出版了专刊,讨论大数据时代的数据管理、数据密集型研究的创新技术等问题,并介绍了欧洲科研机构开展的研究活动和取得的创新性进展[7]。IEEE 计算机学会决定,从 2013 年开始,每年举办一次 IEEE Big Data 国际学术会议,并创办了 *IEEE Transactions on Big Data* 等学术期刊。中国计算机学会于 2012 年成立了大数据专家委员会,其宗旨是探讨大数据的核心科学与技术问题,推动大数据学科方向的建设与发展,构建面向大数据产学研用的学术交流、技术合作与数据共享平台,并为相关政府部门提供战略性的意见与建议,已连续发布了《中国大数据技术与产业发展报告》和《大数据发展趋势预测报告》等。Elsevier、Springer 等科技出版社也于近年来相继创刊了大数据方面的国际期刊。上述情况表明,大数据已成为一门新兴科学并已受到科技界的广泛重视[2]。不仅如此,许多国家政府对大数据技术与应用研究给予了高度的重视和关注。2012 年 3 月,美国政府宣布投资 2 亿美元启动"大数据研究和发展计划",认为大数据是"未来的新石油",将"大数据研究"上升为国家意志,对未来的科技与经济发展必将产生深远影响[8]。同年日本政府推出了新的综合战略"活力 ICT 日本",重点关注大数据应用所需的云计算、传感器和社会化媒体等智能技术开发[2]。2013 年,英国政府宣布投资 6 亿英镑发展大数据等 8 类高新技术,其中信息行业新兴的大数据技术将获得 1.89 亿英镑,占据总投资的近 1/3。同年,澳大利亚政府也出台了其大数据战略规划方案。我国科技界与信息技术密切相关的产业界对大数据技术与应用的关注程度正在逐渐增强,并引起了政府相关部门的重视。2015 年我国也发布了《促进大数据发展行动纲要》,这是指导我国大数据发展的国家顶层设计和总体部署。还有,中国科学院先后于 2012 年 5 月、2013 年 5 月、2014 年 10 月和 2015 年 10 月组织召开了题为"大数据科学与工程"、"数据科学与大数据的科学原理及发展前景"、"科学大数据的前沿问题"和"健康科学大数据与精准医学"香山科学会议。国家发改与地方政府主导的"智慧城市"计划已开始实施,部分省份已经建成或正在建设一批大数据中心。科技部已经部署了若干大数据或与大数据密切相关的 973 计划和专项研究计划[2]。

Big data is worth nothing without big science. As with gold or oil, data has no intrinsic value. Big science, which bridges the gap between knowledge and insight, is where the real value is.

—— Webtrends CEO Alex Yoder[①]

大数据的出现是前所未有的挑战,也是千载难逢的机遇。数据的复杂性本身有可能隐含更多有价值的信息,如何有效挖掘大数据中蕴涵的知识,使之服务于社会生活的方方面面,是科研工作者、工程技术人员、管理者所共同关注的焦点。中国工程院院士李国杰列出了以下几个值得高度重视的问题[8]:①数据的去冗余和高效率低成本的数据存储;②新的数据表示方法;③数据融合;④高效处理非结构化和半结构化数据;⑤适合不同行业的大数据挖掘分析工具和开发环境;⑥大幅度降低数据处理、存储和通信能耗的新技术。近年来,众多学者针对以上问题,围绕大数据体量大、动态性强、不确定性和多源异构等特点展开了深入的分析和探讨。

1. 针对大数据体量大特点的研究

数据的快速增长给互联网公司带来了极大的挑战,为应对海量数据,Google 公司于 2003 年开始依次公布了 GFS(Google File System)[9]、MapReduce[10] 与 Bigtable[11] 三篇技术论文,为大数据存储和计算等问题提供了一个全新的解决思路。受到这些技术的启发,Apache Software Foundation 公司开发了分布式并行计算系统 Hadoop[②]。Hadoop 具有吞吐量大、自动容错等优点,在海量数据处理上得到了广泛的使用,现已成为当今世界上最热门的大数据处理平台之一。近年来,随

---

① http://www.cnet.com/news/big-data-is-worth-nothing-without-big-science.
② http://hadoop.apache.org.

着机器学习、数据挖掘等在大数据领域的广泛应用，对计算平台和模型也提出了更高的要求，Google 于 2010 年提出了基于 BSP 模型的大规模图计算平台 Pregel[12]，用于机器学习领域普遍存在的迭代算法。同年，卡内基梅隆大学的 Select 实验室提出了面向机器学习的流处理并行框架 GraphLab[13]。加利福尼亚大学伯克利分校的 AMP 实验室提出了轻量级的分布式计算平台 Spark①，后来贡献给 Apache 社区，Spark 因其运算速度和使用上的简易性已成为当前工业界和学术界最受欢迎的大数据平台。

2. 针对大数据动态性强特点的研究

众所周知，Hadoop 等批处理系统不擅长实时计算，而诸多实际应用对信息的时效性要求非常高，为了弥补 Hadoop 这一缺点，Yahoo 公司于 2010 年发布了开源流计算平台 S4(Simple Scalable Streaming System)②。它是一个通用的、分布式的、可扩展性良好、具有分区容错能力、支持插件的分布式流计算平台。2011 年 Twitter 公司开源了分布式实时流计算系统 Storm③。它不仅降低了进行实时处理的复杂性，同时具有高度容错、运维简单和无数据丢失等优点，在国内外的应用都相当广泛，包括国外公司 Twitter、Yahoo 等，国内公司有阿里巴巴、淘宝、腾讯、百度、360 等。Zaharia 等提出了一个新的流数据处理模型 D-Streams[14]，并开发了相应的流计算系统 Spark Streaming④。它是构建在 Spark 上处理流数据的框架，能和批处理及即时查询放在同一个软件栈中，降低学习成本，并已逐渐成为大规模流式数据处理的新贵。

3. 针对大数据不确定性特点的研究

随着数据采集和处理技术的进步，人们对数据的不确定性的认识也逐步深入，在诸如信息科学、系统科学、管理科学、工业工程等众多领域都存在着客观的或人为的不确定性，其表现形式也多种多样，如随机性、模糊性、粗糙性等，因此，可以说数据的不确定性普遍存在[15]。人们已成功使用概率论、信息熵等方法来处理许多不确定性数据[16]。为度量不确定性的程度，人们又根据模糊集[17]、粗糙集[18] 和云模型[19] 等提出了模糊熵、粗糙熵和超熵等概念。近年来，通过结合多样的并行计算模型，人们提出了多种面向大数据不确定性处理的方法。例如，Leung 等提出了一种基于 MapReduce 的频繁项挖掘算法，可用于大数据中不确定性分析[20]。Zhang 等提出一种基于粗糙集理论的并行知识发现方法，并在 Twister、Phoenix、Hadoop 等不同 MapReduce 平台下比较了其性能，为大数据的应用部署和实施提供借鉴[21]。López 等使用 MapReduce 框架开发了一个基于模糊规则的分类系统[22]。

---

① http://spark.apache.org.
② http://incubator.apache.org/s4.
③ https://storm.apache.org.
④ https://spark.apache.org/streaming.

4. 针对大数据多源异构特点的研究

大数据环境中信息的全面感知造成数据的获得不再局限于单一描述的数据源,数据的存储和描述呈现多源化、多视图的表现形式[23]。不同数据源中的数据样本之间蕴涵着不同的知识结构信息,表达了数据样本间多种角度的信息[24, 25]。不同来源的数据样本或同一数据样本不同角度的描述信息使得数据样本之间蕴涵的知识结构将更加丰富,这些结构信息在不同的应用中反映了学习任务的不同角度、不同侧面,全面理解数据中蕴涵的多种信息需要构造合理有效的学习模型与算法[26]。针对多源描述、结构复杂的多源异构数据,人们已经提出了许多数据融合与挖掘方法[27-30]。在数据挖掘方面,Wu 等提出一个刻画大数据变革特征的 HACE 定理,并从数据挖掘角度给出一个大数据处理模型,为多源异构数据挖掘研究奠定了基础[31]。Zhang 等提出了一种基于核估计的非线性方法分析不同数据源中数据的关系,进而对不同数据源分配不同的权重,从而使得合成的全局频繁模式不仅是局部有趣,而且是全局有趣[32]。Bellogín 等通过对异构项目推荐技术的对比分析以更好地融合标签、社会关系和交互数据等异构数据来提高个性化推荐技术[33]。Deng 等提出一个基于粒视角的特征选择方法并将其应用于图像分割问题[34]。Eiter 等通过研究信息源之间的信息交互和动态结构,给出了一个异构系统中不一致信息处理的方法[35]。多源数据中对同一数据样本集不同子数据源拥有不同的描述,Hua 等研究了多数据源中互子空间聚类问题,并分别设计了基于密度模型与划分模型的互子空间聚类方法[36]。Lin 等从商品销售的观点出发,利用灰色关联分析与层次灰色聚类方法从随时间动态变化的多相关数据库中挖掘关联规则的稳定模式[37],而且考虑到数据样本在多个数据源中存在分类标签缺失的情况,借助有标签信息源和无标签信息源之间数据样本分类标签的信息传递和无标签数据源内部结构信息的充分利用,提出了一种新的基于多源数据的集成分类模型[38]。Mehenni 等利用一个回归模型预测最有用链接,由此提出一个多源异构关系数据库的分类方法[39]。Shi 等提出一个可组合多个数据源的优化核 K-Means 新聚类算法,具有简单步骤和较低的复杂度,而且在大规模的数据集更有效[40]。Xiang 等提出了一种双层多源学习方法,能够实现有效整合多源异构且具有块缺失数据[41]。在数据融合方面,Cai 等利用贝叶斯网络模型提出了一种基于故障检测的多信息源融合方法,并将其应用于地源热泵系统模型的多故障并行仿真[42]。针对多时相遥感图像变化检测问题,Du 等基于 Pan-Sharpening 遥感图像融合技术提出了一种序贯决策层图像融合算法[43]。Gao 等基于图提出一种用来集成多个监督和半监督模型的最大化共识方法,并通过在多个异构数据源的应用来验证其有效性[44]。Gómez-Romero 等提出了一种基于上下文的多层次异构信息融合方法,并应用于港口监控[45]。Mnatsakanyan 等基于贝叶斯模型提出用于区域公共卫生监控的分布式信息融合模型[46]。Ribeiro 等提出一个基于多准则决策的模糊信息融合算法[47]。Solano 等提出了一种基于重组认知综合的信息融合方法和底层架构组件来实现一个统一的高层次融合智能应用[48]。Zhang 等提出一个多度量学习算法用来联合学习一组最优同构/异构度量，用于融合来自多个传感器的数据[49]。Zitnik 等利用惩罚矩阵三分解来同时分解数据矩阵以揭示隐含的关联信息，由此给出一个基于矩阵分解的数据融合方法[50]。

1.2 粒计算理论

粒计算作为一种新兴的软计算方法，为我们提供了一套基于信息粒化的复杂问题求解理论框架，是当前计算智能领域中模拟人类思维和解决复杂问题的核心技术之一[34,51−59]。近年来，众多学者针对粒计算理论及其在知识发现领域中的应用等问题展开了深入的分析和研究。Bargiela 等将粒计算应用到以人为本的信息处理中，用来模拟人类从数据中智能地抽取知识[60]。Calegari 等运用粒计算到本体论中，以解决本体论中在不同层次定义语义知识的挑战[61]。Castillo 等讨论粒计算如何应用到网页信息处理中内容搜索、获取和过滤的方法[62]。Chen 等提出一种基于信息粒度的数据挖掘方法来分类非平衡数据，该方法可模拟人类处理信息方法从信息粒而非数值数据中获取知识[63]。Chen 等基于粒计算提出智能数据处理的一个多视点框架，为海量数据中的知识发现提供了一个新思路[64]。Dai 等将粒计算应用到信号处理中的动态散斑激光评价，给出一种基于粒计算的新方法来刻画信号在时域的动态性，减少了信号处理时间，并给出新的评价参数用来表征散斑模式[65]。Herbert 等为自组织神经网络提出一个粒计算的框架，可精确定义网络层之间的连接[66]。Lin 研究了二元关系下的粒计算模型，论述基于邻域系统的粒计算在粒结构、粒表示和粒应用等方面的问题，并将粒计算方法引入数据挖掘领域[67]。Liu 等基于模糊格提出一种粒计算的分类算法用于知识发现[68]。Panoutsos 等利用粒计算和模糊神经网络提出一种系统的建模方法并应用到热处理钢的力学性能测试。该方法的思路是利用粒计算的方法来抽取数据间的关系特征，并转化为模糊系统中的一个语言规则基，再利用模糊神经网络优化该规则基[69]。Pedrycz 通过粒计算和进化优化的协同作用给出一种新的认知图构建方法[70]。Qian 等在知识基下讨论了四种算子可用来利用已有知识结构生成新的知识结构，给出知识基下知识粒度的公理化定义和知识结构间的知识距离概念，有助于从知识基里发现知识和在知识基里构建粒计算的框架[71]。Qiu 等提出关系数据库中知识发现的一种粒计算方法[72]。Wu 等讨论了概念格中的粒度结构，并应用到形式概念分析中的知识约简，挖掘出来的知识以紧致的蕴涵规则表示[73]。Yager 利用粒计算的方法研究智能社会网络分析问题[74]。Yao 将粒计算的思想运用到解释认知科学中的概念学习[75]。Zheng 等提出了相容粒度空间模型，并成功运用到图像纹理识别和数据挖掘中[76]。Zhu 等提出一个面向数据流的决策逻辑语言并作为粒计算的形式化方法，由此给出了基于粒计算的数据流挖掘中规则抽取模型[77]。Zhu 等基于粒计算提出数据流中知识获取的模型，并提出粒度漂移的概念用来解释数据流中的概念漂移[78]。仇国芳等通过在两个完备格之间引入了外延内涵算子与内涵外延算子，构建了概念粒计算系统，并给出了概念粒迭代计算方法用于知识发现[79]。梁吉业等研究了不同二元关系下信息系统中信息粒的刻画和表示，建立了信息粒度与熵之间的互补关系，为基于粒计算的知识发现提供了理论基础[80]。苗夺谦等对知识的粒计算进行了探讨，引入属性的重要度，并在求最小属性约简方面得到应用[81]。徐久成等提出了一种基于粒计算的序决策规则提取算法[82]。

张铃和张钹针对人类问题求解的特点提出了商空间理论，它是分层多粒度计算的理论基础，并给出了多粒度计算的策略、信息综合与推理模型等[83]。Skowron等讨论了信息粒的交互式计算问题[84]。吴伟志等针对具有多粒度标记的有序信息系统，定义了多粒度序标记结构的概念，并提出了基于序粒度标记结构的粗糙近似[85]。Zhang 等讨论了多粒度知识空间中不同知识粒度下规则的变换规律，并探讨了模糊近似空间中如何构造 Vague 集的粗糙近似集[86]。Liu 等提出了基于子系统的广义粗糙集模型，并详细探讨了其与基于信息粒、基本集的广义粗糙集模型中近似算子的数学关系[87]。Qian 等提出了信息粒度的公理化定义方式，并给出了基于集合的粒计算统一表示框架，实现了粒结构之间的高效组合、分解与转换[88]。Xu等提出一个新型认知系统模型，并设计了信息粒度变换的算法[89]。Yao 等基于模糊信息粒提出一个变精度模糊粗糙集模型及其属性约简方法，并探讨了该模型和变精度粗糙集模型之间的关系[90]。Zhang 和 Miao 提出了一个双量化粗糙集模型，探讨了基于该模型的量化信息组织、存储、抽取、融合及粒化等方法，并给出了相应的多层次属性约简算法[91]。Li 等通过模拟人类认知机理，讨论了基于粒计算的概念学习方法[92]。

针对知识的不确定性问题研究，王国胤等从粒计算模型的角度详细探讨了模糊集、粗糙集、商空间理论模型及其他扩展粒计算模型中知识的不确定性问题[16]。Wang 等研究了概率粗糙集模型中不确定性度量的非单调性问题，并提出三种基于信息粒的不确定性度量方式以及相应的启发式属性约简算法[93]。Jankowski 等基于粒计算和粗糙集理论，利用复杂信息粒之间的交互运算，给出了一个处理复杂系统中不确定性问题的方法[94]。Dai 等针对集值信息系统中知识的确定性度量和不确定性度量问题，分别提出了知识信息熵、知识粒度、知识粗糙熵和知识粒的概念[95]。Huang 等探讨了区间直觉模糊信息系统中的信息粒化及不确定性度量问题，并分析了区间直觉模糊信息熵和直觉模糊信息粒之间的关系[96]。Sun 等提出了基于粗糙熵的不确定度量方式用于衡量知识的粗糙度和精确度，并将其应用于不完备决策系统中的特征选择问题[97]。Adrian 等将中智逻辑学引入数据粒化过程中的不确定性问题处理中，提出了一个构建模糊神经网络模型粒计算结构的新框架[98]。针对复杂问题求解过程中合适粒度的选择问题研究，Pedrycz 等将粒计算理论引入复杂系统建模问题中，探讨了信息粒的构建与最优分配问题[99]，并提出了模糊建模的多层次方法和基于模糊神经网络的粒计算模型[100]。Zhang 等给出了一种选择合适粒度的有效方法，并将其应用到海量数据离散化中，设计了一种基于海量数据的离散化算法，可以在保持分类精度的同时提高分类速度[101]。Wu 等提出多尺度决策表等概念，并从粒计算角度研究了多尺度决策表中最优尺度的选择问题[102]。Gacek 详细介绍了利用合理粒度原理来形成信息粒的基本途径，讨论了时间序列的粒度表示方法与合适粒度选择优化问题[103]。Liu 等利用混合高斯模型和高斯云模型，提出了一种高斯云转换方法来进行合适粒度的自适应选择[104]。Zhu 等研究了基于最大边界分布的自适应邻域粒度选择、合并方法，并提出一种基于最大邻域粒度边界分布的多粒度距离度量学习技术[105, 106]。Yang 等将代价敏感学习引入到多粒度粗糙集模型，提出了一种基于测试代价最小化的粒结构选择回溯算法[107]。Zhang 等给出了一种基于粒计算的自适应 MapReduce 模型，提出了用于发现合适粒度的两种不同算法[108]。

针对基于粒计算理论的信息融合问题研究，Qian 等提出一个基于悲观多粒度粗糙集的多粒度信息融合决策模型[109]。Yang 等提出一个双极模糊近似空间，并探讨了其在多属性决策问题中的信息融合与变换方法[110]。Leite 等建立了可解释多尺寸的局部模型，采用模糊神经元来进行信息融合和增量方法来学习神经网络结构，给出了一种能处理模糊数据流的动态粒度神经网络模型[111]。Feng 等基于证据理论和粗糙集理论研究了模糊覆盖系统中多信息源融合问题[112]。

1.3　粗糙集理论

粗糙集理论是不确定信息近似处理的一种重要粒计算模型。1982 年，波兰数学家 Pawlak 在经典集合论的基础上，针对现实应用中所存在的不一致数据信息，首先提出了粗糙集 (Rough Sets) 的概念[18, 113]。粗糙集理论的核心思想是通过不可分辨关系对给定的信息系统进行粒化，通过基本信息粒构造目标概念的上、下近似集，其中上近似集刻画了可能属于目标概念的对象成员，下近似集刻画了肯定属于目标概念的对象成员。另一方面，粗糙集理论中目标概念的上、下近似集也可以等价地表示为目标概念的正域、负域和边界域，其语义解释分别为：属于目标概念的对象成员、不属于目标概念的对象成员和不承诺是否属于目标概念的对象成员[114, 115]。

然而，经典粗糙集模型仅适用于完备信息系统，而在实际应用中，由于测量误差、数据采集手段不完善等原因，大量现实中的信息系统是不完备的，甚至有噪声。为适应实际应用需求，众多学者对粗糙集模型的扩展工作展开了深入的分析和讨论[116]。鉴于经典粗糙集模型缺乏对分类的容错能力,概率论方法被引入粗糙集理论模型的扩展研究中,Pawlak 等将概率近似空间引入了粗糙集的研究中,并提出了 0.5 概率粗糙集模型[117]。Yao 等率先将贝叶斯最小风险决策过程引入了粗糙集中,提出了决策粗糙集模型[118]。决策粗糙集不仅对粗糙分类提供了合理的语义解释,同时为概率粗糙集扩展模型中概率阈值的确定问题提供了一套基于决策风险代价的数值计算方法体系[119]。Ziarko 通过利用误分类参数 $\beta(0 \leqslant \beta < 0.5)$,建立了变精度粗糙集模型[120]。Slezak 和 Ziarko 提出了贝叶斯粗糙集模型,在该模型中决定上、下近似集的阈值参数由先验概率决定[121]。Herbert 和 Yao 将博弈论引入决策粗糙集中代价损失函数的优化求解问题中,并建立了博弈粗糙集模型[122]。Liu 等讨论了决策粗糙集模型中决策代价损失函数满足随机性的不确定性问题,并提出了基于统计分布的三支决策模型[123]。Liang 等考虑到损失函数的多值性特征,将区间值损失函数引入决策粗糙集,提出了区间值决策粗糙集扩展模型[124]。Deng 等提出了一种基于决策论的模糊集三支近似模型[115]。

为将粗糙集理论引入多属性决策问题的研究中,Greco 等将经典等价关系替代为优势关系,并提出了优势关系粗糙集模型,可以有效地处理决策系统中的偏好信息[125]。为增加优势粗糙集模型对不一致性信息的容差能力,Inuiguchi 等提出了基于一致性阈值 β 的变精度优势关系粗糙集模型[126]。Hu 等探讨了数值型有序信息系统中对象之间模糊偏好关系的抽取方法,并提出了模糊优势关系粗糙集模型[127]。Kotlowski 等研究了随机优势关系粗糙集模型[128]。Huang 等将优势关系粗糙集引入直觉模糊信息系统中,通过直觉模糊值的记分函数和精度函数提出了直觉模糊信息系统中的优势关系,构建了优势直觉模糊粗糙集模型[129]。Kadzinski 等将鲁棒序数回归模型和优势粗糙集模型相结合,提出了一种新的多准则排序方法[130]。

在实际应用中,由于数据采集设备故障、存储介质损坏、传输媒体堵塞等原因,数据丢失或数据质量低下成为数据科学面临的主要挑战之一[131–134]。在不完备数据处理的粗糙集模型扩展研究方面,Kryszkiewicz 等于 1998 年率先采用了弱化等价关系的方式,提出了基于容差关系的粗糙集模型,用于处理不完备信息系统中的知识约简问题[135]。Stefanowski 等针对含有"缺省值"的不完备信息系统,提出了基于非对称相似关系的粗糙集扩展模型[136],并通过利用已知信息的相同程度刻画对象之间的相似程度,提出了量化容差关系[137]。王国胤分析比较了基于容差关系、相似关系和量化容差关系的粗糙集扩展模型的局限性,构建了一种改进的基于限制容差关系的粗糙集模型[138]。Grzymala-Busse 等根据缺失值的不同语义,将不完备信息系统中的缺失值分别定义为"丢失值"和"不关心值",其中"丢失值"的处理方式为不能和任意属性值相同,而"不关心值"则被认为可以是任意的已存在的属性值。根据缺失值的不同处理方式,他们提出了一种新的基于特性关系的粗糙

集模型[139, 140]。吴陈等在不完备信息系统中提出了最大全相容类的概念，并建立
了一种基于全相容性粒度的粗糙集模型[141]。黄兵等将不完备信息系统中容差类的
划分中引入阈值，提出了一种基于联系度的粗糙集扩展模型[142]。杨习贝等基于不
完备信息系统，通过引入一个分类阈值，提出了一种可变精度分类关系，并分析得
出容差关系和相似关系是可变精度关系的两种极端表现情况[143]。针对带有"丢失
值"的不完备有序信息系统，杨习贝等提出了一种基于相似优势关系的优势粗糙集
模型[144]。杨晓平等通过将一个不完备信息系统分解成一组完备信息系统的方式，
提出了一种用组合概率替代条件概率的决策粗糙集模型[145]。

实际应用中信息系统往往以非经典的单值形式呈现，即存在多值的情况。集值
信息系统、区间值信息系统都是单值信息系统的一般化模型，另外不完备信息系统
也可以看作离散的集值信息系统。Zhang 等首先定义了集值信息系统中的相容关
系，提出了最大分布约简和最优完备化概念[146]。Guan 等在集值信息系统中引入了
极大相容块的概念，并定义了基于极大相容类的相对约简[147]。Qian 等分别给出了
析取和合取的集值信息系统的定义，并研究了这两种集值信息系统的属性约简和
规则抽取[148]。宋笑雪等定义了不协调集值决策信息系统的分配可辨识矩阵、部分
一致可辨识矩阵，从而计算不协调集值信息系统的约简[149]。管延勇等引入了最大
相容类的概念并给出了基于最大相容类的约简[150]。Qian 等研究了区间值信息系
统和集值信息系统中的偏序关系，建立了这两种信息系统中基于偏序关系的粗糙
集模型[151]。Yang 等将偏序关系推广到区间值信息系统中，讨论了区间值系统中的
三种数据丢失情况和数据补齐的方法，在此基础上进行规则的抽取[152]。Huang 在
区间模糊信息系统中定义了梯度优势区间值关系并研究了该模型下的两种约简方
法[153]。Leung 等提出了处理区间值信息系统的粗糙集模型，在错误分类率的基础
上定义了相容关系，并给出了分类核和约简的方法，从而抽取出规则[154]。Sun 等将
粗糙集推广到区间值模糊信息系统中，研究了该模型的性质和约简方法[155]。Han
等定义了区间值信息系统中粗糙度和信息熵度量[156]。Zhang 等基于区间值信息系
统中两个区间值之间的包含度，提出了一种新的基于 α-优势关系的变精度优势粗
糙集模型[157]。

近年来，在分布式数据应用和多专家系统中，多个论域对同一问题的描述是普
遍存在的。基于多论域的粗糙集模型得以提出并得到了进一步研究。Li 和 Zhang
通过两个论域间的二元关系，建立了四种新的近似算子，将双论域的近似集统一到
一个论域闭空间中，建立了双论域模糊粗糙集的框架[158]。Zhang 等讨论了基于两
个论域的 (I, T) 区间值模糊粗糙集的结构化和公理化构造方法，考虑两个闭论域
上任意模糊关系定义了上、下近似算子，并进一步讨论了该算子的性质[159]。Yan
等定义了双论域下的粗糙集模型以及它的特性函数和关系矩阵，并给出了该模型
和经典的粗糙集模型之间的关系[160]。Sun 等定义了基于双论域间模糊相容关系的

模糊粗糙集模型，并将该模型扩展为双论域上的程度和变精度模糊粗糙集模型，给出了双论域模糊粗糙集模型在医学诊断中的应用[161]。

粗糙性和模糊性是描述不确定信息的两个重要方面。粗糙集理论和模糊集理论的比较和融合能够充分发挥两者在处理不确定性问题中的优势。1990 年 Dubois 等首次将粗糙集与模糊集相结合，并提出了模糊粗糙集模型[162]。之后 Bodjanova 给出了基于包含度的修正型模糊粗糙集[163]。Moris 等通过引入模糊 T-相似关系和模糊 R-蕴涵算子，研究了模糊 T-粗糙集，给出了模糊粗糙集的公理化体系[164]。Radzikowska 等引入了更为广泛的模糊逻辑算子，定义了基于模糊蕴涵算子 I 和 t-模 T 的广义的模糊粗糙集模型，并全面讨论了该模型的性质[165]。以上这些模糊粗糙集模型均是基于特殊的模糊关系，Yeung 等将此推广到一般模糊关系下的模糊粗糙集模型，并讨论了其在模糊推理系统中的应用等[166]。Mi 等基于构造法和公理化法建立了 T-模糊粗糙集中近似算子的一般性框架[167]。Liu 研究了粗糙集和模糊粗糙集的公理化方法[168]。Hu 等结合高斯核方法和模糊粗糙集理论提出模糊粗糙集，给出了该模型下属性重要度定义和启发式属性约简方法[169]。Liu 等利用公理化模糊集的结构和代数发展了模糊粗糙集理论与方法[170]。

1.4 基于粒计算与粗糙集的数据挖掘

1.4.1 面向海量数据的数据挖掘

随着存储技术的不断发展和广泛应用，各行各业都积累了海量的、各种各样的数据。传统的串行挖掘算法无法满足大数据处理的执行需求。分布式计算、并行计算则在一定程度上满足了人们对大规模数据处理的技术需求，是解决大数据挖掘问题的重要途径。Zhang 等结合 Hadoop 云计算平台中 MapReduce 并行计算框架，分析了信息系统中条件划分和决策分类的并行计算方法，提出了一种基于 MapReduce 的粗糙近似集并行求解算法[171]。考虑到大数据的动态性特征，Zhang 等进一步将增量学习方法和并行计算策略相结合，提出了一种云计算环境中粗糙近似集的并行增量求解算法[172]。钱进等通过引入信息系统中可辨识和不可辨识对象的概念，设计了一种基于 MapReduce 计算框架的等价类并行求解算法，并提出了基于数据并行的知识约简算法[173]。通过分析基于正域、差别矩阵和信息熵的启发式知识约简中的可并行化操作，钱进等进一步利用 MapReduce 并行计算框架提出了一种新的知识约简算法[174]。Qian 等讨论了不同粒度层次下分层决策表之间的关系，并分别提出了 MapReduce 并行计算环境下基于属性重要度和不可辨识矩阵的属性约简并行求解算法[175, 176]。徐菲菲等针对大数据环境中数据的分布式存储架构，将近似约简概念引入基于属性依赖度和基于互信息的区间值启发式约简方法中, 并提出了基于多决策表的区间值全局近似约简方法, 极大地降低了大数据分析的难度[177]。Zhang 等提出基于粗糙集理论的一个并行知识发现方法, 并在 Twister、Phoenix、Hadoop 等不同 MapReduce 平台下比较了其性能[178]; 而且在不完备决策信息系统中, 设计了增量并行计算近似集的算法[179]。Li 等进一步在多核集群计算环境中提出了优势粗糙集模型中近似集的并行计算方法[180]。

1.4.2 面向动态数据的数据挖掘

针对静态的信息系统, 人们已提出了许多基于粗糙集理论的数据挖掘方法。例如, Blaszczynski 等设计变精度粗糙集方法下的一个序列覆盖规则抽取算法[181]。Chen 等基于幂集树提出一个特征提取的粗糙集方法[182]。Hong 等给出利用模糊粗糙集从不完备定量数据中挖掘知识的方法[183]。Inuiguchi 等给出了从两个决策表中基于粗糙集获取规则的方法[184]。Kaneiwa 讨论了从多个数据集中知识发现的粗糙集方法[185]。Leung 等提出了从区间值信息系统中提取分类规则的方法[153]。Miao 等提出基于粗糙集理论的杂合算法, 用于信息检索中的文本分类[186]。Wang 等采用粗糙集方法用来构造模糊决策树[187]。Wu 等提出了不完备模糊信息系统下粗糙集模型的知识获取方法[188]。梁吉业等系统讨论了不完备信息系统的不确定性与知识获取方法[189]。但是, 随着各种各样的数据观测工具、实验设备以及网络传感器的效率提高、性能增强, 实际应用中的数据获取普遍呈现持续增长、不断更新的动态现象[190]。新数据的快速到达将会直接导致原有信息粒、知识结构的动态变化, 时效性成为动态数据环境中知识获取的关键问题[21, 178]。传统针对静态数据分析的批量式学习方法对时间和空间的需求会随着数据规模的不断增加而迅速增长, 使得从旧数据中学习到的知识无法及时适应新增数据[172]。数据的实时处理能力, 对于人们及时获得决策信息, 作出有效反应是十分关键的前提条件[191]。增量学习方法可充分利用已有的信息粒、知识结构进行渐进式知识更新, 能有效地提高知识更新的效率, 已得到人们的普遍关注, 如谷歌公司已采用增量索引过滤器来分析频繁变化的数据集, 使搜索结果返回速度越来越接近实时。

在动态变化的数据环境中, 李天瑞指出其主要有三种数据更新方式, 分别为: ①数据对象的动态插入和删除; ②属性特征的动态增加和移除; ③数据取值的动态更新和修改[192]。下面分别针对以上三种数据更新方式, 讨论动态数据环境下高效知识获取方法研究的进展。

针对信息系统中数据对象的动态插入和删除, Shan 等提出基于粗糙集理论的增量式决策规则获取算法, 但要求新对象的决策属性值属于原决策表中已有决策类, 无法应对新决策类的出现[193]。Zheng 等设计了一种基于粗糙集和决策树的增量式高效知识获取算法[194]。Fan 等针对数据对象的动态插入, 提出了一种基于决策矩阵的属性约简和决策规则增量更新算法[195]。Liu 等针对决策表中决策规则的覆盖度和置信度，分别提出了相应的增量获取算法[196]。Huang 等针对信息系统中对象集的动态变化，提出了一个增量提取完备规则的算法[197]。Zhang 等提出了一种动态邻域粗糙集模型，用以应对数值型信息系统中对象集的动态变化[198]。Tong 等将不协调决策表通过 δ-不可区分关系转化为协调决策表，并进一步设计了一种基于 δ-区分矩阵的增量式决策规则提取算法[199]。针对数据对象的批量增加，Liang 等提出了一种基于粗糙集的增量式特征选择算法[200]。Ju 等提出了多粒度模糊粗糙集模型中模糊粒结构动态变化时近似集的更新机制，并提出了基于前向贪心策略的增量式特征选择算法[201]。Chen 等基于变精度粗糙集模型，分别提出了对象增加、删除时的增量近似分类算法[202]。Tsumoto 和 Hirano 针对信息系统中对象集动态变化时概率规则中精确度和覆盖度的变化规律，提出了基于粗糙集理论的概率规则增量提取算法，并将其应用于医疗诊断问题中[203]。Li 等针对有序信息系统中的多属性决策问题，提出了一种基于优势关系粗糙集模型的近似集增量更新算法[204]。考虑到邻域模糊决策系统中单个对象的动态进入和退出，Zeng 等提出了一种基于模糊粗糙集模型的近似集增量更新方法[205]。Lang 等讨论了面向对象集更新的动态覆盖粗糙集模型，并提出了覆盖近似算子的增量更新算法[206]。Liang 等提出了基于粗糙集理论的决策树自适应维护算法，设计了相应的增量式属性约简算法并将其应用于入侵检测[207]。钱文彬等通过给出信息观下的二进制差别矩阵定义，构造出一种样本集动态变化下基于信息熵的核属性增量式高效更新算法[208]。

针对信息系统中属性特征的动态增加和移除，Chan 等于 1998 年首先讨论信息系统中单个属性增加、删除时，基于粗糙集理论的增量式规则提取方法[209]。基于此，Li 等提出了多个属性增删时，基于特性关系粗糙集模型的决策规则提取算法，极大地提升了不完备信息系统中动态知识发现的效率[210]。Qian 等针对属性约简问题提出了一个通用粗糙特征选择加速器，其核心思想是随着属性特征的不断增加，属性选择的问题求解空间逐渐减小，进而避免增量计算的冗余步骤，为高效地进行特征选择提供了技术手段[211]。针对模糊数据环境，Cheng 提出了一种增量计算粗糙模糊近似集的高效算法，并将其应用于基于粗糙模糊集模型的属性约简问题中[212]。Zhang 等基于概率粗糙集模型，提出了一种基于矩阵运算的概率近似集增量维护方法[213]。Li 等进一步在优势粗糙集模型中建立了基于矩阵运算的近似集构造方法，并提出了基于优势矩阵的近似集增量计算方法[214]。Shu 等分析了属性集动态变化时相容关系粗糙集模型下容差类和决策正域的增量计算方法，并提出了基于不完备决策系统的增量式正域约简算法[215]。Wang 等针对属性的动态变化，分别讨论了信息熵、条件信息熵和组合信息熵的增量计算问题，并将其应用于基于粗糙集理论的属性约简问题中[216]。Zeng 等针对含有多种数据类型的混合信息系统，提出了一种模糊粗糙集中面向属性集动态变化的增量式特征提取算法[217]。Yang 等研究了多粒度粗糙集模型下特征集动态变化时信息系统中粒结构的变化规律,提出了多粒度粗糙近似集的增量更新计算方法[218]。

针对信息系统中属性取值的动态更新和修改,李天瑞首先提出了属性值粗化和细化的概念,讨论了在该情形下基于粗糙集理论的动态知识发现一般框架[192]。Chen 等刻画了属性值粗化、细化的数学描述,并分析了由其导致的知识粒度的粗化、细化规律,进而设计了近似集的动态维护高效算法[219]。考虑到有序信息系统中,属性值的粗化、细化对偏序关系造成的动态变化,Chen 等进一步讨论了基于优势关系粗糙集模型的近似集增量更新方法[220]。Wang 等讨论了属性取值的随机更新对信息熵、条件信息熵、组合信息熵的增量更新机制,并提出了相应的基于粗糙集理论的增量式属性约简算法[221]。Li 等提出了有序信息系统中属性值随机动态更新时,基于矩阵运算的近似集快速构造方法[222]。Chen 等针对不一致性决策表,提出了属性值粗化、细化时基于粗糙集理论的增量式最小规则提取算法[223]。

1.4.3   面向复杂数据的数据挖掘

在实际应用中,信息系统中数据的形式是多样的,对象间的关系也是多样化的。如何构造一个粗糙集模型可以综合考虑各种数据类型的特点、集成不同的二元关系,已成为目前粗糙集理论研究中的一个热点。Qian 等提出了多粒度粗糙集模型[224],定义了多粒度粗糙集模型中的近似算子和分类质量等度量,研究了多粒度粗糙集模型的性质和规则的抽取。而且将多粒度粗糙集模型推广到了不完备信息系统中,定义了数值属性和名义属性上的相容关系,然后给出了不完备信息系统中近似集算子和分类精度等相关度量的定义[134]。为了在无须对数值数据进行离散的情况下对其进行处理,胡清华等利用拓扑空间中球形邻域的概念,对数值型数据用 δ-邻域关系或 K-最近邻关系形成知识粒,构造基于邻域粗糙集模型多粒度的混合数据特征选择算法[225–227],而且定义了混合数据的模糊粒模型,并给出了混合数据的属性重要性的度量,基于此度量设计了属性约简的有效贪心算法[228]。在信息系统中不同对象在不同的属性上可能存在不同的关系,An 和 Tong 提出了基于不可分辨关系、相似关系和优势关系的全局二元关系。其思路是在名义型数据上定义不可分辨关系,在序属性值上定义偏序关系,在定量数据上定义相似关系,最后合成全局二元关系[229]。Abu-Donia 研究了自反、相容、优势和等价关系下的粗糙近似构造的两种方法[230]。Zhang 等提出了复合关系粗糙集模型可应用于处理多源数据融合问题,讨论了复合关系粗糙集模型中近似集的矩阵表示和计算方法[190]。Chen 等进一步结合概率粗糙集模型,构建了一个概率复合关系粗糙集模型,并研究了该模型下属性的约简[231]。

1.5 本章小结

　　大数据体量大、动态性强、不确定性和多源异构等特点使得传统数据挖掘技术从大数据中获取有价值知识面临着一系列的巨大挑战。粒计算是一种基于信息粒化的大规模复杂问题求解范式，粗糙集是不确定信息近似处理的一种重要粒计算模型。本章综述了当前大数据挖掘的研究现状，回顾了粒计算和粗糙集理论的发展动态，并系统分析、归纳了粒计算和粗糙集应用于海量、动态、复杂数据挖掘与分析的相关研究工作。

第 2 章 预 备 知 识

本章将介绍本书涉及的经典粗糙集模型、扩展粗糙集模型、属性约简以及粒度度量等基本概念。

2.1 经典粗糙集模型

粗糙集理论是经典集合论在处理不确定性和不精确性问题方面的一种重要推广，其以信息系统为主要研究对象，并认为知识是对信息系统中数据对象的一种分类能力[18, 113]。

定义 2.1.1[18, 113]   一个信息系统可以形式化地表示为一个四元组 $S = (U, \mathrm{AT}, V, f)$，其中：

(1) $U = \{x_1, x_2, \cdots, x_{|U|}\}$ 是非空数据对象的集合，称为论域；

(2) $\mathrm{AT} = \{a_1, a_2, \cdots, a_{|\mathrm{AT}|}\}$ 是非空属性特征的集合，称为属性集；

(3) $V = \bigcup\limits_{a \in \mathrm{AT}} V_a$，$V_a$ 是属性 a 下数据对象所有可能的数据取值，称为值域；

(4) $f : U \times A \to V$ 是一个函数，使得 $\forall a \in \mathrm{AT}$，$x \in U$，$f(x, a) \in V_a$，称为信息函数。

定义 2.1.2[18, 113]   设 $S = (U, \mathrm{AT}, V, f)$ 是一个信息系统，若属性集 AT 由条件属性集 C 和决策属性集 D 两部分构成，并且 $C \cup D = \mathrm{AT}$，$C \cap D = \varnothing$，则称 S 为一个决策信息系统。

定义 2.1.3[18, 113]   设 $S = (U, \mathrm{AT}, V, f)$ 是一个信息系统，$\forall A \subseteq \mathrm{AT}$，论域 U 上关于 A 的不可分辨关系定义为

$$\mathrm{IND}(A) = \{(x, y) \in U \times U | f(x, a) = f(y, a), \forall a \in A\} \tag{2-1}$$

显然，不可分辨关系 $\mathrm{IND}(A)$ 是一个等价关系，满足自反性、对称性和传递性，并且满足

$$\mathrm{IND}(A) = \bigcap_{a \in A} \mathrm{IND}(\{a\})$$

论域 U 上基于属性集 A 的一个等价关系 $\mathrm{IND}(A)$，形成 U 中所有数据对象的一个划分，记为 $U/\mathrm{IND}(A) = \{[x]_A | x \in U\}$，其中，$[x]_A$ 表示 U 中任意数据对象 x 在属性集 A 下的等价类，也可称为知识粒，即 $[x]_A = \{y \in U | (x, y) \in \mathrm{IND}(A)\}$。

对于信息系统中的一个目标概念 $X \subseteq U$，如何利用现有知识粒对 X 进行刻画和描述，粗糙集理论借用拓扑学中的内部、闭包概念，引入了下近似集和上近似集对目标概念进行逼近的思想。

定义 2.1.4[18, 113]　设 $S = (U, \mathrm{AT}, V, f)$ 是一个信息系统，$\forall X \subseteq U$，$A \subseteq \mathrm{AT}$，X 基于等价关系 $\mathrm{IND}\,(A)$ 的上、下近似集分别定义为

$$\underline{A}(X) = \{x \in U | [x]_A \subseteq X\} \tag{2-2}$$

$$\overline{A}(X) = \{x \in U | [x]_A \cap X \neq \varnothing\} \tag{2-3}$$

根据以上定义，可以看出，目标概念 X 的下近似集 $\underline{A}(X)$ 可解释为由现有知识判定肯定属于 X 的最大数据对象集，上近似集 $\overline{A}(X)$ 可解释为由现有知识判定可能属于 X 的最少数据对象集。

定义 2.1.5[18, 113]　设 $S = (U, \mathrm{AT}, V, f)$ 是一个信息系统，$\forall X \subseteq U$，$A \subseteq \mathrm{AT}$，X 基于等价关系 $\mathrm{IND}\,(A)$ 的正域、负域、边界域，下边界和上边界分别定义为

$$\mathrm{POS}_A(X) = \underline{A}(X)$$
$$= \{x \in U | [x]_A \subseteq X\} \tag{2-4}$$

$$\mathrm{NEG}_A(X) = U - \overline{A}(X)$$
$$= \{x \in U | [x]_A \cap X = \varnothing\} \tag{2-5}$$

$$\mathrm{BND}_A(X) = \overline{A}(X) - \underline{A}(X)$$
$$= \{x \in U | [x]_A \cap X \neq \varnothing \wedge \neg([x]_A \subseteq X)\} \tag{2-6}$$

$$\underline{\Delta}_A(X) = X - \underline{A}(X) \tag{2-7}$$

$$\overline{\Delta}_A(X) = \overline{A}(X) - X \tag{2-8}$$

粗糙集理论中，可以通过上、下近似集对目标概念 X 进行逼近，同样也可以等价地通过正域、负域和边界域来刻画目标概念 X。与上、下近似集的语义解释类似，这里三个区域的语义解释为：正域表示肯定属于目标概念 X 的数据对象集；负域表示肯定不属于目标概念 X 的数据对象集；边界域表示可能属于目标概念 X 的数据对象集；下边界表示目标概念 X 中不属于下近似集的对象集合；上边界表示上近似集中不属于目标概念 X 的对象集合。

图 2-1 直观地显示了目标概念 X、正域、边界域和负域。

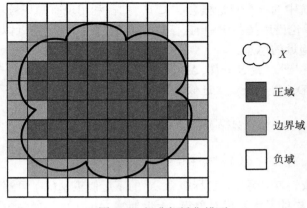

图 2-1　经典粗糙集模型

2.2　面向复杂数据的扩展粗糙集模型

经典粗糙集模型定义在等价关系和等价类的基础之上，只适合处理完备的名义型数据，对于实际应用中广泛存在的非名义型数据，如数值型、集值、区间值、缺失值等数据类型却不能直接处理。众多学者通过扩展等价关系，相继提出了适应于各种复杂数据类型的扩展粗糙集模型。

2.2.1　邻域粗糙集模型

经典粗糙集模型仅可用来处理名义型数据，对于数值型数据的处理需对原始数据作离散化的数据预处理操作，而离散化不可避免地带来了原有信息的丢失。为了能够有效处理数值型数据，Hu 等提出了邻域关系及邻域粗糙集模型[225−227]，其中邻域是根据在某一度量上邻域中心点到边界的最大距离来进行定义的，具体如下。

定义 2.2.1[225−227]　　给定一个 N 维的实数空间 Ω，$\Delta : R^N \times R^N \to R$，称 Δ 是 R^N 上的一个度量，如果 Δ 满足：

(1) $\Delta(x,y) \geqslant 0$，$\Delta(x,y) = 0$ 当且仅当 $x = y$，$\forall x, y \in R^N$；

(2) $\Delta(x,y) = \Delta(y,x)$，$\forall x, y \in R^N$；

(3) $\Delta(x,z) \leqslant \Delta(x,y) + \Delta(y,z)$，$\forall x, y, z \in R^N$。

称 $\langle \Omega, \Delta \rangle$ 为度量空间。

常用的距离 (度量) 是欧氏距离，也可以使用其他距离，如更一般的闵可夫斯基距离 (Minkowski distance)。

定义 2.2.2[232]　　令 $p \geqslant 1$，在 l 维空间 $\{a_1, a_2, \cdots, a_l\}$ 中，x 的 p 范数 (p-norm)

定义如下

$$\|x\|_p = \left(\sum_{j=1}^{l} |f(x, a_j)|^p\right)^{1/p} \tag{2-9}$$

给定任意两点 x 和 y, 它们在 l 维空间的闵可夫斯基距离 (对应于 p 范数) 定义为

$$\Delta^p(x, y) = \left(\sum_{j=1}^{l} |f(x, a_j) - f(y, a_j)|^p\right)^{1/p} \tag{2-10}$$

(1) 当 $p = 1$ 时, 称为曼哈顿距离 (对应 1 范数), 即

$$\Delta^1(x, y) = \sum_{j=1}^{l} |f(x, a_j) - f(y, a_j)| \tag{2-11}$$

(2) 当 $p = 2$ 时, 称为欧氏距离 (对应 2 范数), 即

$$\Delta^2(x, y) = \sqrt{\sum_{j=1}^{l} |f(x, a_j) - f(y, a_j)|^2} \tag{2-12}$$

(3) 当 $p = \infty$ 时, 称为切比雪夫距离 (对应无穷范数), 即

$$\Delta^\infty(x, y) = \max_{j=1}^{l} |f(x, a_j) - f(y, a_j)| \tag{2-13}$$

定义 2.2.3[225−227]   设 $S = (U, \mathrm{AT}, V, f)$ 是一个邻域信息系统, $\forall A \subseteq \mathrm{AT}$, $x \in U$。属性集 A 下 x 的邻域 $N_A(x)$ 定义如下

$$N_A(x) = \{y \in U | \Delta_A(x, y) \leqslant \delta\} \tag{2-14}$$

其中, $\delta \geqslant 0$; $N_A(x)$ 称为 x 关于 A 的邻域信息粒子。

由此定义可知, 邻域关系满足自反性、对称性, 但不满足传递性。

定义 2.2.4[225−227]   设 $S = (U, \mathrm{AT}, V, f)$ 是一个邻域信息系统, $X \subseteq U$, $A \subseteq \mathrm{AT}$。属性集 A 下 X 的上、下近似集分别定义为

$$\underline{N_A}(X) = \{x \in U | N_A(x) \subseteq X\} \tag{2-15}$$

$$\overline{N_A}(X) = \{x \in U | N_A(x) \cap X \neq \varnothing\} \tag{2-16}$$

X 关于 A 的边界域、负域分别定义为

$$\mathrm{BND}_A(X) = \overline{N_A}(X) - \underline{N_A}(X) \tag{2-17}$$

$$\mathrm{NEG}_A(X) = U - \overline{N_A}(X) = \{x \in U | N_A(x) \cap X = \varnothing\} \tag{2-18}$$

2.2.2 集值粗糙集模型

实际应用中由于信息的不充分性、数据源的多样性等问题，信息系统中常出现集值数据，它是一种较为普遍的数据呈现形式[146, 147]。例如，不同的评阅专家在论文审稿系统中对同一篇稿件给出不同的评阅意见，这些不同意见成为了稿件创新性的可能取值；不同的网购客户在商品评价系统中对同一件商品给出不同的评价，这些不同评价成为商品优劣等级的可能取值等。另一方面，在不完备数据处理中通过对缺失数据进行填补预处理，将每一个缺失值用一系列可能的数据值替代，不完备数据处理问题便转化为集值数据处理问题，这将使得学习的知识能够很好地反映因缺失数据而导致的不确定性问题。

定义 2.2.5[146, 147]   设 $S = (U, \text{AT}, V, f)$ 是一个集值决策系统，其中 U 为论域，$\text{AT} = C \cup \{d\}$，C 是有限条件属性集，d 为决策属性，属性值域 $V = V_C \cup V_d$，V_C 称为 C 的值域，V_d 称为 d 的值域，$f : U \times A \to 2^{V_{|\text{AT}|}}$ 是一个集值映射，满足 $f(x, a) \subseteq V_a$，$|f(x, a)| \geqslant 1$，$\forall a \in \text{AT}$，$\forall x \in U$，$|\bullet|$ 表示一个集合的基数。

2004 年，Zhang 等在集值信息系统中引入了相容关系[146]，定义如下。

定义 2.2.6[146, 147]   设 $S = (U, \text{AT}, V, f)$ 是一个集值决策系统，$A \subseteq \text{AT}$，相容关系 T_A 定义为

$$T_A = \{(x, y) \in U \times U | \forall a \in A, f(x, a) \cap f(y, a) \neq \varnothing\} \tag{2-19}$$

由定义可知，相容关系满足自反性、对称性，但不满足传递性。

定义 2.2.7[146, 147]   设 $S = (U, \text{AT}, V, f)$ 是一个集值决策系统，$\forall X \subseteq U$，$A \subseteq \text{AT}$，则 X 基于相容关系 T_A 的上、下近似集分别定义为

$$\overline{T_A}(X) = \{x \in U | T_A(x) \cap X \neq \varnothing\}$$
$$\underline{T_A}(X) = \{x \in U | T_A(x) \subseteq X\} \tag{2-20}$$

其中，$T_A(x) = \{y \in U | (x, y) \in T_A\}$，称 $T_A(x)$ 为相容关系 T_A 下对象 x 的相容类。

2.2.3 不完备粗糙集模型

大数据环境中，数据常常表现出某种程度的不完备性。缺失数据的存在使得知识的不确定性更加显著，同时使得数据所蕴涵的确定性知识更难把握。针对不完备数据的分析处理已成为数据挖掘与知识工程领域中一个热点问题。经典粗糙集模型基于严格的等价关系仅适用于完备数据环境，无法应对缺失数据的处理问题。一些学者通过扩展等价关系相继提出了多种基于不完备信息系统的扩展粗糙集模型。

定义 2.2.8[135]   设 $S = (U, \text{AT}, V, f)$ 是一个信息系统，其中 U 为论域；AT 是有限属性集，V 是属性集 AT 的值域，$V = \bigcup_{a \in \text{AT}} V_a$，$V_a$ 称为属性 a 的值域，$f :$

$U \times A \to V$ 是一个函数, 使得 $\forall a \in \mathrm{AT}$, $x \in U$, $f(x, a) \in V_a$, 称为信息函数。如果至少存在一个属性 $a \in \mathrm{AT}$, 使得值域 V_a 包含缺失值, 则称 S 为一个不完备信息系统。

在一个不完备信息系统 $S = (U, \mathrm{AT}, V, f)$ 中, 缺失属性值可以有两种不同的解释, 分别为遗漏型缺失属性值和缺席型未知属性值[139, 140]。

对任意的 $a \in \mathrm{AT}$, $v \in V_a$, 令 $[(a, v)] = \{x \in U | f(x, a) = v\}$, 则有以下结论。

(1) 若 $f(x, a)$ 为遗漏型缺失属性值, 则记为 $f(x, a) = *$, 表示对象 x 在属性 a 上的取值是被遗漏的, 但又是确实存在的, 此时就认为 x 可属于任意 $[(a, v)]$, 其中 v 已知且 $v \in V_a$。

(2) 若 $f(x, a)$ 为缺席型缺失属性值, 则记为 $f(x, a) = ?$, 表示对象 x 在属性 a 上的取值是丢失的, 是不允许比较的属性值, 此时 x 就不属于任意的 $[(a, v)]$, 其中 v 已知且 $v \in V_a$。

Kryszkiewicz 在不完备信息系统中, 率先建立了数据对象之间的容差关系用以处理遗漏型缺失属性值[135]。

定义 2.2.9 [135] 设 $S = (U, \mathrm{AT}, V, f)$ 是一个不完备信息系统, $A \subseteq \mathrm{AT}$, 论域 U 上的容差关系 $T(A)$ 定义为

$$T(A) = \{(x, y) \in U \times U | \forall a \in A, f(x, a) = f(y, a) \vee f(x, a) = * \vee f(y, a) = *\} \quad (2\text{-}21)$$

由此定义可知, 容差关系 $T(A)$ 满足自反性和对称性, 但不满足传递性。

针对不完备信息系统中的缺席型缺失属性值, Stefanowski 等构建了数据对象之间相似关系, 定义如下[136]。

定义 2.2.10 [136] 设 $S = (U, \mathrm{AT}, V, f)$ 是一个不完备信息系统, $A \subseteq \mathrm{AT}$, 论域 U 上的相似关系 $S(A)$ 定义为

$$S(A) = \{(x, y) \in U \times U | \forall a \in A, f(x, a) = ? \vee f(x, a) = f(y, a)\} \quad (2\text{-}22)$$

由定义可知, 与容差关系不同, 相似关系满足自反性和传递性, 但不满足对称性。

针对同时含有遗漏型和缺席型缺失属性值的不完备信息系统, Grzymala-Busse 等构建了如下特性关系[139]。

定义 2.2.11 [139] 设 $S = (U, \mathrm{AT}, V, f)$ 是一个不完备信息系统, $A \subseteq \mathrm{AT}$, 论域 U 上的特性关系 $K(A)$ 定义为

$$K(A) = \{(x, y) \in U \times U | \forall a \in A \wedge f(a, x) \neq ?, f(x, a) = f(y, a) \vee f(x, a) = * \vee f(y, a) = *\}$$
$$(2\text{-}23)$$

由以上定义可以看出，特性关系 $K(A)$ 仅满足自反性，但不一定满足对称性和传递性。

特别地，若在不完备信息系统中，所有的未知属性值都为缺席型缺失属性值"?"，则特性关系 $K(A)$ 便可退化为相似关系 $S(A)$；另一方面，若所有的未知属性值都为遗漏型缺失属性值"$*$"，则特性关系 $K(A)$ 便可退化为容差关系 $T(A)$。所以，特性关系是相似关系和容差关系的一种广义化表现形式，而相似关系和容差关系则是特性关系的特例。

定义 2.2.12[139]   设 $S = (U, \mathrm{AT}, V, f)$ 是一个不完备信息系统，$\forall X \subseteq U$，$A \subseteq \mathrm{AT}$，则 X 基于特性关系 $K(A)$ 的上、下近似集分别定义为

$$\overline{K_A}(X) = \{x \in U \mid K_A(x) \cap X \neq \varnothing\}$$
$$\underline{K_A}(X) = \{x \in U \mid K_A(x) \subseteq X\} \tag{2-24}$$

其中，$K_A(x) = \{y \in U \mid (x, y) \in K(A)\}$，称 $K_A(x)$ 为特性关系 K_A 下对象 x 的特征集。

2.3   面向有噪声数据的概率粗糙集模型

考虑到经典粗糙集模型要求数据对象的分类必须是完全正确或肯定的，集合之间的关系必须是严格的"包含"或"不包含"，因此其在现实应用中对噪声数据非常敏感，容错能力及泛化能力较差。鉴于此，众多学者将概率论引入到粗糙集模型的拓广研究工作中，并相继提出了 0.5 概率粗糙集模型、决策粗糙集模型、变精度粗糙集模型等概率粗糙集模型[117, 118, 120]。

2.3.1   0.5 概率粗糙集模型

Pawlak 等率先在经典粗糙集模型的基础上利用一个概率阈值 0.5 定量地刻画多数规则，提出了 0.5 概率粗糙集模型[117]。

定义 2.3.1[117]   设 $S = (U, \mathrm{AT}, V, f)$ 是一个不完备信息系统，$\forall X \subseteq U$，$A \subseteq \mathrm{AT}$，则 X 关于 A 的上、下近似集的定义如下

$$\overline{A}_{0.5}(X) = \{x \in U \mid P(X \mid [x]_A) > 0.5\} \tag{2-25}$$

$$\underline{A}_{0.5}(X) = \{x \in U \mid P(X \mid [x]_A) \geqslant 0.5\} \tag{2-26}$$

X 关于 A 的正域、边界域和负域定义如下

$$\mathrm{POS}_{0.5}(X) = \{x \in U \mid P(X \mid [x]_A) > 0.5\} \tag{2-27}$$

$$\mathrm{BND}_{0.5}(X) = \{x \in U \mid P(X \mid [x]_A) = 0.5\} \tag{2-28}$$

$$\mathrm{NEG}_{0.5}(X) = \{x \in U \mid P(X \mid [x]_A) < 0.5\} \tag{2-29}$$

2.3.2 决策粗糙集模型

Yao 首次将贝叶斯决策过程理论引入到概率粗糙集模型的构建中,并根据决策风险最小化原则给概率阈值对 (α, β) 提供了一套合理的计算方法和语义解释[118]。决策粗糙集模型是一个一般化的概率粗糙集模型,不同的概率粗糙集模型都可以从决策粗糙集模型推导出。

令 $P(X|[x]_A) = \dfrac{|X \cap [x]_A|}{|[x]_A|}$ 表示分类的条件概率,该概率表示对象 x 在属性 A 下的等价类 $[x]_A$ 被划分到目标概念 X 中的正确率。

性质 2.3.1 (1) $P(X|[x]_A) = 0 \Leftrightarrow [x]_A \cap X = \varnothing$;

(2) $P(X^C|[x]_A) = 1 - P(X|[x]_A)$;

(3) $P(X|[x]_A) = 1 \Leftrightarrow [x]_A \subseteq X$;

(4) $0 < P(X|[x]_A) < 1 \Leftrightarrow [x]_A \cap X \neq \varnothing \wedge \neg([x]_A \subseteq X)$.

给定一对概率阈值 (α, β),通过比较一个对象属于目标概念的条件概率是否足够大,概率粗糙集模型中上、下近似集可分别定义为如下形式。

定义 2.3.2 [118] (U, AT, V, f) 是一个决策信息系统, $X \subseteq U$, $A \subseteq \mathrm{AT}$, $0 \leqslant \beta < \alpha \leqslant 1$, X 关于 A 的上、下近似集的定义如下

$$\overline{A}_{(\alpha,\beta)}(X) = \{x \in U \,|\, P(X|[x]_A) > \alpha\} \tag{2-30}$$

$$\underline{A}_{(\alpha,\beta)}(X) = \{x \in U \,|\, P(X|[x]_A) \geqslant \beta\} \tag{2-31}$$

(α, β) 关于 A 的正域、边界域和负域定义如下

$$\mathrm{POS}_{(\alpha,\beta)}(X) = \{x \in U \,|\, P(X|[x]_A) \geqslant \alpha\} \tag{2-32}$$

$$\mathrm{BND}_{(\alpha,\beta)}(X) = \{x \in U \,|\, \beta < P(X|[x]_A) < \alpha\} \tag{2-33}$$

$$\mathrm{NEG}_{(\alpha,\beta)}(X) = \{x \in U \,|\, P(X|[x]_A) \leqslant \beta\} \tag{2-34}$$

2.3.3 变精度粗糙集模型

为了使分类具有一定程度的容差性,以下首先给出相对错误分类率的定义[120]。

定义 2.3.3 [120] X 和 Y 都是论域 U 中的非空子集,则相对错误分类率定义为

$$c(X, Y) = \begin{cases} 1 - |X \cap Y| / |X|, & |X| > 0 \\ 0, & |X| = 0 \end{cases} \tag{2-35}$$

基于相对错误分类率,多数包含关系定义如下。

定义 2.3.4 [120] 已知 $0 \leqslant \beta < 0.5$,则多数包含关系为

$$Y \overset{\beta}{\supseteq} X \Leftrightarrow c(X, Y) \leqslant \beta \tag{2-36}$$

多数包含关系要求 X 和 Y 之间的公共元素 (交集) 至少大于 X 中元素的一半, 相对错误分类率小于 β。

Ziarko 给出了以下变精度粗糙集模型中上、下近似集的定义。

定义 2.3.5[120]   设 (U, AT, V, f) 是一个不完备信息系统, $\forall X \subseteq U$, $A \subseteq \mathrm{AT}$, X 关于 A 的 β 下近似集、β 上近似集、β 边界域定义如下

$$\underline{A}_\beta(X) = \cup \left\{ E \in {U}/{A} \,|\, c(E, X) \leqslant \beta \right\} \tag{2-37}$$

$$\overline{A}_\beta(X) = \cup \left\{ E \in {U}/{A} \,|\, c(E, X) < 1 - \beta \right\} \tag{2-38}$$

$$\mathrm{BND}_\beta(X) = \cup \left\{ E \in {U}/{A} \,|\, \beta < c(E, X) < 1 - \beta \right\} \tag{2-39}$$

$\underline{A}_\beta(X)$ 也称为 β 正域, 用 $\mathrm{POS}_\beta(X)$ 表示。X 的 β 负域定义为

$$\mathrm{NEG}_\beta(X) = \cup \left\{ E \in {U}/{A} \,|\, c(E, X) \geqslant 1 - \beta \right\} \tag{2-40}$$

2.4   属 性 约 简

属性约简 (attribute reduction) 是从原始特征中选择一些子集, 也称最佳子集选择或特征选择 (feature selection)。属性约简本质上继承了奥卡姆剃刀 (Occam's razor) 的思想, 即从一组特征中选出一些最有效的特征, 使之构造出来的模型更好。作为典型的数据降维方法, 针对于"维灾难", 可以达到降维的目的。对于分类来说, 特征选择可以从众多的特征中选择对分类最重要的那些特征, 去除原数据中的噪声, 同时避免过度拟合, 改进预测性能, 使学习器运行更快、效能更高, 而且通过剔除不相关的特征可使模型更为简单, 容易解释。

2.4.1   属性约简的基本框架

图 2-2 展示了属性约简的基本框架[233]。首先, 通过搜索策略从特征全集中产生出候选特征子集, 然后用评价函数对该特征子集进行评价, 评价的结果与停止准则进行比较, 若评价结果比停止准则好就停止, 否则继续产生下一组特征子集, 继续进行属性约简。选择的特征子集一般还要验证其有效性。简而言之, 属性约简过

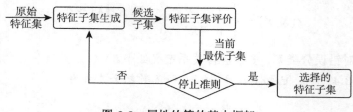

图 2-2   属性约简的基本框架

程一般包括 4 个基本步骤: 产生过程, 评价函数, 停止准则和验证过程。对属性约简方法的研究主要集中于产生过程和评价函数。

1. 产生过程

产生过程即搜索特征子空间的过程。如果原始特征集包含 r 个特征, 那么总的候选特征子集数目为 2^r。这使得对于一个中等规模大小的特征集, 都将有巨大的候选集。为解决这个问题, 主要有完全搜索、启发式搜索和随机搜索三大类[233]。

完全搜索 分为穷举搜索与非穷举搜索两类, 包括广度优先搜索、分支限界搜索、定向搜索和最优优先搜索等[233, 234]。

启发式搜索 这类方法主要有序列前向选择、序列后向选择、双向搜索、增 L 去 R 选择算法、序列浮动选择和决策树等[233, 234]。

随机搜索 这类方法往往在计算过程中把特征选择问题与遗传算法、模拟退火算法、随机产生序列选择算法等过程结合起来, 以采样过程和概率推导作为算法的基础[233, 234]。

2. 评价函数

评价函数的作用是评价产生过程所提供的特征子集的优劣。评价函数根据其工作原理主要分为过滤式 (filter) 和封装式 (wrapper)。过滤式方法与后续学习无关, 一般直接利用训练数据的统计性能评估特征, 速度快, 但与后续学习算法在性能上有一定的偏差, 一般用作预处理。封装式方法直接采用后续学习算法的损失函数来评估特征子集, 偏差小但计算量大, 其实质上是一个分类器。

过滤式方法主要采用以下 4 类评价函数[233, 234]。

依赖性度量 采用统计相关系数来衡量特征之间的相关度, 如 Fisher 分数等。

距离度量 即相似性度量。最为常用的有欧氏距离、切比雪夫距离等。

信息度量 包括信息增益和互信息度量等, 可以有效选择核心特征, 剔除不相关的特征。

一致性度量 一致性准则用不一致率来度量, 试图保留原始特征的辨识能力, 即找到与特征全集有同样区分能力的最小特征子集, 具有单调、快速、去除不相关及冗余特征, 并能有效处理噪声等。

封装式方法主要采用分类器错误率来衡量所选特征子集的优劣程度。过滤式方法由于与具体的分类算法无关, 因此其在不同的分类算法之间的推广能力较强, 而且计算量较小。而封装式方法由于在评价的过程中应用了具体的分类算法进行分类, 因此其推广到其他分类算法的效果可能较差, 而且计算量较大。

2.4.2 启发式属性约简

为了实现高效的属性约简, 学者提出了许多启发式属性约简算法, 通常采用前向贪心搜索策略[235-238]。在此类算法中，往往先利用"内部重要度"评价函数来确定每个特征的初始重要度，用于选择不可或缺的特征子集 (属性核)；然后利用"外部重要度"评价函数来完成前向贪心搜索过程中的特征选择。下面给出了属性核计算和最优属性计算的相关定义。

定义 2.4.1(属性核[211, 239])　令 $S = (U, \mathrm{AT}, V, f)$ 是一个决策信息系统，$\mathrm{AT} = C \cup D$，属性 a 的一个内部重要度函数记为 $\mathrm{Sig}^{\mathrm{inner}}(a, C, D)$，$\varepsilon$ 是阈值。属性核，记为 Core，定义如下

$$\mathrm{Core} = \{a | \mathrm{Sig}^{\mathrm{inner}}(a, C, D) > \varepsilon, a \in C\} \tag{2-41}$$

定义 2.4.2(最优属性[211])　令 $S = (U, \mathrm{AT}, V, f)$ 是一个决策信息系统，$\mathrm{AT} = C \cup D$，$B \subseteq C$，属性 a 的一个外部重要度函数记为 $\mathrm{Sig}^{\mathrm{outer}}(a, B, D)$。最优属性，记为 a_{opt}，定义如下

$$a_{\mathrm{opt}} = \underset{a \in C - B}{\mathrm{argmax}}\{\mathrm{Sig}^{\mathrm{outer}}(a, B, D)\} \tag{2-42}$$

简单来说，每种前向属性约简方法先通过内部属性重要度函数计算属性核，然后在每次迭代中把具有最大外部属性重要度的属性加入到待评价的属性子集，直到满足停止条件，最终获得最优特征子集 (属性约简，Reduct)。图 2-3 给出了属性核与所有属性约简的关系示意图，属性约简可以不唯一。显而易见，任意一个属性约简必须包含属性核中的所有属性，核也可以为空。详细过程见算法 2.4.1。

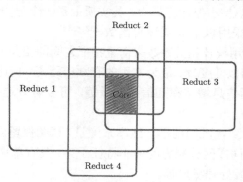

图 2-3　属性核与属性约简的关系示意图

算法 2.4.1　一种通用的前向贪心特征选择算法

输入: 决策信息系统 $S = (U, \mathrm{AT} = C \cup D, V, f)$，阈值 ε。

输出: 特征子集 Reduct。

1: Core = $\{a | \mathrm{Sig}^{\mathrm{inner}}(a, C, D) > \varepsilon, a \in C\}$;

2: Reduct $\longleftarrow$ Core;

3: **while** stopping criterion not met & $C - \text{Reduct} \neq \varnothing$ **do**

4:     $a_{\text{opt}} = \underset{a \in C - \text{Reduct}}{\text{argmax}} \{\text{Sig}^{\text{outer}}(a, \text{Reduct}, D)\};$

5:     $\text{Reduct} \longleftarrow \text{Reduct} \cup \{a_{\text{opt}}\};$

6: **end while**

7: **return** Reduct

1. 代表性的评价函数

结合启发式特征选择框架，为保持决策信息系统的某种特殊性质，人们提出了多种属性约简算法[211, 239]。本节给出了基于粗糙集理论的代表性评价函数，讨论了正域约简[240, 241] 和信息熵约简[235-238] 等方法①。

令 $S = (U, \text{AT}, V, f)$ 为一个决策信息系统，$\text{AT} = C \cup D$，$B \subseteq C$。B 也视为 U 上的一个等价关系，条件划分 $U/B = \{E_1, E_2, \cdots, E_e\}$，简记为 U/B，决策划分 $U/D = \{D_1, D_2, \cdots, D_m\}$。利用这些符号，我们回顾四种典型的属性重要度量。

文献 [241] 提出了正域约简 (positive-region reduction，PR)，它是一种启发式的属性约简算法，其目标是保持目标决策的相对正域不变。该方法中属性重要度量定义如下。

定义 2.4.3[241] 令 $S = (U, \text{AT}, V, f)$ 是一个决策信息系统，$\text{AT} = C \cup D$，$B \subseteq C$，D 关于 B 的依赖度 (也称近似质量) 定义为

$$\gamma_B(D) = \frac{|\text{POS}_B(D)|}{|U|} \tag{2-43}$$

其中，$|\cdot|$ 表示集合的基数，$\text{POS}_B(D)$ 是决策 D 关于 B 的正域，定义如下

$$\text{POS}_B(D) = \bigcup_{D_j \in U/D} \underline{R_B}(D_j) \tag{2-44}$$

定义 2.4.4 [241](PR-inner) 令 $S = (U, \text{AT}, V, f)$ 是一个决策信息系统，$\text{AT} = C \cup D$，$B \subseteq C$，$\forall a \in B$，则 a 的内部重要度定义为

$$\text{Sig}_{\text{PR}}^{\text{inner}}(a, B, D) = \gamma_B(D) - \gamma_{B-\{a\}}(D) \tag{2-45}$$

定义 2.4.5 [241](PR-outer) 令 $S = (U, \text{AT}, V, f)$ 是一个决策信息系统，$\text{AT} = C \cup D$，$B \subseteq C$，$\forall a \in C - B$，则 a 的外部重要度定义为

$$\text{Sig}_{\text{PR}}^{\text{outer}}(a, B, D) = \gamma_{B \cup \{a\}}(D) - \gamma_B(D) \tag{2-46}$$

① 这些代表性的方法也在文献 [211] 被讨论。

在信息论中，熵被用来衡量一个随机变量出现的期望值，它代表了在被接收之前，信号传输过程中损失的信息量，又被称为信息熵 (Shannon 熵)。王国胤等结合信息熵和粗糙集理论用于属性约简，并利用条件熵计算决策信息系统的相对属性约简[242]。该算法的目的在于保持目标决策的条件熵不变，采用了 Shannon 条件熵 (Shannon conditional entropy)，故记为 SCE。

定义 2.4.6[242]   Shannon 条件熵定义如下

$$H(D|B) = -\sum_{i=1}^{e} p(E_i) \sum_{j=1}^{m} p(D_j|E_i) \log(p(D_j|E_i)) \tag{2-47}$$

其中，$p(E_i) = \dfrac{|E_i|}{|U|}$；$p(D_j|E_i) = \dfrac{|E_i \cap D_j|}{|E_i|}$。

定义 2.4.7[242](SCE-inner)   令 $S = (U, \mathrm{AT}, V, f)$ 是一个决策信息系统，$\mathrm{AT} = C \cup D$，$B \subseteq C$，$\forall a \in B$，则 a 的内部重要度定义为

$$\mathrm{Sig}_{\mathrm{SCE}}^{\mathrm{inner}}(a, B, D) = H(D|B - \{a\}) - H(D|B) \tag{2-48}$$

定义 2.4.8[242](SCE-outer)   令 $S = (U, \mathrm{AT}, V, f)$ 是一个决策信息系统，$\mathrm{AT} = C \cup D$，$B \subseteq C$，$\forall a \in C - B$，则 a 的外部重要度定义为

$$\mathrm{Sig}_{\mathrm{SCE}}^{\mathrm{outer}}(a, B, D) = H(D|B) - H(D|B \cup \{a\}) \tag{2-49}$$

为进一步结合信息熵与粗糙集模型，Liang 等给出了一种新的条件熵和信息熵用于决策信息系统的不确定性度量，并设计实现了相应的属性约简算法[235, 236]。该方法保持了给定决策信息系统中的条件熵不变，记为 LCE。

定义 2.4.9[235, 236]   Liang 提出的条件熵定义如下

$$H_L(D|B) = \sum_{i=1}^{e} \sum_{j=1}^{m} \frac{|D_j \cap E_i|}{|U|} \frac{|D_j^c - E_i^c|}{|U|} \tag{2-50}$$

其中，E^c 表示集合 E 的补集。

定义 2.4.10[235, 236](LCE-inner)   令 $S = (U, \mathrm{AT}, V, f)$ 是一个决策信息系统，$\mathrm{AT} = C \cup D$，$B \subseteq C$，$\forall a \in B$，则 a 的内部重要度定义为

$$\mathrm{Sig}_{\mathrm{LCE}}^{\mathrm{inner}}(a, B, D) = H_L(D|B - \{a\}) - H_L(D|B) \tag{2-51}$$

定义 2.4.11[235, 236](LCE-outer)   令 $S = (U, \mathrm{AT}, V, f)$ 是一个决策信息系统，$\mathrm{AT} = C \cup D$，$B \subseteq C$，$\forall a \in C - B$，则 a 的外部重要度定义为

$$\mathrm{Sig}_{\mathrm{LCE}}^{\mathrm{outer}}(a, B, D) = H_L(D|B) - H_L(D|B \cup \{a\}) \tag{2-52}$$

根据信息增益，Qian 等提出了组合熵，同样用于决策信息系统中不确定性的度量，并设计实现了相应的属性约简算法[237]。该方法获得的约简与原始特征空间具有相同的可区分对象对数，记为 CCE。

定义 2.4.12[237]   Qian 等提出的组合条件熵定义如下

$$H_Q(D|B) = \sum_{i=1}^{e} \left(\frac{|E_i|}{|U|} \frac{C_{|E_i|}^2}{C_{|U|}^2} - \sum_{j=1}^{m} \frac{|E_i \cap D_j|}{|U|} \frac{C_{|E_i \cap D_j|}^2}{C_{|U|}^2} \right) \tag{2-53}$$

其中，$C_{|E_i|}^2 = \dfrac{|E_i| \times (|E_i| - 1)}{2}$ 表示在等价类 E_i 中不能相互区分的对象对的数量。

定义 2.4.13[237](CCE-inner)   令 $S = (U, \mathrm{AT}, V, f)$ 是一个决策信息系统，$\mathrm{AT} = C \cup D$，$B \subseteq C$，$\forall a \in B$，则 a 的内部重要度定义为

$$\mathrm{Sig}_{\mathrm{CCE}}^{\mathrm{inner}}(a, B, D) = H_Q(D|B - \{a\}) - H_Q(D|B) \tag{2-54}$$

定义 2.4.14[237](CCE-outer)   令 $S = (U, \mathrm{AT}, V, f)$ 是一个决策信息系统，$\mathrm{AT} = C \cup D$，$B \subseteq C$，$\forall a \in C - B$，则 a 的外部重要度定义为

$$\mathrm{Sig}_{\mathrm{CCE}}^{\mathrm{outer}}(a, B, D) = H_Q(D|B) - H_Q(D|B \cup \{a\}) \tag{2-55}$$

2.4.3 不协调属性约简

2.4.2 节从不同角度对现有主要信息系统中启发式属性约简算法进行了逐一介绍。然而，在实际决策环境中由于不协调决策对象的存在，信息系统往往以不协调的形式存在，基于正域及信息熵的约简方法无法等价地表示不协调信息系统的属性约简。本节将介绍不协调信息系统中分布约简、最大分布约简以及分配约简的相关概念[243−245]。

定义 2.4.15[243−245]   设 $S = (U, \mathrm{AT}, V, f)$ 是一个不协调信息系统，$\mathrm{AT} = C \cup D$，$A \subseteq C$。$U/D = \{D_1, D_2, \cdots, D_m\}$，则 U/D 上的概率分布定义如下：

$$\mu_A(x) = (D(D_1/[x]_A), D(D_2/[x]_A), \cdots, D(D_m/[x]_A)), x \in U \tag{2-56}$$

其中，$D(D_i/[x]_A) = \dfrac{D_i \cap [x]_A}{[x]_A}$，$i = 1, 2, \cdots, m$。

定义 2.4.16[243−245]   设 $S = (U, \mathrm{AT}, V, f)$ 是一个不协调信息系统，$\mathrm{AT} = C \cup D$，$A \subseteq C$。$U/D = \{D_1, D_2, \cdots, D_m\}$，$\forall x, y \in U$，不确定性命题规则"若 $y \in [x]_A$，则 $y \in D_j$，$1 \leqslant j \leqslant m$"的可信度定义如下

$$\gamma_A(x) = \{D_j | D(D_j/[x]_A) = \max\{D(D_j/[x]_A) | 1 \leqslant j \leqslant m\}\}, x \in U \tag{2-57}$$

定义 2.4.17[243−245]　　设 $S = (U, \mathrm{AT}, V, f)$ 是一个不协调信息系统，$\mathrm{AT} = C \cup D$，$A \subseteq C$。

(1) 若 $\forall x \in U$，$\gamma_A(x) = \gamma_C(x)$，则称 A 是最大分布协调集。若 A 是最大分布协调集，且 A 的任何真子集不是最大分布协调集，则称 A 为分布约简。

(2) 若 $\forall x \in U$，$\mu_A(x) = \mu_C(x)$，则称 A 是分布协调集。若 A 是分布协调集，且 A 的任何真子集不是分布协调集，则称 A 为最大分布约简。

定义 2.4.18[243−245]　　设 $S = (U, \mathrm{AT}, V, f)$ 是一个不协调信息系统，$\mathrm{AT} = C \cup D$，$A \subseteq C$。

(1) 令 $\delta_A(x) = \{D_j | [x]_A \cap D_j \neq \varnothing\}$，$x \in U$。若 $\forall x \in U$，$\delta_A(x) = \delta_C(x)$，则称 A 是分配协调集。若 A 是分配协调集，且 A 的任何真子集不是分配协调集，则称 A 为分配约简。

(2) 令 $\eta_A(x) = \dfrac{1}{|U|} \sum\limits_{j=1}^{m} |\overline{A}(D_j)|$。若 $\forall x \in U$，$\eta_A(x) = \eta_C(x)$，则称 A 是近似协调集。若 A 是近似协调集，且 A 的任何真子集不是近似协调集，则称 A 为近似约简。

定理 2.4.1[243−245]　　设 $S = (U, \mathrm{AT}, V, f)$ 是一个不协调信息系统，$\mathrm{AT} = C \cup D$，$A \subseteq C$。

(1) A 是分布协调集，当且仅当 $\forall x, y \in U$，当 $\mu_A(x) \neq \mu_A(y)$ 时，有 $[x]_A \cap [y]_B = \varnothing$。

(2) A 是最大分布协调集，当且仅当 $\forall x, y \in U$，当 $\gamma_A(x) \neq \gamma_A(y)$ 时，有 $[x]_A \cap [y]_B = \varnothing$。

(3) A 是分配协调集，当且仅当 $\forall x, y \in U$，当 $\delta_A(x) \neq \delta_A(y)$ 时，有 $[x]_A \cap [y]_B = \varnothing$。

定义 2.4.19[243−245]　　设 $S = (U, \mathrm{AT}, V, f)$ 是一个不协调信息系统，$\mathrm{AT} = C \cup D$，$A \subseteq C$。$U/A = \{E_1, E_2, \cdots, E_e\}$，$\forall x, y \in U$，令

$$D_1^* = \{([x]_A, [y]_A) | \mu_A(x) \neq \mu_A(y)\} \tag{2-58}$$

$$D_2^* = \{([x]_A, [y]_A) | \gamma_A(x) \neq \gamma_A(y)\} \tag{2-59}$$

$$D_3^* = \{([x]_A, [y]_A) | \delta_A(x) \neq \delta_A(y)\} \tag{2-60}$$

令 $f(E_i, a_k)$ 表示等价类 E_i 在 $a_k(a_k \in A)$ 属性上的属性值。$\forall i, j \leqslant e$，定义

$$D_l(E_i, E_j) = \begin{cases} \{a_k \in A | f(E_i, a_k) \neq f(E_j, a_k)\}, & (E_i, E_j) \in D_l^* \\ A, & (E_i, E_j) \notin D_l^* \end{cases} \tag{2-61}$$

当 $l = 1, 2, 3$ 时，分别称 $D_l(E_i, E_j)$ 为 E_i 和 E_j 的分布、最大分布和分配可辨识属性集。

定理 2.4.2[243-245]   设 $S = (U, \mathrm{AT}, V, f)$ 是一个不协调信息系统, $\mathrm{AT} = C \cup D$, $A \subseteq C$, $U/A = \{E_1, E_2, \cdots, E_e\}$。

(1) A 是分布协调集 $\Leftrightarrow \forall (E_i, E_j) \in D_1^*$, 有 $A \cap D_1(E_i, E_j) \neq \varnothing$。

(2) A 是最大分布协调集 $\Leftrightarrow \forall (E_i, E_j) \in D_2^*$, 有 $A \cap D_2(E_i, E_j) \neq \varnothing$。

(3) A 是分配协调集 $\Leftrightarrow \forall (E_i, E_j) \in D_3^*$, 有 $A \cap D_3(E_i, E_j) \neq \varnothing$。

定义 2.4.20[243-245]   设 $S = (U, \mathrm{AT}, V, f)$ 是一个不协调信息系统, $\mathrm{AT} = C \cup D$, $A \subseteq C$, $U/A = \{E_1, E_2, \cdots, E_e\}$。$M_{D_l} = (D_l(E_i, E_j) : 1 \leqslant i, j \leqslant e)(l = 1, 2, 3)$ 分别为分布、最大分布和分配可辨识属性矩阵, 则

$$M_l = \underset{i,j}{\wedge} (\vee D_l(E_i, E_j)) = \underset{(E_i, E_j) \in D_l^*}{\wedge} (\vee D_l(E_i, E_j)), l = 1, 2, 3 \tag{2-62}$$

为分布、最大分布和分配辨识公式。

定理 2.4.3[243-245]   设 $S = (U, \mathrm{AT}, V, f)$ 是一个不协调信息系统, $\mathrm{AT} = C \cup D$, $A \subseteq C$。辨识公式 M_l 的极小析取范式为 $M_{\min} = \overset{t}{\underset{k=1}{\vee}} (\overset{q_k}{\underset{s=1}{\wedge}} a_{i,s})$。令 $B_{lk} = \{a_{i,s} : s = 1, 2, \cdots, q_k\}$, 则 $\mathrm{RED}(P) = \{B_{lk} : k = 1, 2, \cdots, t\}(l = 1, 2, 3)$ 分别是不协调信息系统 S 的所有分布、最大分布和分配约简集。

2.5 粒度度量

在粗糙集中由等价类形成了对论域 U 的划分, 并应用等价类对 U 中任意目标概念 X 进行近似描述。等价类是决策信息系统的基本知识粒, 粒度越细, 近似越准确, 粒度越粗, 近似越概略。梁吉业和史忠植提出了决策信息系统中粒度的度量[246]。Yao 则给出了划分的粒度度量[247]。

定义 2.5.1[246]   设 $S = (U, \mathrm{AT}, V, f)$ 是一个决策信息系统, $\mathrm{AT} = C \bigcup D$, $U/C = \{E_1, E_2, \cdots, E_e\}$ 是 U 的一个划分, 则 $\hat{R}(U)$ 和 $\overset{\vee}{R}(U)$ 定义如下

$$\hat{R}(U) = \{\{x\} \mid x \in U\}, \quad \overset{\vee}{R}(U) = \{U\} \tag{2-63}$$

在决策信息系统 $S = (U, \mathrm{AT}, V, f)$ 中知识粒度的定义如下。

定义 2.5.2[246]   设 $S = (U, \mathrm{AT}, V, f)$ 是一个决策信息系统, $\mathrm{AT} = C \cup D$, $U/C = \{E_1, E_2, \cdots, E_e\}$ 是 U 的一个划分, 则由属性 C 形成的知识粒度 $\mathrm{GK}(C)$ 定义如下

$$\mathrm{GK}(C) = \frac{1}{|U|^2} \sum_{i=1}^{e} |E_i|^2 \tag{2-64}$$

若 $U/C = \hat{R}$, 则知识粒度为最小值 $|U|/|U|^2 = 1/|U|$。

若 $U/C = \overset{\vee}{R}$，则知识粒度为最大值 $|U|^2/|U|^2 = 1$。

显然 $1/|U| \leqslant \mathrm{GK}(C) \leqslant 1$。知识粒度表示知识的分辨能力，$\mathrm{GK}(C)$ 越小，分辨能力越强。

在决策信息系统 $S = (U, \mathrm{AT}, V, f)$ 中划分 U/C 的粒度度量的定义如下。

定义 2.5.3[247]   设 $S = (U, \mathrm{AT}, V, f)$ 是一个决策信息系统，$\mathrm{AT} = C \cup D$，$U/C = \{E_1, E_2, \cdots, E_e\}$ 是 U 的一个划分，则其粒度度量为

$$E_r(R) = \sum_{i=1}^{e} \frac{|E_i|}{|U|} \log_2 |E_i| \tag{2-65}$$

其中，$|E_i|/|U|$ 表示等价类 E_i 在论域 U 中的概率；$\log_2 |E_i|$ 是集合 E_i 的 Hartley 信息度量。

2.6   本 章 小 结

本章介绍了与本书研究工作相关的粗糙集模型，包括经典粗糙集模型、面向复杂数据和基于概率论的扩展粗糙集模型，并介绍了基于粗糙集理论的启发式属性约简方法和不协调信息系统中的属性约简方法以及粒度度量等，为后续章节的讨论提供必要的基础知识。

第 3 章　并行大规模特征选择

在大数据处理中，由于其具有数据量大、特征维度高等特点，传统的特征选择算法效率降低甚至无法处理。本章针对特征选择算法给出了一个统一的并行大规模特征选择框架，不同的特征选择算法可以从数据并行层面、模型并行层面、方法层面得到多重性能加速。在数据并行层面，基于云计算平台中最流行的并行模型MapReduce 设计了相应的并行算法，并采用 Hadoop 和 Spark 实现。在模型并行层面，由于每次迭代中特征选择算法都从一组候选集中选取最优特征，我们根据这一特性，采用多线程方式同时评价多个 (或所有) 候选特征，继而汇总得到最优。在方法层面，利用粒计算理论中的粒度粗化/细化原理，可以在不同信息粒表示之间快速增量式切换，这里信息粒表示的构建是并行评价候选特征的必要计算步骤。最后，有机结合这三方面，以最大限度地提高特征选择的效率。

3.1　并行特征提取方法

大数据具有数据量大和特征维度高等特点，针对大数据中特征选择的特点，依次提出了三种不同的方法[248]：①模型并行 (model parallelism，MP) 方法，基于模型层面的并行加速，用于解决大数据中特征维度高的问题；②数据并行 (data parallelism，DP) 方法，基于数据层面的并行加速，用于解决大数据中数据量大的问题；③模型-数据并行 (model-data parallelism，MDP) 方法，基于模型层面、数据层面的双重并行加速，用于同时解决大数据中数据量大和特征维度高的问题。

3.1.1　模型并行方法

在特征选择模型中，每一步迭代首先会产生一组特征子集，如特征子集 B_1，$B_2, \cdots$。在本次迭代中，需要通过评价函数评价所有这些产生的特征子集的优劣。显然，这些特征子集的重要度 (也称评价值) 可以同时被计算，这是由模型本身的性质决定的。图 3-1 给出了 MP 方法。由于大数据本身有数据量大的问题，本章的后续内容不会单独讨论模型并行方法，而是结合数据并行方法 (3.1.3 节中的模型-数据并行方法) 来介绍计算所有这些特征子集的重要度的并行思路及算法。

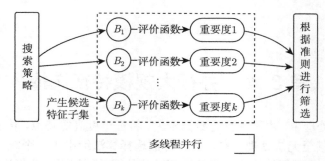

图 3-1   MP 并行框架 (其中 $B_1, B_2, \cdots, B_k$ 均为特征子集)

3.1.2   数据并行方法

前面介绍的 MP 方法,在传统的小规模数据集可以取得不错的性能加速,但并不适用于当今日益增长的海量数据。GB 级,甚至 TB 级的数据规模使得计算单一特征子集的重要度计算变得异常缓慢乃至无法计算 (因为内存受限等问题)。针对这一类型的问题,当前最流行的方法之一就是采用 MapReduce 模型。MapReduce[10] 是 Google 公司提出的一个分布式并行计算架构,用于大规模数据的并行运算。Map-Reduce 降低了并行编程的难度,已成为云计算平台主流的并行编程模型,可方便地编写应用程序运行在具有成千上万的计算节点的大型集群上,具有简单易用、可靠性强和容错性高的特点。MapReduce 提供了一个简便的方法将数据并行处理,隐藏了底层实现细节,有效地降低了并行编程的难度,简单易学。它的编程思想源自函数式编程语言 Lisp。基于"分而治之"的思想,MapReduce 将复杂的并行计算过程高度地抽象为两个函数:Map(映射) 和 Reduce (化简)。简单地说就是"任务的分解与结果的汇总"。一般来说,用户只需要实现 Map 和 Reduce 函数,而不需要关注数据是如何切分的,任务是怎么分配的。输入数据将自动被切分并传输到不同的计算节点,用于 Map 端的计算。Map 函数接收一个输入的 ⟨key, value⟩ 对,然后产生一个中间的 ⟨key, value⟩ 对。MapReduce 把中间所有具有相同 key 值的 value 值集合在一起后传递给 Reduce 函数。Reduce 函数接收输入后,合并这些 value 值并形成一个 value 值的集合,最后计算得出最终结果并输出。Hadoop 平台是 MapReduce 的重要开源实现之一,在工业界和学术界广为流行,主要由 Hadoop 内核、MapReduce 和 Hadoop 分布式文件系统 (Hadoop distributed file system,HDFS) 组成。

本章设计了基于 MapReduce 的并行方法,其核心思想是将原本庞大的数据集进行分块,设计相应的 Map 函数和 Reduce 函数对原始单一特征子集的评价函数值的计算进行分解和合并。根据这一特点,称此类方法为 DP 方法。图 3-2 给出了 DP 方法,我们将在 3.2 节中根据不同的特征子集评价方法来设计不同的 Map 函数和 Reduce 函数以及相应的算法。

图 3-2 DP 并行框架

3.1.3　模型-数据并行方法

以上给出的 MP 方法和 DP 方法在不同阶段对特征选择算法进行了并行化。MP 方法用于并行化模型层,但缺点是不能应对海量数据。DP 方法用于并行化数据层,但忽略了模型本身的并行性。为此,本节有机地结合了这两种方法,给出了模型-数据并行方法,简称 MDP 方法。图 3-3 给出了相应的并行处理示意图。简单来说,在每次迭代中,根据搜索策略产生的一组候选特征子集,我们用多线程实现的方式同时启动所有特征子集的重要度计算模块;其中,每个特征子集的重要度计算模块采用 MapReduce 方式进行计算。实际上,MDP 就是一个二级并行方式。待全部特征子集的重要度计算完成后,再根据基准进行特征筛选。

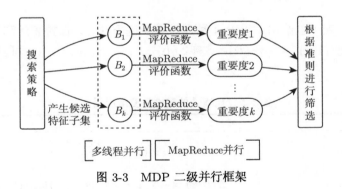

图 3-3 MDP 二级并行框架

3.2　并行特征提取算法

本节将结合产生过程、评价函数及 3.1 节中给出的并行框架来设计相应的特征提取算法。每一种特征选择方法都保留了原始特征空间的一种特定性质,这是由其采用的产生过程、评价函数共同决定的。作为最重要的特征选择算法之一,粗糙特征选择 (也称属性约简)[239] 以粗糙集理论[18] 为基础,旨在保持某种特定性质的最小属性集合。以粗糙集理论中经典的属性依赖度为例,该评价函数保持了条件属性集的近似能力。实际应用中往往符号型、数值型等数据并存，因此在属性约简前需要对数据进行必要的预处理，即通过数据离散化和其他方法，将数据统一成符号型类型。然而，已有的属性约简算法往往计算复杂度较高，很难在实际的大规模数据中应用。我们将利用 3.1 节中给出的并行框架来优化属性约简算法，从而可以有效支持大数据下的数据降维任务。

3.2.1　评价函数的统一表示

为简化表达，我们给出了一个统一的评价函数表示方法。令 $S = (U, C \cup D, V, f)$ 是一个决策信息系统，$B \subseteq C$，D 关于 B 的评价函数记为 $\Theta(D|B)$。

定义 3.2.1 (Θ-inner)　令 $S = (U, C \cup D, V, f)$ 是一个决策信息系统，$B \subseteq C$，$a \in B$，则 a 的内部重要度定义为

$$\mathrm{Sig}_{\Theta}^{\mathrm{inner}}(a, B, D) = \Theta(D|B - \{a\}) - \Theta(D|B) \tag{3-1}$$

定义 3.2.2 (Θ-outer)　令 $S = (U, C \cup D, V, f)$ 是一个决策信息系统，$B \subseteq C$，$a \in C - B$，则 a 的外部重要度定义为

$$\mathrm{Sig}_{\Theta}^{\mathrm{outer}}(a, B, D) = \Theta(D|B) - \Theta(D|B \cup \{a\}) \tag{3-2}$$

直观地，表 3-1 给出了以上 4 种属性重要度方法。为保持表达和符号一致性，我们定义了 $\gamma(D|B) := -\gamma_B(D)$。这样，$\gamma(\cdot)$、$H(\cdot)$、$H_L(\cdot)$、$H_Q(\cdot)$ 可以统一成评价函数 $\Theta(\cdot)$。

表 3-1　代表性的属性重要度度量方法

方法	$\Theta(D|B)$
PR	$\gamma(D|B) := -\gamma_B(D) = -\dfrac{|\mathrm{POS}_B(D)|}{|U|}$
SCE	$H(D|B) = -\sum_{i=1}^{e} p(E_i) \sum_{j=1}^{m} p(D_j|E_i) \log(p(D_j|E_i))$
LCE	$H_L(D|B) = \sum_{i=1}^{e} \sum_{j=1}^{m} \dfrac{|D_j \cap E_i|}{|U|} \dfrac{|D_j^c - E_i^c|}{|U|}$
CCE	$H_Q(D|B) = \sum_{i=1}^{e} \left(\dfrac{|E_i|}{|U|} \dfrac{C_{|E_i|}^2}{C_{|U|}^2} - \sum_{j=1}^{m} \dfrac{|E_i \cap D_j|}{|U|} \dfrac{C_{|E_i \cap D_j|}^2}{C_{|U|}^2} \right)$

3.2.2　评价函数的分治方法

本节给出了上述评价函数的分解简化过程。

定理 3.2.1 令 $S = (U, C \cup D, V, f)$ 是一个决策信息系统, $B \subseteq C$。$U/B = \{E_1, E_2, \cdots, E_e\}$ 和 $U/D = \{D_1, D_2, \cdots, D_m\}$ 分别为条件划分和决策划分。正域 $\mathrm{POS}_B(D)$ 计算如下

$$\mathrm{POS}_B(D) = \bigcup_{i=1}^{e} \{E_i \in U/B : |E_i/D| = 1\} \tag{3-3}$$

证明 根据定义 2.4.3, 有 $\mathrm{POS}_B(D) = \bigcup_{j=1}^{m} \underline{R}(D_j) = \bigcup_{j=1}^{m} \left(\bigcup_{i=1}^{e} \{E_i \in U/B : X \subseteq D_j\} \right)$。已知 $U/D = \{D_1, D_2, \cdots, D_m\}$。$\forall E_i \in U/B$, 如果 $\exists D_j \in U/D$, 使得 $E_i \subseteq D_j$, 那么有 $E_i \subseteq \underline{R}(D_j) \subseteq \mathrm{POS}_B(D)$ 且 $|E_i/D| = 1$; 如果 $\nexists D_j \in U/D$, 使得 $E_i \subseteq D_j$, 那么有 $E_i \nsubseteq \mathrm{POS}_B(D)$ 且 $|E_i/D| > 1$。

综上所述, 有

$$\begin{aligned}
\mathrm{POS}_B(D) &= \bigcup_{j=1}^{m} \left(\bigcup_{i=1}^{e} \{E_i \in U/B : E_i \subseteq D_j\} \right) \\
&= \bigcup_{i=1}^{e} \left(\bigcup_{j=1}^{m} \{E_i \in U/B : E_i \subseteq D_j\} \right) \\
&= \bigcup_{i=1}^{e} \{E_i \in U/B : E_i \subseteq D_1 \vee E_i \subseteq D_2 \vee \cdots \vee E_i \subseteq D_m\} \\
&= \bigcup_{i=1}^{e} \{E_i \in U/B : |E_i/D| = 1\}
\end{aligned}$$

$\square$

定义 3.2.3(条件决策划分多重集) 令 $S = (U, C \cup D, V, f)$ 是一个决策信息系统, $B \subseteq C$。$U/B = \{E_1, E_2, \cdots, E_e\}$ 和 $U/D = \{D_1, D_2, \cdots, D_m\}$ 分别为条件划分和决策划分。$\forall E_i \in U/B$, E_i 的条件决策划分多重集 (multiset) 记为 $E_i//D$, 定义如下

$$E_i//D = \{D_{i1}, D_{i2}, \cdots, D_{im}\} \tag{3-4}$$

其中, $D_{ij} = E_i \cap D_j$, $\forall D_j \in U/D$。

定理 3.2.2 令 $S = (U, C \cup D, V, f)$ 是一个决策信息系统, $B \subseteq C$。$U/B = \{E_1, E_2, \cdots, E_e\}$ 和 $U/D = \{D_1, D_2, \cdots, D_m\}$ 分别为条件划分和决策划分。$\forall E_i \in U/B$, $E_i//D$ 是 E_i 的条件决策划分多重集。假设 $E_i/D = \{Y_{i1}, Y_{i2}, \cdots, Y_{il}\}$, $\forall D_{ij} \in E_i//D$, 其值如下

$$D_{ij} = \begin{cases} Y, & \exists! Y \in E_i/D, \vec{Y} = \vec{D}_{ij} \\ \varnothing, & \text{其他} \end{cases} \tag{3-5}$$

其中, $\vec{Y}$ 和 $\vec{D}_{ij}$ 表示决策类 Y 和 D_{ij} 的类标。

证明　如果 $\exists! Y \in E_i/D$, $\vec{Y} = \vec{D}_{ij}$, 因为 $\vec{D}_{ij} = \vec{D}_{ij}$, 所以 $\vec{Y} = \vec{D}_{ij}$。又因为 $Y \subseteq E_i \subseteq U$ 且 $D_j \in U/D$, 根据等价划分定义, 有 $Y \subseteq D_j$。故 $Y = E_i \cap D_j = D_{ij}$, 即 $D_{ij} = Y$。 □

1) PR 方法的评价函数分解

根据定理 3.2.1, 有

$$\gamma(D|B) = -\frac{|\text{POS}_B(D)|}{|U|} = \sum_{i=1}^{e}\left(-\frac{|E_i|\text{sgn}_{\text{PR}}(E_i)}{|U|}\right)$$

其中, $\text{sgn}_{\text{PR}}(E_i) = \begin{cases} 1, & |E_i/D| = 1 \\ 0, & \text{其他} \end{cases}$。

2) SCE 方法的评价函数分解

根据定理 3.2.2, 有

$$H(D|B) = -\sum_{i=1}^{e} p(E_i) \sum_{j=1}^{m} p(D_j|E_i) \log(p(D_j|E_i))$$

$$= -\sum_{i=1}^{e} \frac{|E_i|}{|U|} \sum_{j=1}^{m} \frac{|E_i \cap D_j|}{|E_i|} \log\left(\frac{|E_i \cap D_j|}{|E_i|}\right)$$

$$= \sum_{i=1}^{e}\left(-\frac{1}{|U|} \sum_{j=1}^{m} |D_{ij}| \log\frac{|D_{ij}|}{|E_i|}\right)$$

3) LCE 方法的评价函数分解

根据定理 3.2.2, 有

$$H_L(D|B) = \sum_{i=1}^{e}\sum_{j=1}^{m} \frac{|D_j \cap E_i|}{|U|} \frac{|D_j^c - E_i^c|}{|U|}$$

$$= \sum_{i=1}^{e}\sum_{j=1}^{m} \frac{|D_j \cap E_i|}{|U|} \frac{|E_i - D_j|}{|U|}$$

$$= \sum_{i=1}^{e}\left(\sum_{j=1}^{m} \frac{|D_j \cap E_i|}{|U|} \frac{|E_i| - |D_j \cap E_i|}{|U|}\right)$$

$$= \sum_{i=1}^{e}\left(\sum_{j=1}^{m} \frac{|D_{ij}|(|E_i| - |D_{ij}|)}{|U|^2}\right) \tag{3-6}$$

4) CCE 方法的评价函数分解

根据定理 3.2.2，有

$$H_Q(D|B) = \sum_{i=1}^{e} \left(\frac{|E_i|}{|U|} \frac{C_{|E_i|}^2}{C_{|U|}^2} - \sum_{j=1}^{m} \frac{|E_i \cap D_j|}{|U|} \frac{C_{|E_i \cap D_j|}^2}{C_{|U|}^2} \right)$$

$$= \sum_{i=1}^{e} \left(\frac{|E_i|}{|U|} \frac{|E_i| \times (|E_i|-1)}{C_{|U|}^2} - \sum_{j=1}^{m} \frac{|E_i \cap D_j|}{|U|} \frac{|E_i \cap D_j| \times (|E_i \cap D_j|-1)}{C_{|U|}^2} \right)$$

$$= \sum_{i=1}^{e} \left(\frac{|E_i|^2 \times (|E_i|-1)}{|U|C_{|U|}^2} - \sum_{j=1}^{m} \frac{|E_i \cap D_j|^2 \times (|E_i \cap D_j|-1)}{|U|C_{|U|}^2} \right)$$

$$= \sum_{i=1}^{e} \left(\frac{|E_i|^2 \times (|E_i|-1)}{|U|C_{|U|}^2} - \sum_{j=1}^{m} \frac{|D_{ij}|^2 \times (|D_{ij}|-1)}{|U|C_{|U|}^2} \right)$$

根据上述推导与转换，这 4 种评价函数可以统一写成以下表达式

$$\Theta(D|B) = \sum_{i=1}^{e} \theta(S_i) \tag{3-7}$$

其中，$S_i := (E_i, D)$，4 种评价函数对应的子函数 θ 详见表 3-2。

表 3-2　评价函数的子函数 θ

方法	$\theta(S_i)$
PR	$-\dfrac{|E_i|\mathrm{sgn}_{PR}(E_i)}{|U|}$
SCE	$-\dfrac{1}{|U|}\sum_{j=1}^{m}|D_{ij}|\log\dfrac{|D_{ij}|}{|E_i|}$
LCE	$\sum_{j=1}^{m}\dfrac{|D_{ij}|(|E_i|-|D_{ij}|)}{|U|^2}$
CCE	$\dfrac{|E_i|^2 \times (|E_i|-1)}{|U|C_{|U|}^2} - \sum_{j=1}^{m}\dfrac{|D_{ij}|^2 \times (|D_{ij}|-1)}{|U|C_{|U|}^2}$

3.2.3　基于 MapReduce 的并行属性约简算法

本节基于 MapReduce 设计了大规模并行属性约简算法 (parallel large-scale attribute reduction，PLAR)。

定义 3.2.4(对象 x 关于属性集 B 的向量表示)　令 $B = \{b_1, b_2, \cdots, b_l\} \subseteq A$ 为非空属性子集。$\forall x \in U$，关于属性集 B 的向量表示定义如下

$$\vec{x}_B = <f(x,b_1), f(x,b_2), \cdots, f(x,b_l)> \tag{3-8}$$

定理 3.2.3　令 $B \subseteq A$ 为非空属性子集。$\forall x, y \in U$，若 $\vec{x}_B = \vec{y}_B$，则 x, y 属于同一等价类。

证明　若 $\vec{x}_B = \vec{y}_B$，有 $f(x, b_i) = f(y, b_i)$，$\forall i \in \{1, 2, \cdots, l\}$，则 x, y 在属性集 B 下不可分辨。所以 x, y 属于同一等价类。　　　　　　　　　　　　　　□

定义 3.2.5（等价类 E 关于属性集 B 的向量表示）　令 $B \subseteq A$ 为非空属性子集。$\forall E \in U/B$，关于属性集 B 的向量表示定义如下

$$\vec{E}_B = \vec{x}_B, \quad x \in E \tag{3-9}$$

定理 3.2.4　令 $B \subseteq A$ 为非空属性子集。$\forall E, F \subseteq U$，若 $\vec{E}_B = \vec{F}_B$，则 E, F 可合并到同一等价类。

证明　若 $\vec{E}_B = \vec{F}_B$，则 E, F 在属性集 B 下不可分辨。所以，E, F 可合并到同一等价类。　　　　　　　　　　　　　　　　　　　　　　□

定义 3.2.6　给定决策信息系统 $S = (U, A, V, f)$，$\{U_i | i = 1, 2, \cdots, s\}$ 是 U 的一个划分，如果它满足：

(1) $U = \bigcup_{i=1}^{s} U_i$；

(2) $U_j \cap U_k = \varnothing, \forall j, k = \{1, 2, \cdots, s\}, j \neq k$。

相应地，决策信息系统 S 被切分为 s 个子块 $\{S_i | i = 1, 2, \cdots, s\}$，其中 $S_i = (U_i, A, V, f)$。

定理 3.2.5（等价类合并定理）　给定决策信息系统 $S = (U, A, V, f)$，$B \subseteq A$，$\{U_i | i = 1, 2, \cdots, s\}$ 是 U 的一个划分。令 $U/B = \{E_1, E_2, \cdots, E_e\}$ 为 U 上关于 B 的等价划分，$U_i/B = \{E_{i1}, E_{i2}, \cdots, E_{ie_i}\}$ 为 U_i 上关于 B 的等价划分，那么 $\forall E \in U/B$，有 $E = \bigcup_{i=1}^{s} \{F \in U_i/B | \vec{F}_B = \vec{E}_B\}$。

证明　令 $E \in U/B$。

(1)"$\Rightarrow$"：$\forall x \in E$，有 $\vec{x}_B = \vec{E}_B$。因为 $x \in E \subseteq U$，而 $\{U_i | i = 1, 2, \cdots, s\}$ 是 U 上的一个划分，那么 $\exists k \in \{1, 2, \cdots, s\}$，使得 $x \in U_k$。令 $U_k/B = \{E_{k1}, E_{k2}, \cdots, E_{ke_k}\}$，那么 $\exists j \in \{1, 2, \cdots, e_k\}$，使得 $x \in E_{kj}$。因此，$\vec{E_{kj}}_B = \vec{x}_B = \vec{E}_B$。换言之，$x \in \{F \in U_k/B | \vec{F}_B = \vec{E}_B\} \subseteq \bigcup_{i=1}^{s} \{F \in U_i/B | \vec{F}_B = \vec{E}_B\}$。所以有 $E \subseteq \bigcup_{i=1}^{s} \{F \in U_i/B | \vec{F}_B = \vec{E}_B\}$。

(2)"$\Leftarrow$"：$\forall k \in \{1, 2, \cdots, s\}$，①如果 $\exists F \in U_k/B$，使得 $\vec{F}_B = \vec{E}_B$，则 $\{F \in U_k/B | \vec{F}_B = \vec{E}_B\} \subseteq E$；②如果 $\nexists F \in U_k/B$，则 $\{F \in U_k/B | \vec{F}_B = \vec{E}_B\} = \varnothing \subseteq E$。

所以，$\forall k \in \{1, 2, \cdots, s\}$，有 $\{F \in U_k/B|\vec{F}_B = \vec{E}_B\} = \varnothing \subseteq E$，即 $E \supseteq \bigcup\limits_{i=1}^{s}\{F \in U_i/B|\vec{F}_B = \vec{E}_B\}$。

综上所述，$\forall E \in U/B$，有 $E = \bigcup\limits_{i=1}^{s}\{F \in U_i/B|\vec{F}_B = \vec{E}_B\}$。　　　□

定理 3.2.6　令 $S = (U, C \cup D, V, f)$ 是一个决策信息系统，$B \subseteq C$，$\Theta(D|B)$ 为评价函数。最优属性 a_{opt} 为

$$a_{\text{opt}} = \underset{a \in C-B}{\arg\min}\{\Theta(D|B \cup \{a\})\} \tag{3-10}$$

证明　　根据定义 2.4.2 和定义 3.2.2，有

$$\begin{aligned}
a_{\text{opt}} &= \underset{a \in C-B}{\arg\max}\{\text{Sig}^{\text{outer}}(a, B, D)\} \\
&= \underset{a \in C-B}{\arg\max}\{\Theta(D|B) - \Theta(D|B \cup \{a\})\} \\
&= \underset{a \in C-B}{\arg\min}\{\Theta(D|B \cup \{a\})\}
\end{aligned}$$

□

算法 3.2.1 给出了 PLAR-MR 算法的伪代码和相关的辅助程序。其中，主框架流程与算法 2.4.1 类似，主要区别有两个地方：①评价函数的计算采用并行方式；②根据定理 3.2.6，外部属性重要度可以直接用评价函数代替，这样可以减少一部分不必要及重复计算。此外，为直观地描述 MapReduce 计算过程，我们给出了图 3-4。首先，对输入数据进行数据分割 (data split)①，得到若干个 Split，见图 3-4 中

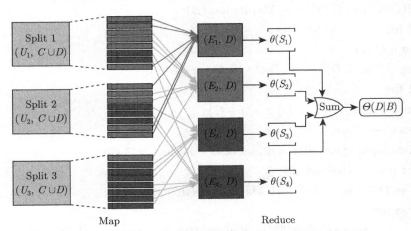

图 3-4　基于 MapReduce 的并行计算方法示意图

注：$(U_i, C \cup D)$ 是 $(U_i, C \cup D, V, f)$ 的简写，$i = 1, 2, 3$

① 数据分割是 Hadoop MapReduce 框架中的基础概念之一，它定义了单个 Map 任务的大小及其可能的执行服务器信息。

的 Split1、Split2、Split3。根据定理 3.2.5，我们知道数据的划分就是将决策信息系统切分成了若干块，即得到了一个论域 U 上的划分 $\{U_1, U_2, U_3\}$。我们根据该定理设计了不同的 Map 函数和 Reduce 函数，相应的 Map 阶段和 Reduce 阶段如下。

Map 阶段：每个 Map Worker 根据指定属性子集 B 遍历地把对应 Split 上的子论域 U_k 的对象 x 映射到不同的键值对 $(\vec{x}_B, \vec{x}_D)$ (算法 3.2.1 中的 Map)。这一过程是对子论域 U_k 进行了一个等价划分，同时保留了决策类的信息。

Reduce 阶段：每个 Reduce Worker 收到一组数据，其键值分别为 $\vec{E}_{iB}$ 和 $S_i = (E_i, D)$ (见算法 3.2.1 中的 Reduce)。由定理 3.2.5 易知，所有具有一样的 $\vec{E}_{iB}$ 的对象将都会在同一个 Reduce 中，在图 3-4 的实例中容易得到 $U/B = \{E_1, E_2, E_3, E_4\}$。每个 Reduce Worker 处理一个 U/B 中的一个 E_i。之后，根据表 3-2，我们可以计算对应 S_i 的评价函数值，即 $\theta(S_i)$。

主程序中进行结果汇总就得到总的评价函数值，即 $\Theta(D|B) = \sum\limits_{i=1}^{e} \theta(S_i)$。

算法 3.2.1　PLAR-MR (parallel large-scale attribute reduction based on MapReduce)

输入：输入文件 input (决策信息系统 $S = (U, C \cup D, V, f)$)，阈值 ε。

输出：特征子集 Reduct。

1: Cands $\longleftarrow \{C\} \cup \{C - \{a\}|a \in C\}$;

2: **for** $B \in$ Cands **do**

3:　　$\Theta(D|\text{Reduct} \cup \{a\}) \longleftarrow$ MapReduce(B);

4: **end for**

5: **for** $a \in C$ **do**

6:　　Sig$^{\text{inner}}(a, C, D) \longleftarrow \Theta(D|C - \{a\}) - \Theta(D|C)$;

7: **end for**

8: Core $= \{a|\text{Sig}^{\text{inner}}(a, C, D) > \varepsilon, a \in C\}$;

9: Reduct $\longleftarrow$ Core;

10: **while** stopping criterion not met & $C -$ Reduct $\neq \varnothing$ **do**

11:　　**for** $a \in C -$ Reduct **do**

12:　　　$\Theta(D|\text{Reduct} \cup \{a\}) \longleftarrow$ MapReduce(Reduce $\cup \{a\}$);

13:　　**end for**

14:　　$a_{\text{opt}} = \underset{a \in C - \text{Reduct}}{\text{argmax}} \{\text{Sig}^{\text{outer}}(a, \text{Reduct}, D)\} = \underset{a \in C - \text{Reduct}}{\text{argmin}} \{\Theta(D|\text{Reduct} \cup \{a\})\}$;

15:　　Reduct $\longleftarrow$ Reduct $\cup \{a_{\text{opt}}\}$;

16: **end while**

17: **return** Reduct;

Procedure MapReduce(B)//B 是一个属性子集

1: conf ⟵ **new** Configuration();

2: conf.setParameters(B);

3: job ⟵ **new** MapReduce-Job(conf);

4: job.setInputPath(input);

5: job.setOutputPath(output);

6: job.run();

7: **return** sum of all values in output;

Procedure Map(input_split)//input_split 是 $(U_k, C \cup D, V, f)$

1: Configuration.getParameters(B);

2: **for** $x \in U_k$ **do**

3:　key_out ⟵ $\overrightarrow{x}_B$;

4:　value_out ⟵ $\overrightarrow{x}_D$;

5:　**Output**(key_out,value_out);

6: **end for**

Procedure Reduce(key, value)//(key, value) 是 $(\overrightarrow{E}_{iB}, S_i)$

1: key_out ⟵ Null;

2: value_out ⟵ $\theta(S_i)$;

3: **Output**(key_out,value_out);

3.2.4　基于 Spark 的并行属性约简算法

本节设计了基于 Spark 的大规模并行属性约简算法。Spark 引进了分布式内存抽象,即弹性分布式数据集 (resilient distributed datasets,RDD),它具备像 MapReduce 等模型的容错特性,并且允许开发人员在大型集群上执行基于内存的计算。Spark 是一种类似于 Hadoop MapReduce 的通用的并行计算框架,拥有 Hadoop MapReduce 所具有的优点;但不同于 MapReduce 的是 Job 中间输出和结果可以保存在内存中,从而不再需要从 HDFS 读写,因此 Spark 能更好地适用于数据挖掘与机器学习等需要迭代的 MapReduce 的算法。而特征选择过程是一个典型的迭代更新过程。算法 3.2.2 给出了基于 Spark 的并行大规模属性约简算法 (PLAR-SPARK),具体步骤如下。

步骤 1:读取数据文件,采用并行方式将输入的文件内容解析成对象并缓存。Spark 的缓存机制使得在读取解析这个过程只需要做一次运算,而在传统的 Hadoop 中,并没有采用内存缓存机制,使得每次迭代更新都需要重复读取解析。在这一步,Spark 可以大大减少运算。

步骤 2~步骤 10：计算属性核。其中步骤 4 用于并行计算特征子集的评价函数值。类似于基于 Hadoop MapReduce 算法，输入数据先进行 Map，输出键值对 $(\vec{x}_B, \vec{x}_D)$；Shuffle 过后将不同键值对 (E_{iB}, S_i) 分发给不同的 Reduce Worker，进行 ReduceByKey 运行，即计算 $\theta(S_i)$；最后汇总结果累计就能求得评价函数值。步骤 6~步骤 8 将并行计算后的评价函数值转化为属性重要度。

步骤 11~步骤 17：采用前向贪心搜索迭代地计算属性约简。其中，步骤 13 中采用三个操作 (Map、ReduceByKey、Sum) 来计算特征子集的评价函数值。根据定理 3.2.6，步骤 15 获得当前迭代最优属性。整个迭代过程直到满足停止条件后终止。

算法 3.2.2　PLAR-SPARK (Parallel Large-scale Attribute Reduction Based on Spark)

输入： 输入文件 input (决策信息系统 $S = (U, C \cup D, V, f)$)，阈值 ε。

输出： 特征子集 Reduct。

1: data ⟵ spark.textFile("input").map(parseVector()).cache();
2: Cands ⟵ $\{C\} \cup \{C - \{a\}|a \in C\}$;
3: **for** $B \in$ Cands **do**
4: 　$\Theta(D|B) =$data.Map($(\vec{x}_B, \vec{x}_D)$).ReduceByKey($\theta(S_i)$).Sum();
5: **end for**
6: **for** $a \in C$ **do**
7: 　$\text{Sig}^{\text{inner}}(a, C, D) \longleftarrow \Theta(D|C - \{a\}) - \Theta(D|C)$;
8: **end for**
9: Core $= \{a|\text{Sig}^{\text{inner}}(a, C, D) > \varepsilon, a \in C\}$;
10: Reduct ⟵ Core;
11: **while** stopping criterion not met & $C -$ Reduct $\neq \varnothing$ **do**
12: 　**for** $a \in C -$ Reduct **do**
13: 　　$\Theta(D|\text{Reduct} \cup \{a\}) =$data.Map($(\vec{x}_{\text{Reduct}\cup\{a\}}, \vec{x}_D)$).ReduceByKey($\theta(S_i)$).Sum();
14: 　**end for**
15: 　$a_{\text{opt}} = \underset{a \in C - \text{Reduct}}{\text{argmin}} \{\Theta(D|\text{Reduct} \cup \{a\})\}$;
16: 　Reduct ⟵ Reduct $\cup \{a_{\text{opt}}\}$;
17: **end while**
18: **return** Reduct

3.2.5　基于粒计算的并行属性约简加速算法

在粗糙集中，等价关系对论域 U 进行了划分得到等价类，并可对 U 中任意子集进行近似描述。从粒计算的角度看，等价关系确定了决策信息系统的基本知识粒，粒度越细，近似描述越准确；相反，粒度越粗，近似描述越概略。

定义 3.2.7(信息粒表示)   令 $S = (U, C \cup D, V, f)$ 是一个决策信息系统，$A \subseteq C \cup D$。U/A 是 U 上的一个划分，信息粒表示，记为 $G^{(A)}$，定义如下

$$G^{(A)} = \{(\vec{E}_A, |E|) : E \in U/A\} \tag{3-11}$$

其中，$\vec{E}_A$ 是等价类 E 关于属性集 A 的向量表示 (根据定义 3.2.5)；$|E|$ 表示集合 E 的基数。

为方便讨论，我们引入了 $\preceq$ 和 $\succeq$ 的定义。给定属性集 A 和 B，$\vec{E}_B = <v_{b_1}, v_{b_2}, \cdots, v_{b_{|B|}}>$，$\vec{E}_A = <e_{a_1}, e_{a_2}, \cdots, e_{a_{|A|}}>$。若 $\forall b_i \in B$，使得 $b_i \in A$ 且 $e_{b_i} = v_{b_i}$，则称 $\vec{E}_B \preceq \vec{E}_A$ ($\vec{E}_A \succeq \vec{E}_B$)。

定义 3.2.8(细化/粗化表示)   令 $B \subseteq A$，$G^{(A)}$ 和 $G^{(B)}$ 为相应的信息粒表示，则有 $\forall E_A \in U/A$，$\exists E_B \in U/B$，使得 $E_A \subseteq E_B$，其中 $\vec{E}_A \succeq \vec{E}_B$，称 $G^{(A)}$ 是 $G^{(B)}$ 的细化表示 (或 $G^{(B)}$ 是 $G^{(A)}$ 的粗化表示)，记为 $G^{(A)} \sqsubseteq G^{(B)}$ (或 $G^{(B)} \sqsupseteq G^{(A)}$)。

定理 3.2.7(粗化)   给定信息粒表示 $G^{(A)} = \{(\vec{E}_A, |E_A|) : E_A \in U/A\}$，$\forall B \subseteq A$，$G^{(A)}$ 的粗化表示 $G^{(B)} = \{(\vec{E}_B, |E_B|) : E_B \in U/B\}$ 可以由以下计算得到

$$\forall E_B \in U/B, E_B = \cup\{E_A \in U/A | \vec{E}_B \preceq \vec{E}_A\} \tag{3-12}$$

定理 3.2.8(细化)   给定信息粒表示 $G^{(B)} = \{(\vec{V}_B, |V_B|) : V_B \in U/B\}$，$\forall A \supseteq B$，$G^{(B)}$ 的细化表示 $G^{(A)} = \{(\vec{E}_A, |E_A|) : E_A \in U/A\}$ 可以由以下计算得到

$$G^{(A)} = \{(\vec{E}_A, |E_A|) : E_A \in \{E_B/A - B | E_B \in U/B\}\} \tag{3-13}$$

我们知道，3.2.4 节介绍的方法主要是基于数据并行模型的方法，即数据层的并行。本节采用 MDP 模型，即同时进行模型层、数据层的并行，并设计了相应的大规模并行属性约简加速算法。算法 3.2.3 给出了基于 MDP 的并行大规模属性约简算法，详细步骤如下。

(1) 初始化 A 的信息粒表示，即 $G^{(A)}$(其中 $A = C \cup D$)。在 Spark 中，$G^{(A)}$ 是一个 RDD 对象，计算完成后进行缓存，后续计算过程中只需直接调用该 RDD 对象而不需要重新计算。

(2) 设置初始的属性候选集。

(3) 步骤 3~7 采用模型并行方式同时计算各个属性子集的评价函数值。其中，整个 for 循环并行执行，即"模型并行"，同时计算多个后续特征子集的评价函数值；步骤 4 采用"数据并行"方式并行计算评价函数值，基于先前缓存的信息粒表示 $G^{(A)}$，根据定理 3.2.7 并行构建相应的信息粒表示 $G^{(B)}$，同时求得评价函数值。

(4) 步骤 8~12 计算属性核。

(5) 步骤 13~20 用迭代更新的方法计算属性约简, 直至满足停止条件。其中步骤 14~17 采用 MDP 方法在模型层、数据层同时并行加速计算。

算法 3.2.3   Parallel Large-scale Attribute Reduction Based on MDP model

输入: 输入文件 input (决策信息系统 $S = (U, C \cup D, V, f)$), 阈值 ε。

输出: 特征子集 Reduct。

1: // 构建粒度空间 $G^{(A)}$, 表示为 data;
2: data := $G^{(A)}$ ⟵ spark.textFile(input).map(parseVector()).reduceByKey(add).cache();
3: Cands ⟵ $\{C\} \cup \{C - \{a\} | a \in C\}$;
4: **for** $B \in$ Cands **do**
5:    // 模型并行: 多线程并行执行
6:    $\Theta(D|B) = \text{data.Map}((\vec{E}_B, (\vec{E}_D, |E|))).\text{ReduceByKey}(\theta(S_i)).\text{Sum}()$; // 数据并行
7: **end for**
8: **for** $a \in C$ **do**
9:    $\text{Sig}^{\text{inner}}(a, C, D) \longleftarrow \Theta(D|C - \{a\}) - \Theta(D|C)$;
10: **end for**
11: Core = $\{a | \text{Sig}^{\text{inner}}(a, C, D) > \varepsilon, a \in C\}$;
12: Reduct ⟵ Core;
13: **while** stopping criterion not met & $C -$ Reduct $\neq \varnothing$ **do**
14:    **for** $a \in C -$ Reduct **do**
15:       // 模型并行: 多线程并行执行
16:       $\Theta(D|\text{Reduct} \cup \{a\}) = \text{data.Map}((\vec{E}_{\text{Reduct} \cup \{a\}}, (\vec{E}_D, |E|))).\text{ReduceByKey}(\theta(S_i)).\text{Sum}()$;
17:    **end for**
18:    $a_{\text{opt}} = \underset{a \in C - \text{Reduct}}{\text{argmin}} \{\Theta(D|\text{Reduct} \cup \{a\})\}$;
19:    Reduct ⟵ Reduct $\cup \{a_{\text{opt}}\}$;
20: **end while**
21: **return** Reduct

3.3 实 验 分 析

本节将介绍实验中用到的数据集和实验平台, 并依次与串行算法、并行算法相比较, 同时讨论了在高维数据降维中 MDP 双重并行模型的性能。

3.3.1 数据集和实验平台

表 3-3 给出了本实验中用得到的所有数据，其中数据集 1~9 是 UCI 标准数据集[1]；数据集 KDD99 是 KDD CUP 1999 数据集[2]；数据集 WEKA15360 是由 WEKA[3]中的数据生成器产生的人工数据集；数据集 Gisette 是 NIPS2003 特征选择竞赛数据集[4]；数据集 SDSS 是天文大数据[5]，由斯隆数字化巡天 (Sloan Digital Sky Survey) 采集而得，我们从中选取了一小部分。

所有的实验在一个含有 19 台机器 (下称"计算节点") 的集群中完成。每个计算节点的 CPU 主频均快于 2.0GHz，含有 8GB 或以上的内存，不是所有的计算节点都有相同的配置。所有节点的操作系统均为 Cent OS 6.5。并行算法运行在大数据分析平台 Hadoop(版本 1.x) 和 Spark(版本 1.x) 上。

表 3-3 数据集描述

编号	数据集	样本数	属性数	类别数	描述
1	Mushroom	5644	22	2	
2	Tic-tac-toe	958	9	2	
3	Dermatology	358	34	6	
4	Kr-vs-kp	3196	36	2	小规模数据
5	Breast-cancer-wisconsin	683	9	2	
6	Backup-large.test	376	35	19	
7	Shuttle	58000	9	7	
8	Letter-recognition	20000	16	26	
9	Ticdata2000	5822	85	2	
10	KDD99	约 5000000	41	23	数据量大
11	WEKA15360	15360000	20	10	
12	Gisette	6000	5000	2	超高维
13	SDSS	320000	5201	17	数据量大且超高维

3.3.2 与串行算法的对比

本节将比较给出的 PLAR-MDP 算法 (算法 3.2.3) 与串行算法之间的性能。在文献 [211] 中，Qian 等提出"正向近似"概念，并设计了基于正向近似的通用快速特征选择算法 (FSPA)，该算法是最先进的串行算法之一。在本节中，为了对比文献 [211] 中的 4 个代表性的算法 (PR、SCE、LCE 与 CCE，具体描述可见 2.4.2 节)，

[1] http://archive.ics.uci.edu/ml.
[2] http://kdd.ics.uci.edu/databases/kddcup99/kddcup99.html.
[3] http://www.cs.waikato.ac.nz/ml/weka.
[4] http://www.nipsfsc.ecs.soton.ac.uk/datasets.
[5] http://www.sdss.org/data.

我们选取了文献 [211] 用到的所有 9 个 UCI 标准数据集[249]，描述详见表 3-3 中的数据集 1~9。为方便实验，我们对数据进行了预处理。其中，对数据集 Shuttle 和 Ticdata2000 中的数值型属性进行了离散化处理，去除了数据集 Mushroom 和 Breast-cancer-Wisconsin 中的缺失值。因为采用的数据集规模较小，因此在这个实验中使用 Spark 的本地模式，使用的核数设定为 8 核。对 PLAR-MDP，设置模型并行度为 8，即同时可计算 8 个特征子集的评价函数值。此外，当模型并行度设置为 1 时，MDP 模型退化为 DP 模型，表示为 PLAR-DP。

　　表 3-4～ 表 3-7 分别比较了传统的四种串行特征选择算法与本章给出的并行大规模特征选择算法的性能和结果。其中，PR 算法、SCE 算法、LCE 算法和 CCE 算法为 4 个基准 (baseline) 算法，它们同对应的 FSPA 算法的实验结果均来自文献 [211]。容易知道，所有这些算法在不同的数据集上均获得一样的属性约简，保证了不同算法之间的一致性。为直观显示并行效果，我们采用加速比 (Speedup = $\frac{\text{基准算法运行时间}}{\text{特征选择算法运行时间}}$) 作为衡量指标，图 3-5 显示了 FSPA 算法、PLAR-DP 算法、PLAR-MDP 算法相对于基准算法的加速比。可以看到，在数据集 Tic-tac-toe、Dermatology、Breast-cancer-wisconsin、Backup-large.test 上，串行算法 FSPA 要优于并行算法 PLAR-DP、PLAR-MDP，我们发现这些数据集的样本数非常少，均不足 1000 个。随着样本数目的增多，并行算法的性能慢慢优于串行算法，尤其在数据集 Shuttle、Letter-recognition 这两个样本数超过 10000 的数据集，加速比非常显著，有百倍、千倍甚至更多的提升。以性能加速最为明显的 LCE 为例，与串行算法相比，PLAR-MDP 在数据集 Shuttle 上获得了 6400 倍的性能提升。这充分说明了我们给出的算法不仅在并行层面实现了很好的加速提升，同时说明了算法层面优化 (见 3.2.5 节) 的有效性，我们将在 3.3.3 节中更详细地给出这种基于粒计算的优化策略的增益性。

表 3-4　PR 串行算法与并行算法的运行时间 (单位: 秒) 和约简结果

数据集	PR 算法[211]		FSPA 算法[211]		PLAR-DP 算法		PLAR-MDP 算法	
	耗时	特征数	耗时	特征数	耗时	特征数	耗时	特征数
Mushroom	24.875	3	20.453	3	18.440	3	5.698	3
Tic-toc-toe	0.359	8	0.313	8	9.790	8	4.650	8
Dermatology	0.844	10	0.438	10	31.629	10	10.420	10
Kr-vs-kp	28.031	29	21.578	29	14.610	29	5.632	29
Breast-cancer-wisconsin	0.125	4	0.094	4	6.497	4	3.465	4
Backup-large.test	0.656	10	0.422	10	28.875	10	9.621	10
Shuttle	906.063	4	712.250	4	6.129	4	3.964	4
Letter-recognition	282.641	11	112.625	11	21.339	11	7.938	11
Ticdata2000	886.453	24	296.375	24	236.858	24	55.963	24

表 3-5　SCE 串行算法与并行算法的运行时间 (单位: 秒) 和约简结果

数据集	SCE 算法[211]		FSPA 算法[211]		PLAR-DP 算法		PLAR-MDP 算法	
	耗时	特征数	耗时	特征数	耗时	特征数	耗时	特征数
Mushroom	162.641	4	159.594	4	22.406	4	6.575	4
Tic-toc-toe	4.500	8	3.109	8	10.110	8	4.771	8
Dermatology	5.313	11	1.984	11	45.095	11	13.451	11
Kr-vs-kp	149.625	29	105.984	29	15.790	29	5.547	29
Breast-cancer-wisconsin	1.344	4	0.844	4	6.093	4	3.667	4
Backup-large.test	4.359	10	1.766	10	35.899	10	10.894	10
Shuttle	12665.391	4	10153.172	4	7.056	4	4.065	4
Letter-recognition	7015.703	11	2740.250	11	20.093	11	7.953	11
Ticdata2000	8153.656	24	1043.891	24	241.383	24	53.953	24

表 3-6　LCE 串行算法与并行算法的运行时间 (单位: 秒) 和约简结果

数据集	LCE 算法[211]		FSPA 算法[211]		PLAR-DP 算法		PLAR-MDP 算法	
	耗时	特征数	耗时	特征数	耗时	特征数	耗时	特征数
Mushroom	300.219	4	294.000	4	19.767	4	6.728	4
Tic-toc-toe	8.734	8	5.781	8	9.477	8	4.560	8
Dermatology	10.453	10	3.750	10	41.295	10	13.073	10
Kr-vs-kp	1156.125	29	191.125	29	15.397	29	5.275	29
Breast-cancer-wisconsin	3.125	5	1.672	5	5.607	5	3.642	5
Backup-large.test	9.844	10	3.219	10	30.527	10	10.016	10
Shuttle	24883.625	4	20228.391	4	6.259	4	3.888	4
Letter-recognition	15176.766	12	5558.781	12	19.669	12	7.767	12
Ticdata2000	27962.625	24	1805.563	24	249.746	24	54.684	24

表 3-7　CCE 串行算法与并行算法的运行时间 (单位: 秒) 和约简结果

数据集	CCE 算法[211]		FSPA 算法[211]		PLAR-DP 算法		PLAR-MDP 算法	
	耗时	特征数	耗时	特征数	耗时	特征数	耗时	特征数
Mushroom	166.922	4	159.641	4	7.804	4	3.278	4
Tic-toc-toe	6.766	8	3.141	8	10.129	8	4.822	8
Dermatology	5.828	10	2.266	10	39.940	10	11.433	10
Kr-vs-kp	149.750	29	105.750	29	41.310	29	12.470	29
Breast-cancer-wisconsin	1.359	4	0.891	4	4.015	4	2.323	4
Backup-large.test	4.578	9	1.984	9	8.550	9	3.373	9
Shuttle	13718.875	4	10948.922	4	5.752	4	3.850	4
Letter-recognition	7118.266	11	2610.359	11	22.127	11	8.110	11
Ticdata2000	8262.047	24	1048.578	24	273.238	24	59.114	24

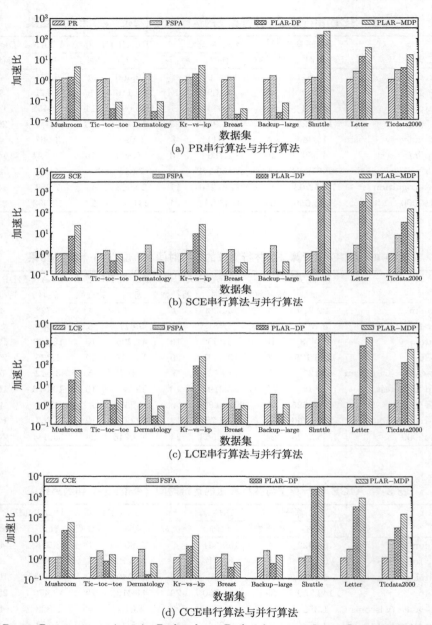

(a) PR串行算法与并行算法

(b) SCE串行算法与并行算法

(c) LCE串行算法与并行算法

(d) CCE串行算法与并行算法

Breast: Breast-cancer-wisconsin; Backup-large: Backup-large.test; Letter: Letter-recognition

图 3-5　FSPA、PLAR-DP、PLAR-MDP 相对于基准算法的加速比

3.3.3 不同并行算法的对比

本节比较了不同 PLAR 并行算法，包括 PLAR-MR (简称 Hadoop 实现，算法 3.2.1)、PLAR-SPARK(简称 Spark 实现，算法 3.2.2)、PLAR-DP (算法 3.2.3 的并行度为 1 时的版本) 和 PLAR-MDP (算法 3.2.3)。图 3-6 给出了四类不同并行特征选择算法的性能比较。在这些实验中，我们设置了一样的运行核数，即 16 核。与 Hadoop 实现相比，Spark 实现性能提升非常明显。为直观显示，同样给出了加速比 $\left(\text{speedup} = \dfrac{\text{基于 Hadoop MapReduce 算法的运行时间}}{\text{并行算法运行时间}} \right)$，如表 3-8 所示。容易看出，相比于 Hadoop 实现，4 种算法的 Spark 实现在数据集 KDD99 上的加速比提高了 $6 \sim 7$ 倍，在数据集 WEKA15360 上提升了 $2.48 \sim 3.24$ 倍，而算法 PLAR-DP 和 PLAR-MDP 的提升更为明显。在数据集 KDD99 上，普遍获得了 200 倍以上的性能提升，在 LCE 算法上，PLAR-MDP 获得了约 500 倍的性能提升。而在数据集 WEKA15360 上，PLAR-MDP 在 4 种特征选择算法均获得了 50 倍以上的性能提升，其中在 PR 算法上表现最为显著，为 75.88 倍。PLAR-DP 和 PLAR-MDP 的优异表现充分说明了 3.2.5 节给出的基于粒计算的并行大规模属性约简算法的有效性，即可以有效地结合 Spark 中 RDD 缓存的特性，利用信息粒度之间的粗化/细化原理，有效地减少重复计算等。而 PLAR-MDP 采用模型-数据双重并行策略，可以充分利用闲置或多线程竞争计算资源，使得性能更为突出。

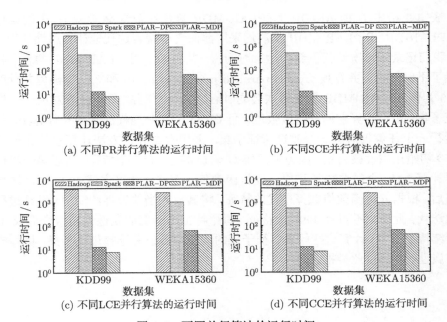

图 3-6　不同并行算法的运行时间

表 3-8   不同并行算法相对于基于 Hadoop MapReduce 算法的加速比

算法	数据集	Hadoop	Spark	PLAR-DP	PLAR-MDP
PR	KDD99	1.00	6.39	236.93	381.89
	WEKA15360	1.00	3.24	48.66	75.88
SCE	KDD99	1.00	6.08	256.64	414.85
	WEKA15360	1.00	2.48	37.07	57.11
LCE	KDD99	1.00	7.14	299.03	502.87
	WEKA15360	1.00	2.55	42.76	65.71
CCE	KDD99	1.00	6.75	309.03	480.16
	WEKA15360	1.00	2.63	38.46	59.57

3.3.4   高维数据上的表现

前面验证了 PLAR 算法分别在小规模数据和大规模数据上的性能优势,本节将给出 PLAR 在高维数据上的表现。我们采用表 3-3 中的数据集 Gisette,它是一个含有 5000 个特征的超高维数据。本实验设置运行核数为 64 核,采用 SCE 作为特征选择算法。我们知道,数据集 Gisette 本身数据规模不大,只有 6000 个样本,这使得数据并行往往很难充分利用资源。而模型并行往往可以很好地应对这种情况。

表 3-9 给出了 PLAR-DP 和 PLAR-MDP 算法在数据集 Gisette 上的运行时间。PLAR-DP 和 PLAR-MDP 算法均采用前向贪心搜索迭代地计算属性约简。这里,我们记录了每次迭代更新的运行时间,一共 5 次。对 PLAR-MDP 算法,我们设置了不同的模型并行度 (model parallelism): 2、4、8、16 和 32。以模型并行度等于 16 为例,PLAR-MDP 算法每次会同时启动 16 个任务,每个任务对应一个候选特征子集,用于计算它的评价函数值。而 PLAR-DP 是纯粹的数据并行算法,每次只运行一个任务仅对应一个候选特征子集,采用数据并行方法计算它的评价函数值。令初始化属性核为空,因为数据集 Gisette 包含 5000 个特征,所以第一次迭代需要计算 5000 个候选特征子集的评价函数值;等完全计算完这 5000 个后续特征子集后,根据评价函数值选择最优的特征,将其放入当前属性约简中,继续进行第二次迭代;此时,还剩余 4999 个特征,每个特征与当前的属性约简组合形成 4999 个后续特征子集,计算这些候选特征子集的评价函数值并选择最优子集,将其放入当前属性约简,以此类推。

表 3-9　基于 SCE 的 PLAR-DP 算法、PLAR-MDP 算法在数据集 Gisette 上的运行时间

第 i 次迭代	PLAR-DP	PLAR-MDP：模型并行度					
		2	4	8	16	32	64
1	6262	3080	1570	885	472	350	371
2	5975	2982	1480	873	465	343	370
3	6261	3059	1497	869	470	344	370
4	6115	3017	1484	877	468	344	369
5	6194	3155	1512	885	465	348	375
总耗时/s	30806	15293	7543	4389	2340	1730	1856

容易看到，在 PLAR-DP 和 PLAR-MDP 算法上，每次迭代更新所需的时间相差不是太多。而当 PLAR-MDP 的模型并行度为 2 时，相对于 PLAR-DP 算法，运行时间减少了一半。随着模型并行度的增加，运行时间越来越短。为直观显示，我们计算了 PLAR-MDP 算法相对于 PLAR-DP 算法的加速比 $\left(\text{speedup} = \dfrac{\text{PLAR-DP 算法的总耗时}}{\text{PLAR-MDP 算法的总耗时}}\right)$，如图 3-7 所示。当模型并行度为 32 时，加速最为明显，相对于 PLAR-DP 算法，PLAR-MDP 算法性能提升了 17.8 倍。

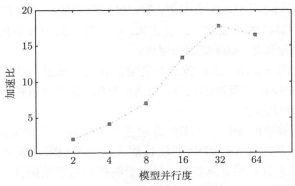

图 3-7　基于 SCE 的 PLAR-MDP 算法相对于 PLAR-DP 算法的加速比

3.3.5　天文大数据上的应用

本节采用表 3-3 中的天文大数据集 SDSS，首先测试了基于 SCE 的 PLAR-MDP 算法在 SDSS 上的表现，设定计算核数为 128。我们记录了前 5 次迭代更新的耗时，分别为 7312s、6696s、6793s、7659s 和 7035s。以第一次迭代为例，因为 SDSS 含有 5201 个特征，所以第一次迭代中会产生 5201 个特征子集。这样，在第一次迭代中，计算单个特征子集的评价函数值的平均耗时为 1.406s。我们又测试了在核数

为 32 时的情况，第一次迭代耗时 24180s，计算单个特征子集的评价函数值的平均耗时为 4.649s。这样，采用 128 核时，核数为 32 核的 4 倍，性能提升了 $\frac{4.649}{1.406} \approx 3.3$ 倍。同样，我们测试 PLAR-MDP 算法在天文大数据集上的单次迭代所需的运行时间，如表 3-10 所示。在四种不同的算法中，相对于 32 核的性能，128 核的性能分别提升了 3.27、3.31、3.38 和 3.29 倍。这证明核数的增多可以有效缩短运行时间。

表 3-10　PLAR-MDP 算法在天文大数据集上的单次迭代的运行时间

算法	128 核/s	32 核/s
PR	7432	24274
SCE	7312	24181
LCE	7207	24372
CCE	7383	24295

3.4　本 章 小 结

本章给出了一个统一的并行大规模特征选择算法，采用数据并行和模型并行的双重并行策略，并在大数据处理平台 Hadoop 和 Spark 上进行实验验证。

(1) 对所提出的 PLAR-MDP 算法与最先进的串行算法进行了性能比较，我们发现在数据非常少 (小于 1000 个对象) 时，串行算法优于并行算法；而随着数据规模的增大，并行算法的性能逐渐凸显出来，在计算资源为 8 核的情况下，PLAR-MDP 算法可以获得高达 6400 倍的加速比。

(2) 对所提出的 PLAR-MDP 算法与之前的并行算法进行了性能比较。相对于基于 Hadoop MapReduce 算法的比较，PLAR-MDP 算法可以在数据集 KDD99 上获得约 500 倍的性能加速。

(3) 验证了所提出的 PLAR-MDP 算法在高维数据上的表现。在高达 5000 维的数据集 Gisette 上，PLAR-MDP 算法依然表现非常抢眼，这得益于其有效的模型并行机制，可以充分利用计算资源。相比于纯粹的基于数据并行的算法，本章提出的并行算法获得了 17.8 倍的性能加速。

(4) 验证了所提出的 PLAR-MDP 算法在实际天文大数据中的表现。天文大数据集 SDSS 含有 320000 个样本，每个样本含有 5201 维。这个数据集具备了样本数多、维数高等特点，这往往需要之前的串行算法和基于 Hadoop MapReduce 的并行算法更多的运行时间，以至于在可接受的时间内几乎无法完成。以 SCE 为例，所提出的 PLAR-MDP 算法在 32 核平均计算单个特征子集的评价函数值耗时 4.649s，在 128 核上耗时可以减少到 1.406s，4 倍的核数性能提升 3.3 倍。这证明核数的增多该算法可以有效缩短运行时间。

第 4 章　近似集动态更新

粒计算提供了从不同视角不同层次分析和处理数据的范式, 对于大数据尤其需要进行多粒度的分析, 以提高效率满足应用的需求。粗糙集以近似计算为核心给出了不确定信息的一种有效描述方式, 它以等价类作为粒度基本的描述单位对不确定概念进行近似描述。在决策信息系统的动态变化中, 对象集、属性集以及属性值都可能动态地变化, 从而引起知识粒度的变化, 进而导致概念的近似性质动态变化。考虑单因素变化, 学者充分讨论了不同粗糙集模型下对象集、属性集以及属性值等不同因素变化下近似集动态更新方法[198,202,210,212–214,219,250], 为近似计算的动态有效维护提供了切实可行的理论支持及方法。实际应用中, 随着新的对象增加到决策信息系统中, 可能需要更多的属性对对象进行描述, 即对象和属性同时增加, 是单因素变化的更一般情形。本章基于决策粗糙集模型, 运用特征矩阵对粒进行形式化描述, 进而讨论当对象和属性同时增加时通过粒度融合的方法进行近似集增量更新的方法。

4.1　知识粒度的变化性质

在决策粗糙集中, 等价类构成了论域的一个划分。论域中任意对象子集可用等价类进行近似描述。等价类粒度越细, 其分辨能力越强, 反之, 粒度越粗, 其分辨能力越弱。粒度的度量对粗糙集理论及其应用有重要作用。梁吉业和史忠植提出了决策信息系统中粒度的度量[246]。Yao 则给出了划分的粒度度量[247](参见定义 2.5.3)。

为区分不同划分的知识粒度度量, 这里将 $E_r(C)$ 表示为 $E_r(U/C)$。下面将刻画对象和属性同时变化时知识粒度的变化性质, 首先讨论对象和属性分别变化时知识粒度的演化规律。令 $S^t = (U^t, C^t \bigcup D, V^t, f^t)$ 表示 t 时刻的决策信息系统。$U^t/C^t = (E_1^t, E_2^t, \cdots, E_n^t)$ 是论域 U^t 的一个划分。令 $S^{t+1} = (U^{t+1}, C^{t+1} \bigcup D, V^{t+1}, f^{t+1})$ 表示 $t+1$ 时刻的决策信息系统。U^{t+1}/C^{t+1} 是论域 U^{t+1} 的一个划分。若对任意 $E_i^{t+1} \in U^{t+1}/C^{t+1}(1 \leqslant i \leqslant m)$, 存在 $E_j^t \in U^t/C^t \ (1 \leqslant j \leqslant n)$ 满足 $E_i^{t+1} \subseteq E_j^t$, 则 $U^t/C^t \preccurlyeq U^{t+1}/C^{t+1}$, 即 U^{t+1}/C^{t+1} 是一个比 U^t/C^t 更细的划分。当决策信息系统中对象或属性增加时, 以下性质成立。

性质 4.1.1　当对象集 ΔU 增加到论域中, 即 $C^{t+1} = C^t$, $U^{t+1} = U^t \bigcup \Delta U$ 时, $E_r(U^t/C^t) > E_r(U^{t+1}/C^{t+1})$ 或 $E_r(U^t/C^t) < E_r(U^{t+1}/C^{t+1})$ 均不成立。

证明 不失一般性，假设对象 x_{n+1}^{t+1} 增加到决策信息系统中。以下两种情况可能发生：① $U^{t+1}/C^{t+1} = U^t/C^t \bigcup \{x_{n+1}^{t+1}\}$，即 x_{n+1}^{t+1} 成为一个新的等价类；② $E_j^{t+1} = E_j^t \bigcup \{x_{n+1}^{t+1}\}$，即 x_{n+1}^{t+1} 和某个等价类 $E_j^t(1 \leqslant j \leqslant m)$ 合并。在①中，$E_r(U^{t+1}/C^{t+1}) = \sum_{i=1}^{n+1} \frac{|E_i^{t+1}|}{|U+1|} \log_2 |E_i^{t+1}| = \sum_{i=1}^{n} \frac{|E_i^{t+1}|}{|U+1|} \log_2 |E_i^{t+1}| + \frac{|E_{n+1}^{t+1}|}{|U+1|} \log_2 |E_{n+1}^{t+1}|$。因为 $|E_i^{t+1}| = |E_i^t|$，$|E_{n+1}^{t+1}| = 1$，所以 $E_r(U^{t+1}/C^{t+1}) = \sum_{i=1}^{n} \frac{|E_i^{t+1}|}{|U+1|} \log_2 |E_i^{t+1}| < \sum_{i=1}^{n} \frac{|E_i^t|}{|U|} \log_2 |E_i^t|$。在②中，$E_r(U^{t+1}/C^{t+1}) = \sum_{i=1}^{n+1} \frac{|E_i^{t+1}|}{|U+1|} \log_2 |E_i^{t+1}| = \sum_{i=1}^{j-1} \frac{|E_i^{t+1}|}{|U+1|} \log_2 |E_i^{t+1}| + \frac{|E_j^{t+1}|}{|U+1|} \log_2 |E_j^{t+1}| + \sum_{i=j+1}^{n} \frac{|E_i^{t+1}|}{|U+1|} \log_2 |E_i^{t+1}|$。因为 $|E_j^{t+1}| = |E_j^t| + 1$，所以 $\frac{|E_j^{t+1}|}{|U+1|} \log_2 |E_j^{t+1}| > \frac{|E_j^t|}{|U|} \log_2 |E_j^t|$，$\sum_{i=1}^{j-1} \frac{|E_i^{t+1}|}{|U+1|} \log_2 |E_i^{t+1}| < \sum_{i=1}^{j-1} \frac{|E_i^t|}{|U|} \log_2 |E_i^t|$，$\sum_{i=j+1}^{n} \frac{|E_i^{t+1}|}{|U+1|} \log_2 |E_i^{t+1}| < \sum_{i=j+1}^{n} \frac{|E_i^t|}{|U|} \log_2 |E_i^t|$。令 $\Delta X = \frac{|E_j^{t+1}|}{|U+1|} \log_2 |E_j^{t+1}| - \frac{|E_j^t|}{|U|} \log_2 |E_j^t|$，$\Delta Y = \left(\sum_{i=1}^{j-1} \frac{|E_i^t|}{|U|} \log_2 |E_i^t| + \sum_{i=j+1}^{n} \frac{|E_i^t|}{|U|} \log_2 |E_i^t| \right) - \left(\sum_{i=1}^{j-1} \frac{|E_i^{t+1}|}{|U+1|} \log_2 |E_i^{t+1}| + \sum_{i=j+1}^{n} \frac{|E_i^{t+1}|}{|U+1|} \log_2 |E_i^{t+1}| \right)$，如果 $\Delta Y > \Delta X$，则 $E_r(U^t/C^t) > E_r(U^{t+1}/C^{t+1})$；如果 $\Delta Y < \Delta X$，则 $E_r(U^t/C^t) < E_r(U^{t+1}/C^{t+1})$。从①和②可知，显然当增加一个对象时 $E_r(U^t/C^t) > E_r(U^{t+1}/C^{t+1})$ 或 $E_r(U^t/C^t) < E_r(U^{t+1}/C^{t+1})$ 均不成立。因此，当对象集 ΔU 增加到论域时 $E_r(U^t/C^t) > E_r(U^{t+1}/C^{t+1})$ 或 $E_r(U^t/C^t) < E_r(U^{t+1}/C^{t+1})$ 均不成立。 □

例 4.1.1 知识粒度和对象之间关系的一个例子如图 4-1 所示。从 UCI 中下载数据集 Chess。数据集中取出 12 个属性和 10 个对象作为测试样本，然后每次增加 10 个对象且属性保持不变，计算相应划分的粒度度量。在图 4-1 中横轴表示对象集的基数，纵轴表示划分的粒度度量。

从图 4-1 可以看出，随着对象的增加，划分的粒度度量可能增加也可能减少。

性质 4.1.2[189] 当属性集 ΔC 增加到论域中，即 $U^t = U^{t+1}$，$C^{t+1} = C^t \bigcup \Delta C$ 时，$E_r(U^t/C^t) \geqslant E_r(U^{t+1}/C^{t+1})$。

证明 因为 $U^t = U^{t+1}$，$C^{t+1} = C^t \bigcup \Delta C$，则 $U^t/C^t \preccurlyeq U^{t+1}/C^{t+1}$，所以 $E_r(U^t/C^t) \geqslant E_r(U^{t+1}/C^{t+1})$。 □

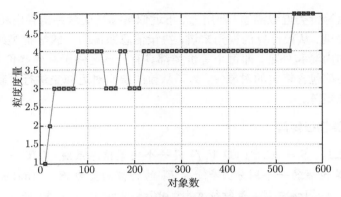

图 4-1 划分的粒度度量和对象变化之间关系示意图

例 4.1.2 属性集和知识粒度之间关系的一个例子如图 4-2 所示。数据集是 Chess。从中取出 3196 个对象 3 个属性作为测试样本。然后每次增加 3 个属性到决策信息系统中。图 4-2 中,横轴表示属性集的基数,纵轴表示划分的粒度度量。

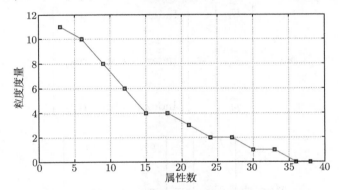

图 4-2 划分的粒度度量和属性变化之间关系示意图

从图 4.2 可知,随着属性的增加,划分的粒度度量逐渐变小。

性质 4.1.3 当同时增加对象集 ΔU 和属性集 ΔC 到论域中,即 $C^{t+1} = C^t \bigcup \Delta C$,$U^{t+1} = U^t \bigcup \Delta U$ 时,$E_r(U^t/C^t) > E_r(U^{t+1}/C^{t+1})$ 或 $E_r(U^t/C^t) < E_r(U^{t+1}/C^{t+1})$ 均不成立。

证明 由性质 4.1.1 和性质 4.1.2 易证。 □

4.2 基于粒的近似集增量更新方法

粒计算提供了多层次多视角的问题求解方式。当在不同粒度上进行数据处理时,不必要的细节就可以忽略不计。在粗糙集中基本知识粒由等价类诱导。任意概念子集可以由等价类近似描述, 即用上、下近似集描述概念并诱导出相应的规则来支持人们的决策。从粒计算的视角来讲, 决策信息系统由一簇等价类组成。每个等价类都有它的内涵和外延, 即每个等价类都具有一些区别于其他等价类的特征值, 且每个等价类都包含特定的对象集。为了从粒的层次对近似集进行更新, 首先定义了等价类特征矩阵。

4.2.1 等价类特征矩阵

定义 4.2.1 $S = (U, C \bigcup D, V, f)$ 是一个决策信息系统, $U/C = \{E_1, E_2, \cdots, E_i, \cdots, E_l\}$ 是论域的一个划分。等价类 E_i 的特征向量为 $\vec{E_i} = (\mathrm{index}_i, \mathrm{obj}_i, \mathrm{reg}_i)$, 其中 $\mathrm{index}_i = x_k (\exists x_k \in E_i)$ 是特征索引, $\mathrm{obj}_i = \{x_k | x_k \in E_i\}$。若 $E_i \subseteq \mathrm{POS}(X)$, 则 $\mathrm{reg}_i = P$; 若 $E_i \subseteq \mathrm{BND}(X)$, 则 $\mathrm{reg}_i = B$; 若 $E_i \subseteq \mathrm{NEG}(X)$, 则 $\mathrm{reg}_i = N$。$\vec{E_{ic}} = (e_{i1}, e_{i2}, \cdots, e_{ij}, \cdots, e_{im})$ 为等价类 E_i 的特征值向量, 其中 $e_{kj} = f(x_k, a_j)(\forall x_k \in E_i, a_j \in C)$, 则决策信息系统的等价类特征矩阵 M_E 和特征值矩阵 M_{EC} 分别定义如下

$$
M_E = \begin{bmatrix} \vec{E_1} \\ \vdots \\ \vec{E_j} \\ \vdots \\ \vec{E_l} \end{bmatrix} = \begin{bmatrix} \mathrm{Index}_1 & \mathrm{obj}_1 & \mathrm{reg}_1 \\ \vdots & \vdots & \vdots \\ \mathrm{Index}_j & \mathrm{obj}_j & \mathrm{reg}_j \\ \vdots & \vdots & \vdots \\ \mathrm{Index}_l & \mathrm{obj}_l & \mathrm{reg}_l \end{bmatrix} \tag{4-1}
$$

$$
M_{EC} = \begin{bmatrix} \vec{E_{1c}} \\ \vdots \\ \vec{E_{jc}} \\ \vdots \\ \vec{E_{lc}} \end{bmatrix} = \begin{bmatrix} e_{11} & \cdots & e_{1m} \\ \vdots & \vdots & \vdots \\ e_{j1} & \cdots & e_{jm} \\ \vdots & \vdots & \vdots \\ e_{l1} & \cdots & e_{lm} \end{bmatrix} \tag{4-2}
$$

其中, $l = |U/C|$。

基于以上定义, 以下引理成立。

引理 4.2.1 对决策信息系统 $S = (U, C \bigcup D, V, f)$, $X \in U$, $U/C = \{E_1, E_2, \cdots, E_i, \cdots, E_l\}$ 是论域的一个划分。等价类 E_i 的特征向量为 $\vec{E_i} = (\mathrm{index}_i, \mathrm{obj}_i, \mathrm{reg}_i)$, 其中 $\mathrm{index}_i = x_k (\exists x_k \in E_i)$ 是特征索引, $\mathrm{obj}_i = \{x_k | x_k \in E_i\}$。若 $E_i \subseteq \mathrm{POS}(X)$, 则 $\mathrm{reg}_i = P$; 若 $E_i \subseteq \mathrm{BND}(X)$, 则 $\mathrm{reg}_i = B$; 若 $E_i \subseteq \mathrm{NEG}(X)$, 则 $\mathrm{reg}_i = N$。$\underline{C}(X) = \bigcup\{\mathrm{obj}_i | \mathrm{obj}_i \in \vec{E_i} \wedge \mathrm{reg}_i = P\}, \overline{C}(X) = \bigcup\{\mathrm{obj}_i | \mathrm{obj}_i \in \vec{E_i} \wedge (\mathrm{reg}_i = B \vee \mathrm{reg}_i = P)\}$。

证明 由定义 2.3.2 易得。 □

4.2.2 等价类特征矩阵更新原理

随着属性的增加，各个等价类的基数可能会变小，但等价类的数量可能会增加。随着对象的增加，等价类的基数可能会增加或者会产生新的等价类。令 $S^t = (U^t, C^t \bigcup D, V^t, f^t)$ 表示 t 时刻的决策信息系统。C^t 是 S^t 中的条件属性集。令 $S^{t+1} = (U^{t+1}, C^{t+1} \bigcup D, V^{t+1}, f^{t+1})$ 表示 $t+1$ 时刻的决策信息系统，其中 $U^{t+1} = U^t \bigcup U^\Delta$，$C^{t+1} = C^t \bigcup C^\Delta$，$U^\Delta$ 表示增加到决策信息系统的对象集，C^Δ 表示增加到决策信息系统的属性集。

考虑增加属性和增加对象对决策信息系统粒度的不同影响 (如性质 4.1.2 和性质 4.1.1 所示)，将 $t+1$ 时刻的决策信息系统划分为两个子决策信息系统 $S^{U^{t+1}}$ 和 $S^{\Delta A}$，其中

$$S^{U^{t+1}} = (U^{U^{t+1}}, C^{U^{t+1}} \bigcup D, V^{U^{t+1}}, f^{U^{t+1}}) = (U^{t+1}, C^t \bigcup D, V^{U^{t+1}}, f^{U^{t+1}})$$
$$S^{\Delta A} = (U^{\Delta A}, C^{\Delta A} \bigcup D, V^{\Delta A}, f^{\Delta A}) = (U^{t+1}, C^\Delta \bigcup D, V^{\Delta A}, f^{\Delta A})$$

$S^{U^{t+1}}$ 又进一步划分为两个子决策信息系统：S^t 和 $S^{\Delta U}$，其中

$$S^t = (U^t, C^t \bigcup D, V^t, f^t)$$
$$S^{\Delta U} = (U^{\Delta U}, C^{\Delta U} \bigcup D, V^{\Delta U}, f^{\Delta U}) = (U^\Delta, C^t \bigcup D, V^{\Delta U}, f^{\Delta U})$$

为了便于区别，E_i 在决策信息系统 S^t 中的等价类特征向量和特征值向量分别表示为 $\vec{E_i^t} = (\text{Index}_i^t, \text{obj}_i^t, \text{reg}_i^t)$ 和 $\vec{E_{ic}^t} = (e_{i1}^t, \cdots, e_{im}^t)$。决策信息系统 S^t 的特征矩阵和特征值矩阵表示为

$$M_E^t = \begin{bmatrix} \vec{E_1^t} \\ \vdots \\ \vec{E_j^t} \\ \vdots \\ \vec{E_{l^t}^t} \end{bmatrix} = \begin{bmatrix} \text{index}_1^t & \text{obj}_1^t & \text{reg}_1^t \\ \vdots & \vdots & \vdots \\ \text{index}_j^t & \text{obj}_j^t & \text{reg}_j^t \\ \vdots & \vdots & \vdots \\ \text{index}_{l^t}^t & \text{obj}_{l^t}^t & \text{reg}_{l^t}^t \end{bmatrix} \tag{4-3}$$

$$M_{EC}^t = \begin{bmatrix} \vec{E_{1c}^t} \\ \vdots \\ \vec{E_{jc}^t} \\ \vdots \\ \vec{E_{l^t c}^t} \end{bmatrix} = \begin{bmatrix} e_{11}^t & \cdots & e_{1m}^t \\ \vdots & \ddots & \vdots \\ e_{j1}^t & \cdots & e_{jm}^t \\ \vdots & \ddots & \vdots \\ e_{l^t 1}^t & \cdots & e_{l^t m}^t \end{bmatrix} \tag{4-4}$$

在决策信息系统的动态变化中，不论属性集的变化还是对象集的变化，最终是对决策信息系统的等价类特征矩阵和特征值矩阵产生影响。在动态情况下如何维

护等价类特征矩阵是增量更新知识的关键。下面给出在不同决策信息系统中增量更新等价类特征矩阵的相关原理。

定理 4.2.1 已知等价类特征矩阵 M_E^t 和 $M_E^{\Delta U}$，对于 $M_E^{U^{t+1}}$，以下成立。

(1) 若 $\vec{E}_{ic}^{t} = \vec{E}_{kc}^{\Delta U}$，则 $\mathrm{obj}_i^{U^{t+1}} = \mathrm{obj}_i^t \bigcup \mathrm{obj}_k^{\Delta U}$，$\mathrm{Index}_i^{U^{t+1}} = \mathrm{Index}_i^t$，其中 $\mathrm{reg}_i^{U^{t+1}}$ 由以下结果确定：

① 若 $\mathrm{reg}_i^t = \mathrm{reg}_k^{\Delta U}$，则 $\mathrm{reg}_i^{U^{t+1}} = \mathrm{reg}_i^t$；

② 否则，有

i. 若 $\alpha = 1$，$\beta = 0$，则 $\mathrm{reg}_i = B$；

ii. 若 $P(X^{t+1}|\mathrm{obj}_i^{U^{t+1}}) \geqslant \alpha$，则 $\mathrm{reg}_i^{U^{t+1}} = P$；若 $\beta < P(X^{t+1}|\mathrm{obj}_i^{U^{t+1}}) < \alpha$，则 $\mathrm{reg}_i^{U^{t+1}} = B$；若 $P(X^{t+1}|\mathrm{obj}_i^{U^{t+1}}) \leqslant \beta$，则 $\mathrm{reg}_i^{U^{t+1}} = N$。

(2) 若不存在 $\vec{E}_{kc}^{\Delta U}$ 满足 $\vec{E}_{ic}^{t} = \vec{E}_{kc}^{\Delta U}$，则 $\vec{E}_i^{t+1} = \vec{E}_i^t$；

(3) 否则，若不存在 $\vec{E}_{ic}^{t}$ 满足 $\vec{E}_{kc}^{\Delta U} = \vec{E}_{ic}^{t}$，则 $j = l^t + 1$，$\vec{E}_j^{t+1} = \vec{E}_k^{\Delta U}$。

证明 (1) 因为 $\vec{E}_{ic}^{t} = \vec{E}_{kc}^{\Delta U}$，则 $\mathrm{obj}_i^{U^{t+1}} = \mathrm{obj}_i^t \bigcup \mathrm{obj}_k^{\Delta U}$。因为 $X^{t+1} = X^t \bigcup X^{\Delta U}$，且 $\mathrm{obj}_i^{U^{t+1}} = \mathrm{obj}_i^t \bigcup \mathrm{obj}_k^{\Delta U}$，则 $\mathrm{obj}_i^{U^{t+1}} \bigcap X^{t+1} = (\mathrm{obj}_i^t \bigcup \mathrm{obj}_k^{\Delta U}) \bigcap (X^t \bigcup X^{\Delta U}) = (\mathrm{obj}_i^t \bigcap X^t) \bigcup (\mathrm{obj}_k^{\Delta U} \bigcap X^{\Delta U})$。①如果 $\mathrm{reg}_i^t = P$，$\mathrm{reg}_k^{\Delta U} = P$，则 $\dfrac{|\mathrm{obj}_i^t \bigcap X^t|}{|X^t|} \geqslant \alpha$，$\dfrac{|\mathrm{obj}_k^{\Delta U} \bigcap X^{\Delta U}|}{|X^{\Delta U}|} \geqslant \alpha$。所以 $|\mathrm{obj}_i^t \bigcap X^t| \geqslant \alpha|X^t|$，$|\mathrm{obj}_k^{\Delta U} \bigcap X^{\Delta U}| \geqslant \alpha|X^{\Delta U}|$。因而，$\dfrac{|\mathrm{obj}_i^{U^{t+1}} \bigcap X^{t+1}|}{|X^{t+1}|} = \dfrac{|(\mathrm{obj}_i^t \bigcap X^t) \bigcup (\mathrm{obj}_k^{\Delta U} \bigcap X^{\Delta U})|}{|X^t \bigcup X^{\Delta U}|}$。因为 $\mathrm{obj}_i^t \bigcap \mathrm{obj}_k^{\Delta U} = \varnothing$，且 $X^t \bigcap X^{\Delta U} = \varnothing$，则 $\dfrac{|(\mathrm{obj}_i^t \bigcap X^t) \bigcup (\mathrm{obj}_k^{\Delta U} \bigcap X^{\Delta U})|}{|X^t \bigcup X^{\Delta U}|} = \dfrac{|\mathrm{obj}_i^t \bigcap X^t| + |\mathrm{obj}_k^{\Delta U} \bigcap X^{\Delta U}|}{|X^t| + |X^{\Delta U}|}$ $\geqslant \dfrac{\alpha|X^t| + \alpha|X^{\Delta U}|}{|X^t| + |X^{\Delta U}|} = \alpha$。即有 $\mathrm{reg}_i^{U^{t+1}} = P$。类似地，若 $\mathrm{reg}_i^t = B$，$\mathrm{reg}_k^{\Delta U} = B$，则 $\mathrm{reg}_i^{U^{t+1}} = B$；若 $\mathrm{reg}_i^t = N$，$\mathrm{reg}_k^{\Delta U} = N$，则 $\mathrm{reg}_i^{t+1} = N$。因此，若 $\mathrm{reg}_i^t = \mathrm{reg}_k^{\Delta U}$，则 $\mathrm{reg}_i^{U^{t+1}} = \mathrm{reg}_i^t$。②有以下情况，$\mathrm{reg}_i^t = L$，$\mathrm{reg}_k^{\Delta U} = N$；或 $\mathrm{reg}_i^t = L$，$\mathrm{reg}_k^{\Delta U} = B$；或 $\mathrm{reg}_i^t = N$，$\mathrm{reg}_k^{\Delta U} = B$；或 $\mathrm{reg}_i^t = N$，$\mathrm{reg}_k^{\Delta U} = L$；或 $\mathrm{reg}_i^t = B$，$\mathrm{reg}_k^{\Delta U} = L$；或 $\mathrm{reg}_i^t = B$，$\mathrm{reg}_k^{\Delta U} = N$。i. 当 $\alpha = 1, \beta = 0$，若 $\mathrm{reg}_i^t = L$，且 $\mathrm{reg}_k^{\Delta U} = N$，有 $\mathrm{obj}_i^t \subseteq X^t$，$\mathrm{obj}_k^{\Delta U} \bigcap X^{\Delta U} = \varnothing$。则 $\mathrm{obj}_i^{U^{t+1}} = (\mathrm{obj}_i^t \bigcup \mathrm{obj}_k^{\Delta U}) \not\subset X^t \bigcup X^{\Delta U}$，$\mathrm{obj}_i^{U^{t+1}} = (\mathrm{obj}_i^t \bigcup \mathrm{obj}_k^{\Delta U}) \bigcap (X^t \bigcup X^{\Delta U}) \neq \varnothing$。因此，$\mathrm{reg}_i^{t+1} = B$。其他情况可以类似证明，即 $\mathrm{reg}_i^{U^{t+1}} = B$。ii. 由定义 2.3.2 可证。

(2) 和 (3) 显然易证。 □

从定理 4.2.1 可知，当对象集增加到决策信息系统中，决策信息系统的基本知识粒可能发生两种情况。如果 $S^{\Delta U}$ 和 S^t 中粒的特征值向量相同，则这些粒合并成 $S^{U^{t+1}}$ 中的一个粒。如果 $S^{\Delta U}(S^t)$ 中粒的特征值向量和 $S^t(S^{\Delta U})$ 中任何粒都不相同，则 $S^{\Delta U}(S^t)$ 中的这个粒成为 $S^{U^{t+1}}$ 中的一个新的粒。

定理 4.2.2 已知 $M_E^{U^{t+1}}$，则 $\overrightarrow{E_{jc}^{t+1}} = (e_{j1}^{U^{t+1}}, \cdots, e_{j|C^t|}^{U^{t+1}}, e_{i1}^{\Delta A}, \cdots, e_{i|\Delta C|}^{\Delta A})$，$\mathrm{obj}_j^{t+1}$ $\in \mathrm{obj}_j^{U^{t+1}}/\Delta C$；关于 reg_j^{t+1}，以下结论成立。

(1) 若 $\left|\mathrm{obj}_j^{t+1}\right| \neq 1$ 或 $\mathrm{obj}_j^{t+1} \neq \mathrm{obj}_j^{U^{t+1}}/\Delta C$，则

①若 $\alpha = 1, \beta = 0$ 则

i. $\mathrm{reg}_j^{U^{t+1}} = B$

若 $(\mathrm{obj}_j^{U^{t+1}} \bigcap \mathrm{obj}_i^{\Delta A}) \subseteq X^{t+1}$，则 $\mathrm{reg}_j^{t+1} = L$；

若 $(\mathrm{obj}_j^{U^{t+1}} \bigcap \mathrm{obj}_i^{\Delta A}) \bigcap X^{t+1} = \varnothing$，则 $\mathrm{reg}_j^{t+1} = N$。

ii. 否则 $\mathrm{reg}_j^{t+1} = \mathrm{reg}_j^{U^{t+1}}$。

②否则

i. 若 $P(X^{t+1} \left| (\mathrm{obj}_j^{U^{t+1}} \bigcap \mathrm{obj}_i^{\Delta A}) \right) \geqslant \alpha$，则 $\mathrm{reg}_j^{t+1} = P$；

ii. 若 $\beta < P(X^{t+1} \left| (\mathrm{obj}_j^{U^{t+1}} \bigcap \mathrm{obj}_i^{\Delta A}) \right) < \alpha$，则 $\mathrm{reg}_j^{t+1} = B$；

iii. 若 $P(X^{t+1} \left| (\mathrm{obj}_j^{U^{t+1}} \bigcap \mathrm{obj}_i^{\Delta A}) \right) \leqslant \beta$，则 $\mathrm{reg}_j^{t+1} = N$。

(2) 否则 $\mathrm{reg}_j^{t+1} = \mathrm{reg}_j^{U^{t+1}}$。

证明 由定义 2.1.4 和定义 2.3.2 可证。 □

4.2.3 基于粒的近似集更新算法

由 4.2.1 节可知，从等价类特征矩阵可以得到概念的上、下近似集。随着对象和属性的变化及粒度的动态变化，其近似特征也动态变化。根据 4.2.2 节，可以通过动态维护等价类特征矩阵，从而有效地更新概念的近似集。根据以上分析和知识粒度变化的机理，本节设计了对象和属性同时更新时基于粒的近似集更新算法如下。

算法 4.2.1 基于粒的近似集更新算法 (updating approximation based on granules *w.r.t.* objects and attributes are added simultaneously, UAGOA)

输入：$M_E^{S^t}$，ΔU，ΔC，X^t。

输出：$M_E^{S^{t+1}}$，X^{t+1}，$\underline{C}_{(\alpha,\beta)}(X^{t+1})$，$\overline{C}_{(\alpha,\beta)}(X^{t+1})$。

BEGIN

1: $k \leftarrow 1$

2: **for each** x_i in ΔU **do**

3:     Call ComputeMDU$(\Delta U, X^t, \alpha, \beta)$ //计算 $M_E^{\Delta U}$

4:     **for each** $\overrightarrow{E_j^t}$ in M_E^t **do**

5:　　　　Call ComputeMUT1$(\vec{E_j^t}, \vec{E_k^{\Delta U}})$　　//计算 $M_E^{U^{t+1}}$

6:　　end for

7:　if $\neg\exists E_{ic}^t$ s.t. $E_{kc}^{\Delta U} = \vec{E_{ic}^t}$ then

8:　　　$\vec{E_{l^t+1}^{U^{t+1}}} \leftarrow \vec{E_k}^{\Delta U}$

9:　end if

10: end for

11: if $\neg\exists E_{kc}^{\Delta U}$ s.t. $\vec{E_{ic}^t} = \vec{E_{kc}^{\Delta U}}$ then

12:　$\vec{E_j^{U^{t+1}}} \leftarrow \vec{E_j^t}$

13: end if

14: Call ComputeMT1$(M_E^{U^{t+1}})$　　//计算 M_E^{t+1}

15: $\overline{C}_{(\alpha,\beta)}(X^{t+1}) \leftarrow \mathrm{BND}_{(\alpha,\beta)}(X^{t+1}) \bigcup \underline{C}_{(\alpha,\beta)}(X^{t+1})$

16: **return** $M_E^{t+1}, X^{t+1}, \underline{C}_{(\alpha,\beta)}(X^{t+1}), \overline{C}_{(\alpha,\beta)}(X^{t+1})$

END BEGIN

Function ComputeMDU$(\Delta U, X^t, \alpha, \beta)$

1: **if** $k = 1$ **then**

2:　Compute $X^{\Delta U}$, $X^{t+1} \leftarrow X^t \bigcup X^{\Delta U}$

3: **end if**

4: **if** $\neg\exists E_k^{\Delta U} \in {}^{U^\Delta}/_{C^t}$ s.t. $x_i \in E_k^{\Delta U}$ **then**

5:　计算 $\vec{E_k^{\Delta U}}$, $k \leftarrow k+1$

6: **end if**

7: **return**$\vec{E_k^{\Delta U}}$, X^{t+1}

Function ComputeMUT1$(\vec{E_j^t}, \vec{E_k^{\Delta U}})$

1: **if** $\vec{E_{kc}^{\Delta U}} = \vec{E_{jc}^t}$ **then**

2:　$\mathrm{obj}_j^{U^{t+1}} \leftarrow \mathrm{obj}_k^{\Delta U} \bigcup \mathrm{obj}_j^t$; $\mathrm{Index}_j^{U^{t+1}} \leftarrow \mathrm{Index}_j^t$;

3:　**if** $\mathrm{reg}_k^{\Delta U} = \mathrm{reg}_j^t$ **then**

4:　　$\mathrm{reg}_j^{U^{t+1}} \leftarrow \mathrm{reg}_j^t$

5:　**else if** $\alpha = 1, \beta = 0$ **then**

6:　　$\mathrm{reg}_j^{U^{t+1}} \leftarrow B$

7:　**else**

8:　　Call EquiRegions$(X^{t+1}, \mathrm{obj}_j^{U^{t+1}})$

9:　**end if**

10: **end if**

11: **return**$\vec{E_j^{U^{t+1}}}$

Function ComputeMT1$(M_E^{U^{t+1}})$

1: **for each** $\vec{E_i^{U^{t+1}}}$ in $M_E^{U^{t+1}}$ **do**

2:   $k \leftarrow 0$

3:   **for each** x_j in $\text{obj}_{E_i}^{U^{t+1}}$ **do**

4:     **if** $\neg\exists E_k^{t+1} \in {}^{\text{obj}_{E_i}^{S^{U^{t+1}}}}/_{C^\triangle}$ s.t. $x_j \in E_k^{t+1}$ **then**

5:       Compute $E_k^{t+1}(E_k^{t+1} \in {}^{\text{obj}_{E_i}^{S^{U^{t+1}}}}/_{C^\triangle})$

6:     **else**

7:       Continue

8:     **end if**

9:     **if** $E_k^{t+1} = \text{obj}_{E_i}^{U^{t+1}}$ **then**

10:       Call UpdateApproximations$(\vec{E_i^{t+1}})$, Break;

11:     **else**

12:       $k \leftarrow k+1$, $\text{obj}_i^{t+1} \leftarrow E_k^{t+1}$, $\text{Index}_i^{t+1} \leftarrow x_l(x_l \in E_k^{t+1})$

13:       **if** $\alpha = 1, \beta = 0$ **then**

14:         Call TraEquiRegions$(X^{t+1}, \text{obj}_i^{t+1}, \text{reg}_i^{U^{t+1}})$

15:       **else**

16:         Call EquiRegions$(X^{t+1}, \text{obj}_i^{t+1})$

17:       **end if**

18:       Call UpdateApproximations$(\vec{E_k^{t+1}})$

19:       **if** $k > 1$ **then**

20:         $l' \leftarrow l^{U^{t+1}} + 1$, $\vec{E_{l'}^{t+1}} \leftarrow \vec{E_k^{t+1}}$

21:       **end if**

22:     **end if**

23:   **end for**

24: **end for**

25: **return**M_E^{t+1}, $\underline{C}_{(\alpha,\beta)}(X^{t+1})$, $\text{BND}_{(\alpha,\beta)}(X^{t+1})$

TraEquiRegions$(X, \text{obj}_i, \text{reg}_o)$

1: **if** $\text{reg}_o = B$ **then**

2:   **if** $\text{obj}_i \subseteq X$ **then**

3:     $\text{reg}_i \leftarrow L$

4:   **else if** $\text{obj}_i \bigcap X \neq \varnothing$ **then**

5:     $\text{reg}_i \leftarrow B$

6:   **else**

7:　　　　$\text{reg}_i \leftarrow N$

8:　　end if

9:　else

10:　　$\text{reg}_i \leftarrow \text{reg}_o$

11: end if

12: $\textbf{return}\ \text{reg}_i$

UpdateApproximations($\vec{E_i^t}$)

1: if $\text{reg}_i^t = P$ then

2:　　$\underline{C}_{(\alpha,\beta)}(X^{t+1}) \leftarrow \underline{C}_{(\alpha,\beta)}(X^{t+1}) \bigcup \text{obj}_i^t$

3: else if $\text{reg}_i^t = B$ then

4:　　$\text{BND}_{(\alpha,\beta)}(X^{t+1}) \leftarrow \text{BND}_{(\alpha,\beta)}(X^{t+1}) \bigcup \text{obj}_i^t$

5: end if

Function EquiRegions(X, obj)

1: $P_t \leftarrow P(X\,|obj)$

2: if $P_t \geqslant \alpha$ then

3:　　$\text{reg}_i^t \leftarrow P$

4: else if $\beta < P_t < \alpha$ then

5:　　$\text{reg}_i^t \leftarrow B$

6: else if $P_t \leqslant \beta$ then

7:　　$\text{reg}_i^t \leftarrow N$

8: end if

9: $\textbf{return}\ \text{reg}_i^t$

4.3　算　例

假设 $S^t = (U^t, C^t \bigcup D, V^t, f^t)$ 是 t 时刻的信息系统，其中 $U^t = \{x_i, 1 \leqslant i \leqslant 10\}$，$C^t = \{a_i, 1 \leqslant i \leqslant 4\}$，$D = \{d\}$，$V^t = \{0,1\}$（表 4-1）。在 $t+1$ 时刻，属性集 $\{a_5, a_6\}$ 和对象集 $\{x_{11}, x_{12}, x_{13}, x_{14}, x_{15}\}$ 增加到 S^t 中 (表 4-2)。

表 4-1　t 时刻的信息系统 S^t

U	a_1	a_2	a_3	a_4	d	U	a_1	a_2	a_3	a_4	d
x_1	1	0	0	1	0	x_6	1	0	0	1	1
x_2	0	1	0	0	0	x_7	1	0	0	1	0
x_3	1	1	0	0	0	x_8	1	0	0	1	0
x_4	1	1	0	0	1	x_9	0	0	0	1	1
x_5	0	1	0	0	1	x_{10}	1	1	0	0	0

表 4-2　$t+1$ 时刻的信息系统 S^{t+1}

U	a_1	a_2	a_3	a_4	a_5	a_6	d	U	a_1	a_2	a_3	a_4	a_5	a_6	d
x_1	1	0	0	1	0	0	0	x_9	0	0	0	1	0	0	1
x_2	0	1	0	0	1	1	0	x_{10}	1	1	0	0	0	1	0
x_3	1	1	0	0	0	1	0	x_{11}	1	1	0	0	0	1	1
x_4	1	1	0	0	0	0	1	x_{12}	0	0	0	1	0	0	0
x_5	0	1	0	0	1	1	1	x_{13}	0	1	1	0	1	0	0
x_6	1	0	0	1	0	1	1	x_{14}	0	1	1	0	1	0	0
x_7	1	0	0	1	0	0	0	x_{15}	1	0	0	1	0	0	0
x_8	1	0	0	1	0	1	0								

$U^t/C^t = \{E_1^t, E_2^t, E_3^t, E_4^t\}$, $E_1^t = \{x_1, x_6, x_7, x_8\}$, $E_2^t = \{x_2, x_5\}$, $E_3^t = \{x_3, x_4, x_{10}\}$, $E_4^t = \{x_9\}$, $U^t/d = \{D_1, D_2\}$, $D_1 = \{x_1, x_2, x_3, x_7, x_8, x_{10}\}$, $D_2 = \{x_4, x_5, x_6, x_9\}$, $\alpha = 0.7$, $\beta = 0.3$, $f(X^t, d) = 0$, $X^t = D_1$, $P(X^t|E_1^t) = 0.75$, $P(X^t|E_2^t) = 0.5$, $P(X^t|E_3^t) = 0.67$, $P(X^t|E_4^t) = 0$。因此, POS$_{(\alpha,\beta)}(X^t) = E_1^t = \{x_1, x_6, x_7, x_8\}$, BND$_{(\alpha,\beta)}(X^t) = E_2^t \bigcup E_3^t = \{x_2, x_3, x_4, x_5, x_{10}\}$, NEG$_{(\alpha,\beta)}(X^t) = E_1^t = \{x_9\}$。

$$M_E^t = \begin{bmatrix} x_1 & \{x_1, x_6, x_7, x_8\} & P \\ x_2 & \{x_2, x_5\} & B \\ x_3 & \{x_3, x_4, x_{10}\} & B \\ x_9 & \{x_9\} & N \end{bmatrix}, \quad M_{EC}^t = \begin{bmatrix} 1 & 0 & 0 & 1 \\ 0 & 1 & 0 & 0 \\ 1 & 1 & 0 & 0 \\ 0 & 0 & 0 & 1 \end{bmatrix}$$

信息系统划分为 $S^{U^{t+1}} = (U^{U^{t+1}}, C^{U^{t+1}} \bigcup D, V^{U^{t+1}}, f^{U^{t+1}})$ 和 $S^{\Delta C} = (U^{\Delta C}, C^{\Delta C} \bigcup D, V^{\Delta C}, f^{\Delta C})$, 其中 $U^{U^{t+1}} = U^{t+1}$, $C^{U^{t+1}} = C^t = \{a_1, a_2, a_3, a_4\}$, $U^{\Delta C} = U^{t+1}$, $C^{\Delta C} = C^\Delta$(表 4-3 和表 4-4)。$S^{U^{t+1}}$ 划分为 S^t 和 $S^{\Delta U} = (U^\Delta, C^{\Delta U} \bigcup D, V^{\Delta U}, f^{\Delta U})$, 其中 $U^\Delta = \{x_{11}, x_{12}, x_{13}, x_{14}, x_{15}\}$, $C^{\Delta U} = C^t$(表 4-5)。

表 4-3　信息系统 $S^{U^{t+1}}$

U	a_1	a_2	a_3	a_4	d	U	a_1	a_2	a_3	a_4	d
x_1	1	0	0	1	0	x_9	0	0	0	1	1
x_2	0	1	0	0	0	x_{10}	1	1	0	0	0
x_3	1	1	0	0	0	x_{11}	1	1	0	0	1
x_4	1	1	0	0	1	x_{12}	0	0	0	1	0
x_5	0	1	0	0	1	x_{13}	0	1	1	0	0
x_6	1	0	0	1	1	x_{14}	0	1	1	0	0
x_7	1	0	0	1	0	x_{15}	1	0	0	1	0
x_8	1	0	0	1	0						

表 4-4   信息系统 $S^{\Delta C}$

U	a_5	a_6	d	U	a_5	a_6	d
x_1	0	0	0	x_9	0	0	1
x_2	1	1	0	x_{10}	0	1	0
x_3	0	1	0	x_{11}	0	1	1
x_4	0	0	1	x_{12}	0	0	0
x_5	1	1	0	x_{13}	1	0	0
x_6	0	1	1	x_{14}	1	0	0
x_7	0	0	0	x_{15}	0	0	0
x_8	0	1	0				

表 4-5   信息系统 $S^{\Delta U}$

U	a_1	a_2	a_3	a_4	d
x_{11}	1	1	0	0	1
x_{12}	0	0	0	1	0
x_{13}	0	1	1	0	0
x_{14}	0	1	1	0	0
x_{15}	1	0	0	1	0

(1) 在 $S^{\Delta U}$ 中计算 $M_E^{\Delta U}$

$$M_E^{\Delta U} = \begin{bmatrix} x_{11} & \{x_{11}\} & N \\ x_{12} & \{x_{12}\} & P \\ x_{13} & \{x_{13}, x_{14}\} & P \\ x_{15} & \{x_{15}\} & P \end{bmatrix}, \quad M_{EC}^{\Delta U} = \begin{bmatrix} 1 & 1 & 0 & 0 \\ 0 & 0 & 0 & 1 \\ 0 & 1 & 1 & 0 \\ 1 & 0 & 0 & 1 \end{bmatrix}$$

$$X^{\Delta U} = \{x_{12}, x_{13}, x_{14}, x_{15}\}$$

$$X^{t+1} = X^t \bigcup X^{\Delta U} = \{x_1, x_2, x_3, x_7, x_8, x_{10}, x_{12}, x_{13}, x_{14}, x_{15}\}$$

(2) 在 $S^{U^{t+1}}$ 中增量计算 $M_E^{U^{t+1}}$。

① 因为 $\vec{E}_{1c}^{t} = \vec{E}_{4c}^{\Delta U}$，所以 $\mathrm{obj}_1^{U^{t+1}} = \mathrm{obj}_1^t \bigcup \mathrm{obj}_4^{\Delta U} = \{x_1, x_6, x_7, x_8, x_{15}\}$，$\mathrm{Index}_1^{U^{t+1}} = \mathrm{Index}_1^t$。因为 $\mathrm{reg}_1^t = \mathrm{reg}_4^{\Delta U}$，所以 $\mathrm{reg}_1^{U^{t+1}} = \mathrm{reg}_1^t = P$。

② 不存在 $\vec{E}_{kc}^{\Delta U}$，满足 $\vec{E}_{2c}^{t} = \vec{E}_{kc}^{\Delta U}$，则 $\mathrm{obj}_2^{U^{t+1}} = \mathrm{obj}_2^t$，$\mathrm{Index}_2^{U^{t+1}} = \mathrm{Index}_2^t$，$\mathrm{reg}_2^{U^{t+1}} = \mathrm{reg}_2^t = B$。

③ 因为 $\vec{E}_{3c}^{t} = \vec{E}_{1c}^{\Delta U}$，所以 $\mathrm{obj}_3^{U^{t+1}} = \mathrm{obj}_3^t \bigcup \mathrm{obj}_1^{\Delta U} = \{x_3, x_4, x_{10}, x_{11}\}$，$\mathrm{Index}_3^{U^{t+1}} = \mathrm{Index}_3^t$。因为 $\mathrm{reg}_1^t \neq \mathrm{reg}_4^{\Delta U}$，$P(X^{t+1} \big| E_3^{U^{t+1}}) = 0.5$，则 $\mathrm{reg}_3^{U^{t+1}} = B$。

④ 因为 $\vec{E}_{4c}^{t} = \vec{E}_{2c}^{\Delta U}$，则 $\mathrm{obj}_4^{U^{t+1}} = \mathrm{obj}_4^t \bigcup \mathrm{obj}_2^{\Delta U} = \{x_9, x_{12}\}$，$\mathrm{Index}_4^{U^{t+1}} = \mathrm{Index}_2^t$。因为 $\mathrm{reg}_4^t \neq \mathrm{reg}_2^{\Delta U}$，$P(X^{t+1} \big| E_4^{U^{t+1}}) = 0.5$，则 $\mathrm{reg}_4^{U^{t+1}} = B$。

⑤ 因为不存在 $\overrightarrow{E_{ic}^t}$，满足 $\overrightarrow{E_{3c}^{\Delta U}} = \overrightarrow{E_{ic}^t}$，则 $i = l^t + 1 = 5$，$\mathrm{obj}_5^{U^{t+1}} = \mathrm{obj}_3^{\Delta U} = \{x_{13}, x_{14}\}$，$\mathrm{Index}_3^{U^{t+1}} = \mathrm{Index}_3^{\Delta U}$，$\mathrm{reg}_5^{U^{t+1}} = \mathrm{reg}_3^{\Delta U} = P$。即

$$M_E^{U^{t+1}} = \begin{bmatrix} x_1 & \{x_1, x_6, x_7, x_8, x_{15}\} & P \\ x_2 & \{x_2, x_5\} & B \\ x_3 & \{x_3, x_4, x_{10}, x_{11}\} & B \\ x_9 & \{x_9, x_{12}\} & B \\ x_{13} & \{x_{13}, x_{14}\} & P \end{bmatrix}$$

(3) 计算 M_E^{t+1}。

① 因为 $E_1^{U^{t+1}}/\{a_5, a_6\} = \{\{x_1, x_7, x_{15}\}, \{x_6, x_8\}\}$，$P(X^{t+1}|\{x_1, x_7, x_{15}\}) = 1 > 0.7$，$\mathrm{reg}_1^{t+1} = P$，$0.3 < P(X^{t+1}|\{x_6, x_8\}) = 0.5 < 0.7$，$\mathrm{reg}_6^{t+1} = B$，则 $\overrightarrow{E_1^{t+1}} = (x_1, \{x_1, x_7, x_{15}\}, P)$，$\overrightarrow{E_6^{t+1}} = (x_6, \{x_6, x_8\}, B)$，$\mathrm{POS}_{(\alpha,\beta)}(X^{t+1}) = \{x_1, x_7, x_{15}\}$，$\mathrm{BND}_{(\alpha,\beta)}(X^{t+1}) = \{x_6, x_8\}$。

② 因为 $E_2^{U^{t+1}}/\{a_5, a_6\} = E_2^{U^{t+1}}$，则 $\overrightarrow{E_2^{t+1}} = \overrightarrow{E_2^{U^{t+1}}} = (x_2, \{x_2, x_5\}, B)$，$\mathrm{BND}_{(\alpha,\beta)}(X^{t+1}) = \{x_2, x_5, x_6, x_8\}$。

③ 因为 $E_3^{U^{t+1}}/\{a_5, a_6\} = \{\{x_3, x_{10}, x_{11}\}, \{x_4\}\}$，$\mathrm{reg}_3^{U^{t+1}} = B$，$0.3 < P(X^t|\{x_3, x_{10}, x_{11}\}) = 0.67 < 0.7$，则 $\mathrm{reg}_3^{t+1} = B$，即 $\overrightarrow{E_3^{t+1}} = (x_3, \{x_3, x_{10}, x_{11}\}, B)$，$\mathrm{BND}_{(\alpha,\beta)}(X^{t+1}) = \mathrm{BND}_{(\alpha,\beta)}(X^{t+1}) \bigcup \{x_3, x_{10}, x_{11}\} = \{x_2, x_3, x_5, x_6, x_8, x_{10}, x_{11}\}$。因为 $P(X^t|\{x_4\}) = 0 < 0.3$，则 $\mathrm{reg}_7^{t+1} = N$，$\overrightarrow{E_7^{t+1}} = (x_4, \{x_4\}, N)$。

④ 因为 $E_4^{U^{t+1}}/\{a_5, a_6\} = E_4^{U^{t+1}}$，则 $\overrightarrow{E_4^{t+1}} = \overrightarrow{E_4^{U^{t+1}}} = (x_9, \{x_9, x_{12}\}, B)$，$\mathrm{BND}_{(\alpha,\beta)}(X^{t+1}) = \mathrm{BND}_{(\alpha,\beta)}(X^{t+1}) \bigcup \{x_9, x_{12}\} = \{x_2, x_3, x_5, x_6, x_8, x_{10}, x_{11}, x_9, x_{12}\}$。

⑤ 因为 $E_5^{U^{t+1}}/\{a_5, a_6\} = E_5^{U^{t+1}}$，则 $\overrightarrow{E_5^{t+1}} = \overrightarrow{E_5^{U^{t+1}}} = (x_{13}, \{x_{13}, x_{14}\}, P)$，$\mathrm{POS}_{(\alpha,\beta)}(X^{t+1}) = \mathrm{POS}_{(\alpha,\beta)}(X^{t+1}) \bigcup \{x_{13}, x_{14}\} = \{x_1, x_7, x_{13}, x_{14}, x_{15}\}$。即

$$M_E^{t+1} = \begin{bmatrix} x_1 & \{x_1, x_7, x_{15}\} & P \\ x_2 & \{x_2, x_5\} & B \\ x_3 & \{x_3, x_{10}, x_{11}\} & B \\ x_9 & \{x_9, x_{12}\} & B \\ x_{13} & \{x_{13}, x_{14}\} & P \\ x_6 & \{x_6, x_8\} & B \\ x_4 & \{x_4\} & N \end{bmatrix}$$

$\mathrm{POS}_{(\alpha,\beta)}(X^{t+1}) = \{x_1, x_7, x_{13}, x_{14}, x_{15}\}$，$\mathrm{BND}_{(\alpha,\beta)}(X^{t+1}) = \{x_2, x_3, x_5, x_6, x_8, x_9, x_{10}, x_{11}, x_{12}\}$。

(4) 输出 $\underline{C}_{(\alpha,\beta)}(X^{t+1}) = \mathrm{POS}_{(\alpha,\beta)}(X^{t+1}) = \{x_1,\ x_7,\ x_{13},\ x_{14},\ x_{15}\ \}$, $\overline{C}_{(\alpha,\beta)}$
$(X^{t+1}) = \mathrm{POS}_{(\alpha,\beta)}(X^{t+1}) \bigcup \mathrm{BND}_{(\alpha,\beta)}(X^{t+1}) = \{x_1,x_2,x_3,x_5,x_6,x_7,x_8,x_9,x_{10},x_{11},$
$x_{12},x_{13},x_{14},x_{15}\}$。

4.4   算法复杂度分析

令 $S^t = (U^t, C^t \bigcup D, V^t, f^t)$ 和 $S^{t+1} = (U^{t+1}, C^{t+1} \bigcup D, V^{t+1}, f^{t+1})$ 分别表示 t 和 $t+1$ 时刻的决策信息系统，其中 $U^{t+1} = U^t \bigcup U^\Delta$，$C^{t+1} = C^t \bigcup C^\Delta$。在 $t+1$ 时刻计算近似集包括三部分：计算等价类，X^{t+1} 和 X^{t+1} 的近似集。因此非增量更新的算法复杂度 $O\left(\dfrac{|U^{t+1}|(|U^{t+1}|+1)}{2}|C^{t+1}| + |U^{t+1}| + |U^{t+1}/C^{t+1}|\right)$。

在增量更新算法 UAGOA 中，S^{t+1} 分为三个子空间：$S^t = (U^t, C^t \bigcup D, V^t,\ f^t)$，$S^{\Delta A} = (U^{t+1}, C^\Delta \bigcup D, V^{\Delta A}, f^{\Delta A})$，$S^{\Delta U} = (U^\Delta, C^t \bigcup D, V^{\Delta U}, f^{\Delta U})$。算法 UAGOA 包括 $X^{\Delta U}$、$M_E^{\Delta U}$、$M_E^{U^{t+1}}$ 和 M_E^{t+1} 的计算。近似集在计算 M_E^{t+1} 中得到，不需要多次计算。计算 $X^{\Delta U}$ 的算法复杂度为 $|U^\Delta|$。计算 $M_E^{\Delta U}$ 的算法复杂度为 $\dfrac{|U^\Delta|(|U^\Delta|+1)}{2}|C^t| + |U^\Delta/C^t|$。计算 $M_E^{U^{t+1}}$ 的算法复杂度为 $|U^t/C^t||U^\Delta/C^t|$。计算 M_E^{t+1} 的算法复杂度为 $|U^{t+1}/C^t|\ |U^{t+1}/C^\Delta|$。因此算法 UAGOA 的算法复杂度为 $O(|U^{t+1}/C^t|\ |U^{t+1}/C^\Delta| + \dfrac{|U^\Delta|(|U^\Delta|+1)}{2}|C^t| + |U^\Delta/C^t| + |U^t/C^t||U^\Delta/C^t| + |U^\Delta|)$。所以，其计算复杂度低于非增量更新算法。

4.5   实验方案及性能分析

4.5.1   实验方案

本节从 UCI 中下载数据对对象和属性同时增加时基于粒的近似集增量更新算法性能进行评测。所有数据的数据类型都是名义型，如表 4-6 所示。算法用 C# 编程实现。运行的环境：CPU 为 Intel Core 2 Duo CPU T6500 2.10GHz，内存为 4G，操作系统为 Windows Vista。我们进行了以下四组实验。

1. 测试数据集变化而增加的数据比例保持不变

从表 4-6 中的每个数据集分别取出 10%，20%，$\cdots$，90%的对象作为测试集，从数据集剩余部分取出 5%的对象和属性作为增加的对象和属性来测试算法 UAGOA（算法 4.2.1）和非增量更新算法的运算时间。

表 4-6 测试数据集

序号	数据集	缩写	对象数	属性数	决策类数	缺失值
1	Chess (King-Rook vs. King-Pawn)	Chess	3196	36	2	No
2	Splice-junction Gene Sequences	Splice	3190	61	2	No
3	Optical Recognition of Handwritten Digits	Optdigits	3823	65	9	No
4	Statlog (Landsat Satellite)	Statlog	4435	38	7	No
5	US Census Data (1990) Data Set	USCensus	4999	69	10	No
6	Insurance Company Benchmark (COIL 2000)	Insurance	5822	87	10	No
7	Musk (Version 2)	Musk	6598	168	2	No
8	Connect-4	Connect-4	6756	44	3	No

2. 测试数据集保持不变而增加的数据改变

从表 4-6 中的数据集中取出 50%的对象和属性作为测试集，从每个数据集剩下的部分分别取出 10%，20%，···，100%的对象和属性作为增加的对象和属性，即每次增加的对象和属性逐次增加 10%。

3. 少量数据增加时性能比较

从表 4-6 中的数据集中取出 90%的对象和属性作为测试集，测试增加少量数据时的性能。一组实验是从剩下的数据集取出一个对象和一个属性增加到测试集中，一组实验是从剩下的数据集中取出 1% 的数据作为增量。

4. 阈值 α 和 β 变化时性能比较

从表 4-6 中的数据集中取出 90%的对象和属性作为测试集，从每个数据集剩下的部分分别取出 5%作为增加的对象和属性，测试在不同 α 和 β 值时所设计算法的性能。

4.5.2 实验结果

下面介绍各组实验的结果及分析。

1. 测试数据集改变而增量比例保持不变时性能比较

测试结果如图 4-3 所示。图 4-3 中每个子图中 x 轴为各数据集中取出的对象数和属性数不同的测试集，y 轴是运算时间对数值，图中方形线、圆圈线分别表示非增量更新算法、增量算法 UAGOA 在不同测试集下的运行时间对数值。从图 4-3 可以看出，增量算法 UAGOA 的运算时间小于非增量算法的更新时间。

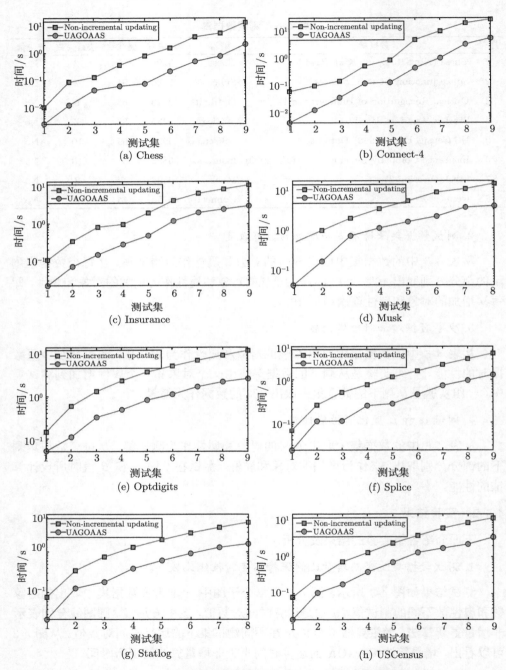

图 4-3　测试数据集改变而增量比例保持不变时性能比较图

表 4-7 列出了不同数据集上的不同测试集在不同实验下的加速比。从表 4-7 可知，在对象和属性同时增加的情况下，增量算法 UAGOA 能有效地维护近似集。

表 4-7 不同测试数据集的加速比

测试集	数据集			
	Chess	Connect-4	Insurance	Musk
1	4.121050	15.960940	4.838566	10.862227
2	7.128718	8.481307	4.857986	5.740119
3	2.990636	4.329740	5.584297	2.706809
4	6.142953	4.739208	3.452812	2.980205
5	10.964786	7.350014	4.118697	3.262777
6	7.404989	12.347331	3.590970	3.910592
7	8.192254	11.082535	3.310550	2.831588
8	7.143551	6.632745	3.500533	3.528354
9	6.422111	5.350532	3.647401	

测试集	数据集			
	Optdigits	Splice	Statlog	USCensus
1	2.741677	2.818100	3.492651	4.013137
2	5.383915	2.409246	2.717219	2.629266
3	4.155330	4.696177	4.152685	4.103433
4	4.865840	3.070611	3.327443	3.357445
5	4.621711	4.196029	3.216701	3.286038
6	4.675433	3.524953	3.157294	2.878476
7	4.266656	3.076634	3.066948	3.487950
8	4.341512	3.200972	3.313112	3.770010
9	4.746722	3.225922	—	3.248472

2. 测试数据集保持不变而增加的数据改变时性能比较

测试结果如图 4-4 所示。在图 4-4 中，x 轴为增加到测试集中的属性和对象的比例，y 轴是不同算法的运行时间。在图 4-4 中，方形线表示非增量更新算法的更新时间，圆圈线是增量算法 UAGOA 的运行时间。从图 4-4 可知，在数据集 Musk、Optdigits 和 Splice 中当增量部分约大于 40% 时增量算法 UAGOA 开始比非增量算法更耗时（图 4-4(e)、图 4-4(f)）。在数据集 Statlog 和 USCensus 中，当增量约大于 30% 时算法 UAGOA 开始比非增量算法更耗时，如图 4-4(g) 和图 4-4(h) 所示。在数据集 Chess、Connect-4 和 Insurance 中当增量为 90% 时增量算法 UAGOA 仍然比非增量算法好，如图 4-4(a)~图 4-4(c) 所示。在数据集 Musk 中当增量为 70% 时非增量更新时间低于增量更新时间，而在增量为 80% 和 90% 时，增量更新算法计算时间低于非增量更新算法，如图 4-4(d) 所示，也就是在增量为 70% 时出现了波动，其原因是算法 UAGOA 和决策信息系统的粒度、等价类与概念 X 的变化相关，而这三者的变化具有随机性。

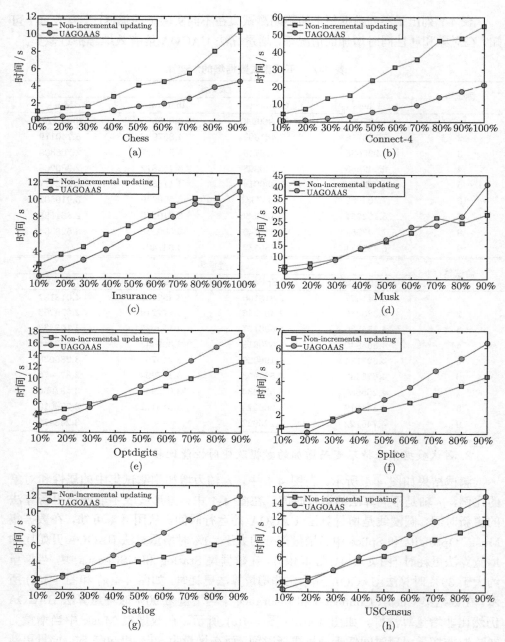

图 4-4　测试集不变增加的对象和属性变化时性能比较图

　　图 4-5 给出了不同数据集增加不同数量的对象和属性时增量更新算法的加速比。在数据集 Splice、Statlog、USCensus、Insurance、Musk、Connect-4 中增量算法

UAGOA 的加速比随着增量比率的增加而变小。在数据集 Chess、Optdigits 中加速比的变化有一些波动，这是由粒度、等价类和概念 X 的随机变化而引起的。

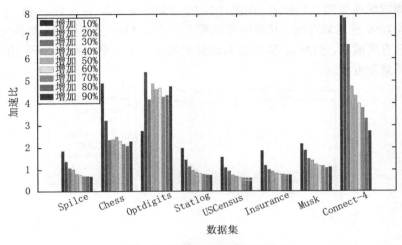

图 4-5　不同增量时的加速比

3. 少量数据增加时性能比较

当少量数据增加时算法的性能比较测试结果如图 4-6 所示。图 4-6 中 x 轴表示不同的数据集，y 轴表示增量算法的加速比。从图 4-6 中可以看出，当增加相对很少的数据时，算法 UAGOA 性能较好。

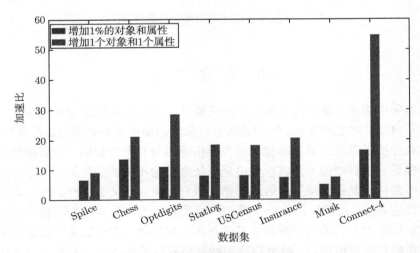

图 4-6　少量数据增加时性能比较图

4. 阈值 α 和 β 变化时性能比较

　　在决策粗糙集中上、下近似集与参数 α 和 β 相关,这两个参数对算法 UAGOA 影响的测试结果如图 4-7 所示。在图 4-7 中,x 轴表示不同的 α 和 β 值,y 轴表示算法 UAGOA 的运算时间。从图中可以看出,当 α 和 β 值不同时,算法 UAGOA 运算时间有所波动,但是 α 和 β 值与运算时间之间无关联,因为在不同的 α 和 β 值下计算复杂度相同。

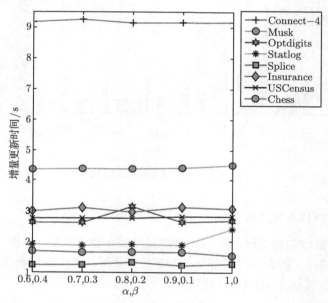

图 4-7　α 和 β 值不同时增量更新时间比较

4.6　本 章 小 结

　　在实际应用中,决策信息系统中不仅属性、对象及属性值会动态变化,也可能对象和属性同时发生变化。特别是随着对象的增加可能需要新的属性进行描述。本章首先分析了对象和属性增加时对决策信息系统粒度的影响,然后根据属性和对象对知识粒度影响的不同将决策信息系统划分为不同的子空间。为了在对象和属性同时变化的复杂情况下有效地对知识进行维护,定义了等价类特征向量和等价类特征值向量。用等价类特征向量和等价类特征值向量对作为粗糙集近似空间中基本知识粒的等价类的内涵和外延进行形式化描述,进而定义了决策信息系统的特征矩阵和特征值矩阵。特征矩阵和特征值矩阵是决策信息系统从粒度角度出发的描述,即决策信息系统从粒度的角度和近似空间的角度看是由等价类组成的基本知识粒组成，每个知识粒都有自己的组成元素，有对特定概念近似描述的性质 (正域、负域或边界域)，可以选择特定的代表元素作为本信息粒的索引，在同一个知识粒中的不同对象具有共同的特征值描述。从用对象和属性值之间的二元关系对决策信息系统进行表达到用特征矩阵和特征值矩阵对决策信息系统进行描述，决策信息系统的刻画更加简洁。在特征矩阵的基础上，本章分析了对象增加和属性增加对特征矩阵的影响，设计了算法，可以在对象和属性增加时增量更新特征矩阵，并在特征矩阵最后一次扫描过程中生成近似集，有效地避免了求解近似集时进行多次中间过程的运算。进一步，对基于粒的近似集更新算法和非增量更新算法进行了分析和比较，并对不同数据集中不同测试集在三种情况 (增量相同，不同数据集中测试集不变增量比率改变，属性和对象相对变化量小) 增量更新算法和非增量更新算法的性能进行了评测，并对决策粗糙集模型中参数 α 和 β 对增量增新时间的影响进行了测试和分析。实验结果验证了所提出的增量算法的有效性。

第 5 章 规则动态更新

规则抽取是粗糙集的重要应用之一。在粗糙集中，与规则抽取相关的工作包括两方面：属性约简和近似集计算。通过属性约简去除冗余的属性，简化规则前件的表示形式。通过近似集的计算，从正域抽取出确定规则，从边界域抽取出不确定规则，从负域抽取出拒绝规则。当信息系统动态变化时，一方面近似集会动态变化，另一方面约简也会动态变化。

在粗糙集理论中，与规则抽取相关的研究工作主要有几方面：静态约简方法的研究[182,251−253]、动态约简及动态约简相关的研究[80,216,221,254]、规则的动态获取[195, 197, 199]，以及近似集的动态更新[198,202,212]。大部分工作在动态更新规则时都仅考虑了动态约简及相关工作，或近似集的动态更新，没有将两个因素同时考虑。

属性值粗化细化是属性值变化的一种重要形式，广泛存在于分类和评价等类型的属性值的变化中。本章讨论在属性值粗化细化过程中，决策信息系统协调性和规则的变化规律，进一步研究分配约简在属性值粗化细化过程中的动态更新，以及在决策信息系统中近似集的更新。最后提出了属性值粗化细化时规则动态更新的算法，不仅规则的前件会动态更新，并且规则的性质 (确定、非确定) 也会动态更新。

5.1 等价类的向量和矩阵表示

在粗糙集中，决策信息系统在条件属性和决策属性上分别形成由条件等价类和决策等价类组成的不同划分，用条件等价类对决策等价类进行近似描述。每个条件等价类具有它的内涵和外延，包括每个等价类中所有对象共有的属性值、等价类包含的对象元素、等价类的泛化决策和等价类的近似信息等。为了从粒的层次对决策信息系统的信息进行维护，定义了决策特征向量、决策特征矩阵和特征值矩阵。

定义 5.1.1 $(U, C \bigcup D, V, f)$ 是一个决策信息系统，$U/C = \{E_1, E_2, \cdots, E_i, \cdots, E_l\}$，$U/D = \{D_1, \overrightarrow{D_2}, \cdots, D_k\}$。在决策信息系统中，$E_i$ 的决策特征向量 $\overrightarrow{\mathbb{E}_i} = (\text{index}_i, \text{obj}_i, \text{reg}_i, \delta_i)$，$\overrightarrow{E_{ic}} = (e_{i1}, e_{i2}, \cdots, e_{ij}, \cdots, e_{im})$ 为 E_i 的特征值向量，其中 $e_{kj} = f(x_k, a_j)(\forall x_k \in E_i, \forall a_i \in C)$，$\text{index}_i = x_k(\exists x_k \in E_i)$ 是特征索引，$\text{obj}_i = \{x_k | x_k \in E_i\}$，若 $E_i \subseteq \text{POS}_C(U/D)$，则 $\text{reg}_i = P$；若 $E_i \subseteq \text{BND}_C(U/D)$，则 reg_i

$= B$，$\delta_i = \delta_C(E_i) = \{D_j | E_i \bigcap D_j \neq \varnothing\}$。决策特征矩阵和特征值矩阵分别定义如下

$$
D_E = \begin{bmatrix} \vec{E_1} \\ \vdots \\ \vec{E_j} \\ \vdots \\ \vec{E_l} \end{bmatrix} = \begin{bmatrix} \text{index}_1 & \text{obj}_1 & \text{reg}_1 & \delta_1 \\ \vdots & & \vdots & \\ \text{index}_j & \text{obj}_j & \text{reg}_j & \delta_j \\ \vdots & & \vdots & \\ \text{index}_l & \text{obj}_l & \text{reg}_l & \delta_l \end{bmatrix}, 1 \leqslant j \leqslant l \tag{5-1}
$$

$$
M_{EC} = \begin{bmatrix} \vec{E_{1c}} \\ \vdots \\ \vec{E_{jc}} \\ \vdots \\ \vec{E_{lc}} \end{bmatrix} = \begin{bmatrix} e_{11} & \cdots & e_{1m} \\ \vdots & \ddots & \vdots \\ e_{j1} & \cdots & e_{jm} \\ \vdots & \ddots & \vdots \\ e_{l1} & \cdots & e_{lm} \end{bmatrix}, m = |C| \tag{5-2}
$$

5.2　等价类的泛化决策性质

5.1 节用决策特征矩阵和特征值矩阵对决策信息系统进行粒度层次的描述，决策特征矩阵包含了粒的泛化决策信息。在属性约简中，我们将基于决策特征矩阵和特征值矩阵中的决策特征向量和决策特征值向量构建辨识矩阵。在分配约简中，决策特征向量的泛化决策值决定了是否需要计算相应决策特征向量之间的辨识属性值。在决策信息系统的动态变化中，随着粒度的变化其泛化决策也可能发生变化，进而辨识属性值可能发生变化。以下性质分别给出了等价类泛化决策和正域、边界域的关系，以及泛化决策和动态粒度之间的关系。

性质 5.2.1　对任意 $E_i \in U/C$

(1) 若 $|\delta_C(E_i)| = 1$，则 $E_i \in \text{POS}_C(U/D)$，否则 $E_i \in \text{BND}_C(U/D)$。

(2) 若 $E_i \in \text{POS}_C(U/D)$，则 $|\delta_C(E_i)| = 1$，否则 $|\delta_C(E_i)| \neq 1$。

证明　(1) 若 $|\delta_C(E_i)| = 1$，不失一般性，假设 $\delta_C(E_i) = D_jC$，则 $E_i \bigcap D_j \neq \varnothing$，且 $E_i \bigcap D_l = \varnothing (l \neq j, 1 \leqslant l \leqslant k)$，因此 $E_i \subseteq D_j$，$E_i \in \underline{R}(D_j)$，即 $E_i \in \text{POS}_C(U/D)$。否则，如果 $\delta_C(E_i) > 1$，则存在 $D_j, D_k(D_j, D_k \in U/D)$，$E_i \bigcap D_j \neq \varnothing$，且 $E_i \bigcap D_k \neq \varnothing$，即 $E_i \nsubseteq D_j$。因此 $E_i \in \text{BND}_C(U/D)$。

(2) 若 $E_i \in \text{POS}_C(U/D)$，$E_i \subseteq D_j(D_j \in U/D)$，则 $\delta_C(E_i) = \{D_jC\}$，因此 $|\delta_C(E_i)| = 1$。若 $E_i \in \text{BND}_C(U/D)$，则 $E_i \not\subset D_j(\forall D_j \in U/D)$，即 $\delta_C(E_i) = \{D_iC, D_jC, \cdots\}$，因此 $|\delta_C(E_i)| > 1$。　□

性质 5.2.2　对任意 $E' \subseteq E_i(E_i \in U/C)$，若 $|\delta_C(E_i)| = 1$，则 $|\delta_C(E')| = 1$。

证明　如果 $|\delta_C(E_i)| = 1$，则 $E_i \subseteq D_j (D_j \in U/D)$。如果 $E' \subseteq E_i (E_i \in U/C)$，则 $E' \subseteq D_j$，因此 $|\delta_C(E')| = 1$。　　　　　　　　□

5.3　基于最小辨识属性集的约简生成

本章设计的规则增量更新算法是基于静态约简生成算法和近似集计算进行的，因此本节首先对采用的静态约简算法进行介绍。通常，在粗糙集中通过辨识矩阵计算最小合取范式，由最小合取范式获得决策信息系统的多个约简。但是，辨识矩阵计算最小合取范式是一个 NP 问题。于是，很多学者为避免较高的计算复杂度引入了启发式算法。启发式算法是计算约简避免 NP 问题的一个可行方法，但是启发式算法都需要多次计算属性重要度，其思路是按照前向搜索或后向搜索的策略添加属性或减少属性，寻求局部最优解。因此，在每一次搜索过程中启发式算法都需要计算属性重要度，这导致了计算开销比较大。本章采用了 Yao 等提出的基于高斯消元的约简算法的思想[255]，通过引入最小辨识属性集的概念，并用它对原辨识矩阵进行简化，再将辨识矩阵中辨识属性出现的次数作为该属性的重要度，按照属性重要度降序的方式对最小辨识属性集进行消元从而生成一个约简。给出了一个渐进生成最小辨识属性集的算法，以提高基于矩阵的约简算法的效率。

5.3.1　最小辨识属性集及其生成算法

基于 Yao 等提出的高斯消元法思想[255]，以下给出最小辨识属性集的定义及生成最小辨识属性集的渐进算法。

1. 最小辨识属性集

定义 5.3.1　最小辨识属性集定义为 $\text{Att}_{\min} = \{\text{Att}_0, \cdots, \text{Att}_i, \cdots, \text{Att}_r\}$，其中对任意 $\text{Att}_i \in \text{Att}_{\min}$，存在 $D(E_i, E_j)$ 满足 $\text{Att}_i \subseteq D(E_i, E_j)$，且对任意 $D(E_i, E_j)$，存在 $\text{Att}_i \in \text{Att}_{\min}$ 满足 $\text{Att}_i \subseteq D(E_i, E_j)$。若 $\text{Att}_i, \text{Att}_j \in \text{Att}_{\min}(i \neq j)$，则不存在 $\text{Att}_i \subseteq \text{Att}_j$ 或 $\text{Att}_j \subseteq \text{Att}_i$。

这意味着最小辨识属性集中的元素彼此不相同，并且它们之间不存在包含关系。对于分配辨识矩阵中所有的分配辨识属性在最小辨识属性集中总存在相应的元素为其子集。最小辨识属性集中所有的元素在分配辨识矩阵中总存在相应的辨识属性集，使该元素为其子集。

性质 5.3.1　$\text{Core} \subseteq \text{Att}_{\min}$。

证明　由定义 5.3.1 易得。　　　　　　　　□

2. 最小辨识属性集的渐进生成算法

以下给出生成最小辨识属性集的渐进算法。

算法 5.3.1 **生成最小辨识属性集的渐进算法** (generation of the minimal discernibility attributes set gradually, GMDASG)

输入：D_E, M_{EC}。

输出：$\text{Att}_{\min}$, M_D。

1: $\text{Att}_{\min} \leftarrow \varnothing$.
2: **for** $(i = 1; i < |U/C| + 1; i++)$ **do**
3:    **for** $(j = i + 1; j < |U/C| + 1; j++)$ **do**
4:       **if** $\delta_i \neq \delta_j (\delta_i, \delta_j \in D_E)$ **then**
5:          Compute $D(E_i, E_j)$ by M_{EC};
6:          **if** $\text{Att}_{\min} = \varnothing$ **then**
7:             $\text{Att}_0 \leftarrow D(E_i, E_j)$;
8:          **else**
9:             $\text{UpdateAtt}(D(E_i, E_j), \text{Att}_{\min})$;
10:          **end if**
11:       **end if**
12:    **end for**
13: **end for**
14: **return** $\text{Att}_{\min}$, M_D

Function UpdateAtt$(\text{DiscerAtt}, \text{Att}_{\min})$ //由辨识属性 (DiscerAtt) 更新最小辨识属性集

1: $\text{sig} \leftarrow 0$;
2: **for** $(l = 0; l < |\text{Att}_{\min}|; l++)$ **do**
3:    **if** $\text{DiscerAtt} \supseteq \text{Att}_l$ **then**
4:       Break;
5:    **else**
6:       **if** $\text{Att}_l \supset \text{DiscerAtt}$ **then**
7:          $\text{Att}_{\min} \leftarrow \text{Att}_{\min} - \text{Att}_l$;
8:          $\text{sig} \leftarrow 1$;
9:       **end if**
10:    **end if**
11: **end for**
12: **if** $\text{sig} = 1$ **then**

13:     $\text{Att}_{\min} \leftarrow \text{Att}_{\min} \bigcup \text{DiscerAtt}$;

14: **end if**

GMDASG 算法在形成等价类之间辨识属性集的过程中渐进生成最小辨识属性集。

5.3.2 属性重要度矩阵

令 Important_i 表示属性 a_i 在分配约简中的属性重要度, 则属性重要度矩阵定义为

$$M_{\text{Important}} = \begin{bmatrix} a_1 & \text{Important}_1 \\ \vdots & \vdots \\ a_i & \text{Important}_i \\ \vdots & \vdots \\ a_m & \text{Important}_m \end{bmatrix}, m = |C|$$

$$\text{AT} = \begin{bmatrix} a_1 \\ \vdots \\ a_i \\ \vdots \\ a_m \end{bmatrix}$$

$$\text{IM} = \begin{bmatrix} \text{Important}_1 \\ \vdots \\ \text{Important}_i \\ \vdots \\ \text{Important}_m \end{bmatrix}$$

分别表示属性重要度的属性向量和重要度向量, 即 $M_{\text{Important}} = [\text{AT} \quad \text{IM}]$。

属性重要度有序矩阵为

$$M_{\text{Important}}^{\geqslant} = \begin{bmatrix} \vdots & \vdots \\ a_i & \text{Important}_i \\ \vdots & \vdots \\ a_j & \text{Important}_j \\ \vdots & \vdots \end{bmatrix}, \text{Important}_i \geqslant \text{Important}_j, i,j \in \{1, \cdots, m\}, m = |C|$$

其中, $\text{Important}_i = \sum_{i=1}^{l} \sum_{j=1}^{l} N_i$, $N_i = 1$, 若 $a_i \in D(E_i, E_j)$; 否则 $N_i = 0$, $l = |U/C|$。

以等价关系诱导的粒其辨识矩阵为对称矩阵，因此在实际计算中，辨识矩阵的存储和属性重要度的计算仅考虑下三角矩阵即可，在下面的示例中均按此计算。

5.3.3 约简的生成

约简生成包括以下几个步骤：计算等价类，生成最小辨识属性集，计算属性重要度并排序，由最小辨识属性集计算约简。算法描述如下。

算法 5.3.2 由最小辨识属性集生成约简 (generation of the reduct by minimal discernibility attribute set, GRMDAS)

输入：决策信息系统 $(U, C \bigcup D, A, f)$。

输出：Reduct。

1: Compute D_E, M_{EC};
2: Call GMDASG(D_E, M_{EC});
3: Compute $M_{\text{Important}}$ by M_D;
4: Generate $M_{\text{Important}}^{\geqslant}$ by $M_{\text{Important}}$;
5: Call GenerateReduct($M_{\text{Important}}^{\geqslant}$, Att$_{\min}$);

Function GenerateReduct($M_{\text{Important}}^{\geqslant}$, Att$_{\min}$)

1: Reduct $\leftarrow \varnothing$;
2: **for** $(i = 1; i < |C| + 1; i++)$ **do**
3:     sign $\leftarrow 0$;
4:     **if** Att$_{\min} \neq \varnothing$ **then**
5:        **for each** Att$_i$ in Att$_{\min}$ **do**
6:           **if** $i = 1$ **then**
7:              **if** $|\text{Att}_i| = 1$ **then**
8:                 Reduct $\leftarrow$ Reduct $\bigcup\{\text{Att}_i\}$;
9:                 Att$_{\min} \leftarrow$ Att$_{\min} -$ Att$_i$;
10:              **else**
11:                 **if** $M_{\text{Important}}^{\geqslant}[i][1] \in \text{Att}_i$ **then**
12:                    Att$_{\min} \leftarrow$ Att$_{\min} -$ Att$_i$;
13:                    sign $\leftarrow 1$;
14:                 **end if**
15:              **end if**
16:           **else**
17:              **if** $M_{\text{Important}}^{\geqslant}[i][1] \in \text{Att}_i$ **then**
18:                 Att$_{\min} \leftarrow$ Att$_{\min} -$ Att$_i$;
19:                 sign $\leftarrow 1$;

20:　　　　　**end if**

21:　　　　**end if**

22:　　**end for**

23:　　**if** sign $= 1$ **then**

24:　　　　Reduct $\leftarrow$ Reduct $\bigcup M_{\text{Important}}^{\geqslant}[i][1]$;

25:　　**end if**

26:　**end if**

27: **end for**

28: **return** Reduct;

5.3.4　算例

以下给出一个例子，说明以上定义、计算约简和提取规则的过程。

例 5.3.1　已知决策信息系统 $S = (U, C \bigcup D, V, f)$ 如表 5-1 所示，其中 $U = \{x_1, x_2, x_3, x_4, x_5, x_6, x_7, x_8\}$，$C = \{\text{Height}, \text{Hair}, \text{Eyes}\}$，$D = \{d\} = \{\text{Nationality}\}$。各属性的值域为 $V_{\text{Height}} = \{\text{tall}, \text{medi um}, \text{short}\}$，$V_{\text{Hair}} = \{\text{blond}, \text{red}, \text{dark}\}$，$V_{\text{Eyes}} = \{\text{hazel}, \text{blue}\}$，$V_{\text{Nationality}} = \{\text{Sweden}, \text{German}\}$。

表 5-1　决策信息系统

U	Height	Hair	Eyes	Nationality
x_1	tall	blond	blue	Sweden
x_2	medium	dark	hazel	German
x_3	medium	blond	blue	Sweden
x_4	tall	blond	blue	German
x_5	short	red	blue	German
x_6	medium	dark	hazel	Sweden
x_7	short	red	blue	German
x_8	short	red	blue	German

由条件属性划分的等价类为

$$U/C = \{E_1, E_2, E_3, E_4\}, E_1 = \{x_1, x_4\}, E_2 = \{x_2, x_6\}, E_3 = \{x_3\}, E_4 = \{x_5, x_7, x_8\}$$

由决策属性划分的等价类为

$$U/D = \{D_1, D_2\}, D_1 = \{x_1, x_3, x_6\}, D_2 = \{x_2, x_4, x_5, x_7, x_8\}$$
$$\underline{C}(D_1) = E_3, \overline{C}(D_1) = E_1 \bigcup E_2 \bigcup E_3, \underline{C}(D_2) = E_4, \overline{C}(D_2) = E_1 \bigcup E_2 \bigcup E_4$$

$$D_1C = \{\text{Sweden}\}, D_2C = \{\text{German}\}$$
$$\delta(E_1) = \{D_1C, D_2C\} = \{\text{Sweden}, \text{German}\}, \delta(E_2) = \{D_1C, D_2C\} = \{\text{Sweden}, \text{German}\}$$
$$\delta(E_3) = \{D_1C\} = \{\text{Sweden}\}, \delta(E_4) = \{D_2C\} = \{\text{German}\}$$

则决策信息系统的决策特征矩阵和特征值矩阵如下

$$
D_E = \begin{bmatrix} \vec{E_1} \\ \vec{E_2} \\ \vec{E_3} \\ \vec{E_4} \end{bmatrix} = \begin{bmatrix} x_1 & \{x_1, x_4\} & B & \{\text{Sweden, German}\} \\ x_2 & \{x_2, x_6\} & B & \{\text{Sweden, German}\} \\ x_3 & \{x_3\} & P & \{\text{Sweden}\} \\ x_5 & \{x_5, x_7, x_8\} & P & \{\text{German}\} \end{bmatrix}
$$

$$
M_{EC} = \begin{bmatrix} \vec{E_{1c}} \\ \vec{E_{2c}} \\ \vec{E_{3c}} \\ \vec{E_{4c}} \end{bmatrix} = \begin{bmatrix} \text{tall} & \text{blond} & \text{blue} \\ \text{medium} & \text{dark} & \text{hazel} \\ \text{medium} & \text{blond} & \text{blue} \\ \text{short} & \text{red} & \text{blue} \end{bmatrix}
$$

分配辨识矩阵为

$$
M_D = \begin{bmatrix} \varnothing & & & \\ \varnothing & \varnothing & & \\ a_1 & a_2, a_3 & \varnothing & \\ a_1, a_2 & a_1, a_2, a_3 & a_1, a_2 & \varnothing \end{bmatrix}
$$

$$
\text{Att}_{\min} = \{\{a_1\}, \{a_2, a_3\}\}
$$

$$
M^{\geqslant}_{\text{Important}} = \begin{bmatrix} a_1 & 4 \\ a_2 & 4 \\ a_3 & 2 \end{bmatrix}
$$

决策信息系统的约简 Reduct $= \{a_1, a_2\}$。

于是，从 M_E 和 M_{EC} 中每个 $\vec{E_i}$ 和 $\vec{E_{ic}}(1 \leqslant i \leqslant m)$ 提取出决策规则如下。

r_1: If $f(x, a_1) = $ tall $\wedge f(x, a_2) = $ blond $\rightarrow f(x, d) = $ German

r_2: If $f(x, a_1) = $ tall $\wedge f(x, a_2) = $ blond $\rightarrow f(x, d) = $ Sweden

r_3: If $f(x, a_1) = $ medium $\wedge f(x, a_2) = $ dark $\rightarrow f(x, d) = $ German

r_4: If $f(x, a_1) = $ medium $\wedge f(x, a_2) = $ dark $\rightarrow f(x, d) = $ Sweden

r_5: If $f(x, a_1) = $ medium $\wedge f(x, a_2) = $ blond $\rightarrow f(x, d) = $ Sweden

r_6: If $f(x, a_1) = $ short $\wedge f(x, a_2) = $ red $\rightarrow f(x, d) = $ German

r_1 和 r_2 是从 $\vec{E_1}$ 和 $\vec{E_{1c}}$ 提取出的决策规则。r_3 和 r_4 是从 $\vec{E_2}$ 和 $\vec{E_{2c}}$ 提取出的决策规则。r_1、r_2、r_3 和 r_4 是从边界域提取出的不确定规则。r_5 是从 $\vec{E_3}$ 和 $\vec{E_{3c}}$ 提取出的确定性决策规则。r_6 是从 $\vec{E_4}$ 和 $\vec{E_{4c}}$ 提取出的确定性决策规则。

5.4 属性值粗化细化的定义及性质

下面首先给出完备决策信息系统中属性值粗化细化的定义，然后讨论属性值粗化细化时规则的变化规律。

5.4.1 属性值粗化细化的定义

在实际生活中存在大量属性值为层次结构的评价值 (图 5-1) 和分类值 (图 5-2)。当分类的层次不同或评价值的等级数目不同时，分类的精度随之变化，评价的语义精度也随之变化[256−258]。

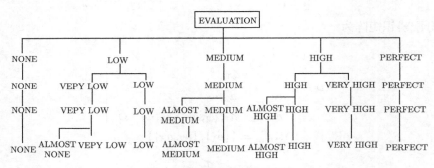

图 5-1 评价语义层次图[256]

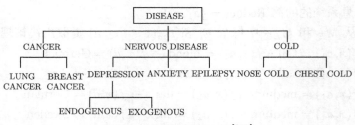

图 5-2 疾病分类层次图[257]

在图 5-1 和图 5-2 中，当属性值域位于较高层次时分类或评价相对概略，而当属性值域位于较低层次时分类和评价相对细致。随着应用需求的不同，属性值可能位于不同的分类或评价层。另外，在数据的修正过程中属性值也有可能修改。在属性值的变化过程中，近似集如何变化、信息粒度如何动态变化以及如何动态地维护是知识发现的一个重要研究课题。

1. 属性值粗化的定义

定义 5.4.1 $S = (U, C \bigcup D, V, f)$ 是一个决策信息系统, $B \subseteq C$, $a_j \in B$, $f(x_i, a_j)$ 是对象 x_i 在属性 a_j 上的属性值。$f(x_k, a_j)$ 对象 $x_k(k \neq i)$ 在属性 a_j 上的属性值, 其中 $f(x_i, a_j) \neq f(x_k, a_j)$。$U_{a_j} = \{x_{i'} \in U | f(x_{i'}, a_j) = f(x_i, a_j)\}$, 令 $f(x_{i'}, a_j) = f(x_k, a_j), \forall x_{i'} \in U_{a_j}$, 则称属性值 $f(x_i, a_j)$ 粗化到 $f(x_k, a_j)$。

为方便区别, $a_j^\wedge$ 表示属性值粗化后的 a_j 属性, $B^\wedge$ 表示属性值粗化后的 B 属性集, $V_{a_j}^\wedge$ 表示 $a_j^\wedge$ 的值域。

2. 属性值细化的定义

定义 5.4.2 $S = (U, C \bigcup D, V, f)$ 是一个决策信息系统, $B \subseteq C$, $a_j \in B$, $f(x_i, a_j)$ 是对象 x_i 在属性 a_j 上的属性值, $U_{a_j} = \{x_{i'} \in U | f(x_{i'}, a_j) = f(x_i, a_j)\}$, 如果 $\exists v \notin V_j$, $\exists x_{i'} \in U_{a_j}$, 令 $f(x_{i'}, a_j) = v$, 则称 $x_{i'}$ 的属性值 $f(x_{i'}, a_j)$ 细化到 v。

$a_j^\vee$ 表示属性值细化后的 a_j 属性, $B^\vee$ 表示属性值细化后的 B 属性集, $V_{a_j}^\vee$ 是属性 $a_j^\vee$ 的值域。

当属性值粗化细化时等价类的粒度可能发生变化。由于等价类 E_i 的变化, 从而 $\delta_C(E_i)$ 和决策类的近似集可能变化, 随着 $\delta_C(E_i)$ 和 E_i 的变化, 分配约简可能发生变化, 因此规则可能会动态变化。以下讨论在属性值粗化细化的过程中规则性质的动态变化。

5.4.2 决策信息系统的动态性质

对任意 $X \subseteq U$, X 在属性值粗化后的上、下近似集分别表示为 $\overline{C^\wedge}(X)$ 和 $\underline{C^\wedge}(X)$。X 在属性值细化后的上、下近似集分别表示为 $\overline{C^\vee}(X)$ 和 $\underline{C^\vee}(X)$, 以下引理和推论成立。

引理 5.4.1 $(U, C \bigcup D, V, f)$ 是一个决策信息系统, 则 (1) $\overline{C^\wedge}(X) \supseteq \overline{C}(X)$; (2) $\underline{C^\wedge}(X) \subseteq \underline{C}(X)$。

证明 (1) 对任意 $a_i \in C$, $x \in U$, 存在 $[x]_{a_i^\wedge} \supseteq [x]_{a_i}$, $\left|[x]_{a_i^\wedge}\right| \leqslant \left|[x]_{a_i}\right|$。因为 $[x]_C = [x]_{C-a_i} \bigcap [x]_{a_i}$, $[x]_{C^\wedge} = [x]_{C-a_i} \bigcap [x]_{a_i^\wedge}$, 所以 $[x]_C \subseteq [x]_{C^\wedge}$。因此, 对任意 $y \in U$, $X \subseteq U$, 如果 $[y]_C \bigcap X \neq \varnothing$, 则 $[y]_{C^\wedge} \bigcap X \neq \varnothing$, 即 $y \in \overline{C}(X)$, 有 $y \in \overline{C^\wedge}(X)$, 所以 $\overline{C^\wedge}(X) \supseteq \overline{C}(X)$。

(2) 对任意 $a_i \in C$, 存在 $[x]_{a_i^\wedge} \supseteq [x]_{a_i}$, $\left|[x]_{a_i^\wedge}\right| \leqslant \left|[x]_{a_i}\right|$。因为 $[x]_C = [x]_{C-a_i} \bigcap [x]_{a_i}$, $[x]_{C^\wedge} = [x]_{C-a_i} \bigcap [x]_{a_i^\wedge}$, 所以对任意 $x \in U$, 存在 $[x]_C \subseteq [x]_{C^\wedge}$。因此, 对任意 $y \in U$, $X \subseteq U$, 如果 $[y]_{C^\wedge} \subseteq X$, 则 $[y]_C \subseteq [y]_{C^\wedge} \subseteq X$。即 $y \in \underline{C^\wedge}(X)$, 有 $y \in \underline{C}(X)$, 所以 $\underline{C^\wedge}(X) \subseteq \underline{C}(X)$。 □

引理 5.4.2　$(U, C \bigcup D, V, f)$ 是一个决策信息系统, 则 $(1)\overline{C^\vee}(X) \subseteq \overline{C}(X)$; $(2)\underline{C^\vee}(X) \supseteq \underline{C}(X)$。

证明　(1) 对任意 $a_i \in C$, $x \in U$, 存在 $[x]_{a_i^\vee} \subset [x]_{a_i}$, $\left|[x]_{a_i^\vee}\right| > \left|[x]_{a_i}\right|$。因为 $[x]_C = [x]_{C-a_i} \bigcap [x]_{a_i}$, $[x]_{C^\vee} = [x]_{C-a_i} \bigcap [x]_{a_i^\vee}$, 所以存在 $[x]_C \supset [x]_{C^\vee}$。因此, 对任意 $X \subseteq U$, 如果 $[x]_{C^\vee} \bigcap X \neq \varnothing$, 则 $[x]_C \bigcap X \neq \varnothing$, 即 $x \in \overline{C^\vee}(X)$, 有 $x \in \overline{C}(X)$, 所以 $\overline{C^\vee}(X) \subseteq \overline{C}(X)$。

(2) 和 (1) 的证明类似, 有 $\underline{C^\vee}(X) \supseteq \underline{C}(X)$。　　　　　　□

推论 5.4.1　$(U, C \bigcup D, V, f)$ 是一个决策信息系统, 则 $\alpha_R^\wedge(X)$ 表示 X 在属性值粗化后的近似精度, $\alpha_R^\vee(X)$ 表示 X 在属性值细化后的近似精度。$\rho_R^\wedge(X)$ 表示 X 在属性值粗化后的粗糙度, $\rho_R^\vee(X)$ 表示 X 在属性值细化后的粗糙度, 以下成立: $(1)\alpha_R^\wedge(X) \leqslant \alpha_R(X)$, $\rho_R^\wedge(X) \geqslant \rho_R(X)$; $(2)\alpha_R^\vee(X) \geqslant \alpha_R(X)$, $\rho_R^\vee(X) \leqslant \rho_R(X)$。

证明　(1) 因为 $\overline{C^\wedge}(X) \supseteq \overline{C}(X)$, $\underline{C^\wedge}(X) \subseteq \underline{C}(X)$。所以 $\left|\underline{C^\wedge}(X)\right| \leqslant \left|\underline{C}(X)\right|$, $\left|\overline{C^\wedge}(X)\right| \geqslant \left|\overline{C}(X)\right|$。则 $\alpha_R^\wedge(X) = \dfrac{\left|\underline{C^\wedge}(X)\right|}{\left|\overline{C^\wedge}(X)\right|} \leqslant \dfrac{\left|\underline{C}(X)\right|}{\left|\overline{C}(X)\right|}$, 即 $\alpha_R^\wedge(X) \leqslant \alpha_R(X)$。因此, $\rho_R^\wedge(X) \geqslant \rho_R(X)$。

(2) 和 (1) 的证明类似, 有 $\alpha_R^\vee(X) \geqslant \alpha_R(X)$, $\rho_R^\vee(X) \leqslant \rho_R(X)$。　　　　　　□

推论 5.4.2　$(U, C \bigcup D, V, f)$ 是一个决策信息系统。$\mathrm{BND}_R^\wedge(X)$ 表示属性值粗化后的边界域, $\mathrm{BND}_R^\vee(X)$ 表示细化后的边界域, 则 $(1)\mathrm{BND}_R^\wedge(X) \supseteq \mathrm{BND}_R(X)$; $(2)\mathrm{BND}_R^\vee(X) \subseteq \mathrm{BND}_R(X)$。

证明　由引理 5.4.1 和引理 5.4.2 可证。　　　　　　□

推论 5.4.3　$(U, C \bigcup D, V, f)$ 是一个决策信息系统。在属性值粗化后 X 关于 C 的上下边界分别表示为 $\underline{\Delta}_C^\wedge(X)$ 和 $\overline{\Delta}_C^\wedge(X)$。在属性值细化后 X 关于 C 的上下边界分别表示为 $\underline{\Delta}_C^\vee(X)$ 和 $\overline{\Delta}_C^\vee(X)$。则 $(1)\underline{\Delta}_C^\wedge(X) \supseteq \underline{\Delta}_C(X)$, $\overline{\Delta}_C^\wedge(X) \supseteq \overline{\Delta}_C(X)$; $(2)\underline{\Delta}_C^\vee(X) \subseteq \underline{\Delta}_C(X)$, $\overline{\Delta}_C^\vee(X) \subseteq \overline{\Delta}_C(X)$。

证明　由引理 5.4.1 和引理 5.4.2 可证。　　　　　　□

推论 5.4.4　$(U, C \bigcup D, V, f)$ 是一个决策信息系统, $A \subseteq C$, $a \in C-A$。$\mathrm{sig}^\wedge(a, A, C)$ 表示属性值粗化后 $a^\wedge$ 的属性重要度, $\mathrm{sig}^\vee(a, A, C)$ 表示属性值细化后 $a^\vee$ 的属性重要度, 则 $(1)\mathrm{sig}^\wedge(a, A, C) \leqslant \mathrm{sig}(a, A, C)$; $(2)\mathrm{sig}^\vee(a, A, C) \geqslant \mathrm{sig}(a, A, C)$。

证明　(1) 对任意 $a \in C$, $x \in U$, 存在 $[x]_{a^\wedge} \supseteq [x]_a$, $|[x]_{a^\wedge}| \leqslant |[x]_a|$。因为 $[x]_C = [x]_{C-a} \bigcap [x]_a$, $[x]_{C^\wedge} = [x]_{C-a} \bigcap [x]_{a^\wedge}$, 所以存在 $[x]_C \subseteq [x]_{C^\wedge}$。因此, $|U/A \bigcup \{a^\wedge\}| \leqslant |U/A \bigcup \{a\}|$。即有 $\mathrm{sig}^\wedge(a, A, C) \leqslant \mathrm{sig}(a, A, C)$。

(2) 证明过程和 (1) 类似, 有 $\mathrm{sig}^{\vee}(a, A, C) \geqslant \mathrm{sig}(a, A, C)$。 □

引理 5.4.3 $(U, C \bigcup D, V, f)$ 是一个决策信息系统。设 $U/C = \{E_1, E_2, \cdots, E_l\}$ 是 U 的一个划分。$\mathrm{GK}^{\wedge}(C)$ 表示属性值粗化后决策信息系统的知识粒度, $\mathrm{GK}^{\vee}(C)$ 表示属性值细化后决策信息系统的知识粒度, 则 (1)$\mathrm{GK}(C) \leqslant \mathrm{GK}^{\wedge}(C)$; (2)$\mathrm{GK}(C) > \mathrm{GK}^{\vee}(C)$。

证明 (1) 对任意 $E_i, E_k, \cdots, E_l \in U/C$, 假设 $a_i \in C$ 是进行属性值粗化的属性, $E_i^{\wedge}$ 表示属性值粗化后的等价类, $a_i^{\wedge}$ 表示属性值粗化后的属性 a_i。由定义 5.4.1, 如果 $f(E_i, a_j) = f(E_k, a_j)$, $a_j \in C - a_i^{\wedge}$, 则 $E_i^{\wedge} = E_i \bigcup E_k$。因为 $|E_i^{\wedge}|^2 = (|E_i| + |E_k|)^2 > |E_i|^2 + |E_k|^2$, 所以 $\sum_{i=1}^{m} |E_i^{\wedge}|^2 \geqslant \sum_{i=1}^{m} |E_i|^2$, 则 $\frac{1}{|U|^2} \sum_{i=1}^{m} |E_i|^2 \leqslant \frac{1}{|U|^2} \sum_{i=1}^{m} |E_i^{\wedge}|^2$, 即 $\mathrm{GK}(C) \leqslant \mathrm{GK}^{\wedge}(C)$。

(2) 对任意 $E_i, E_k, \cdots, E_l \in U/C$, 假设 $a_i \in C$ 是进行属性值细化的属性, $a_i^{\vee}$ 表示细化后的属性 a_i。由定义 5.4.2 有存在 $E_i \in U/C$, $E_i = E_i' \bigcup E_i''$, $f(E_i, a^{\vee}) = f(E_i', a^{\vee})$, 且 $f(E_i, a^{\vee}) \neq f(E'', a^{\vee})$。因为 $|E_i|^2 = (|E_i'| + |E_i''|)^2 > |E'_i|^2 + |E''_i|^2$, 所以 $\sum_{i=1}^{m} |E_i|^2 > \sum_{i=1}^{m} |E_i^{\vee}|^2$, 则 $\frac{1}{|U|^2} \sum_{i=1}^{m} |E_i|^2 > \frac{1}{|U|^2} \sum_{i=1}^{m} |E_i^{\vee}|^2$, 即 $GK(C) > GK^{\vee}(C)$。 □

引理 5.4.4 $(U, C \bigcup D, V, f)$ 是一个决策信息系统。假设 $U/C = \{E_1, E_2, \cdots, E_l\}$ 是 U 的一个划分。$E_r^{\wedge}(C)$ 表示属性值粗化后的划分粒度, $E_r^{\vee}(C)$ 表示属性值细化后的划分粒度, 则 (1)$E_r(C) \leqslant E_r^{\wedge}(C)$; (2)$E_r(C) > E_r^{\vee}(C)$。

证明 证明过程和引理 5.4.3 类似。 □

从以上引理和推论可知, 当属性值粗化细化时构成决策信息系统知识粒的等价类将发生变化。当属性值粗化时, 概念的粗糙度将增大, 而近似精度将降低, 上下边界将增大, 而边界域也将扩大, 进行属性值粗化的属性重要度将降低。当属性值细化时, 以上各要素将发生相反的变化。

5.4.3 决策规则的动态性质

1. 决策规则的度量

在决策信息系统中, 规则的度量是进行规则选择的重要指标[259]。本节讨论属性值粗化细化过程中规则度量的动态变化。在粗糙集中, 通过属性约简和近似集计算可以提取规则, 如 $f(x, a_1) = f(x_i, a_1) \wedge \cdots \wedge f(x, a_{|C|}) = f(x_i, a_{|C|}) \rightarrow f(x, d) = f(x_i, d)(x_i \in E_i)$。若 R_i 表示规则 $f(x, a_1) = f(x_i, a_1) \wedge \cdots \wedge f(x, a_{|C|}) = f(x_i, a_{|C|}) \rightarrow$

$f(x, d) = f(x_i, d)$，则 $\text{Rule} = \bigcup R_i(0 \leqslant i \leqslant |U/C|,\ R_i \neq R_j)$ 表示从决策信息系统中提取出的所有规则。$|\text{Rule}|$ 表示规则的数量。规则的度量如下。

1) 支持度

定义 5.4.3[259]　规则 R_i 的支持度 s_i 定义如下

$$s_i = \frac{|[x_i]_C \bigcap [x_i]_d|}{|U|} \tag{5-3}$$

其中，s_i 表达了规则 R_i 占论域的比例。

2) 覆盖度

定义 5.4.4[259]　规则 R_i 的覆盖度 cov_i 定义为

$$\text{cov}_i = \frac{|[x_i]_C \bigcap [x_i]_d|}{|[x_i]_d|} \tag{5-4}$$

cov_i 表达了规则 R_i 中前件和后件同时成立占后件成立的规则的概率。当规则的覆盖度较低时，规则的代表性不足，并具有一定的随机性。规则的分类能力和预测能力将大大降低。我们通常希望规则具有较高的覆盖度。

3) 置信度

定义 5.4.5[259]　规则 R_i 的置信度 c_i 定义为

$$c_i = \frac{|[x_i]_C \bigcap [x_i]_d|}{|[x_i]_C|} \tag{5-5}$$

其中，c_i 表示规则 R_i 中前件和后件同时成立占前件成立的规则的概率。

在一个决策信息系统中，如果规则 R_i 的置信度 c_i 不等于 1，则意味着决策信息系统中存在前件相同而后件不同的规则。规则的置信度不为 1 的比例体现了决策信息系统的不协调性。以下给出协调度和不协调度的定义。

4) 协调度和不协调度

考虑确定性规则所占的比例，下面给出决策信息系统协调度的定义。

定义 5.4.6　对决策信息系统 S，决策信息系统的协调度定义如下

$$\text{cons}(S) = \sum_{i=1}^{k} s_i, \forall R_i \in \text{Rule}, c_i = 1 \tag{5-6}$$

决策信息系统的不协调度定义如下

$$\text{uncons}(S) = 1 - \text{cons}(S) \tag{5-7}$$

性质 5.4.1　对决策信息系统 S，以下结论成立。

(1) 若 S 是一个协调的决策信息系统，则对任意 $R_i \in \text{Rule}$，$c_i = 1$；否则，存在 c_i，满足 $0 < c_i \leqslant 1$。

(2) 若 S 是一个协调的决策信息系统，则 $\mathrm{cons}(S) = 1$，$\mathrm{uncons}(S) = 0$；否则，$0 \leqslant \mathrm{cons}(\mathrm{DIS}) < 1$。

证明 (1) 若 S 是一个协调的决策信息系统，则 $U/C \subseteq U/d$，即 $[x_i]_C \subseteq [x_i]_d$，因此 $c_i = \dfrac{|[x_i]_C \cap [x_i]_d|}{|[x_i]_C|} = 1$；否则 $U/C \not\subseteq U/d$，即存在 $[x_i]_C \not\subset [x_i]_d$，则 $0 < c_i \leqslant 1$。

(2) 如果 $\mathrm{cons}(S) = 1$，则 $|R_i| = |U|$，即对任意 $R_i \in \mathrm{Rule}$，$c_i = 1$，由 (1) 可知决策信息系统是协调的。 □

以下给出一个例子说明以上规则的度量。

例 5.4.1 （续例 5.3.1）对决策信息系统，有如下规则。

r_1: If $f(x, a_1) = \mathrm{tall} \land f(x, a_2) = \mathrm{blond} \rightarrow f(x, d) = \mathrm{German}$，$c_1 = 0.5$，$\mathrm{cov}_1 = 0.2$，$s_1 = 0.125$

r_2: If $f(x, a_1) = \mathrm{tall} \land f(x, a_2) = \mathrm{blond} \rightarrow f(x, d) = \mathrm{Sweden}$，$c_2 = 0.5$，$\mathrm{cov}_2 = 0.333$，$s_2 = 0.125$

r_3: If $f(x, a_1) = \mathrm{medium} \land f(x, a_2) = \mathrm{dark} \rightarrow f(x, d) = \mathrm{German}$，$c_3 = 0.5$，$\mathrm{cov}_3 = 0.2$，$s_3 = 0.125$

r_4: If $f(x, a_1) = \mathrm{medium} \land f(x, a_2) = \mathrm{dark} \rightarrow f(x, d) = \mathrm{Sweden}$，$c_4 = 0.5$，$\mathrm{cov}_4 = 0.333$，$s_4 = 0.125$

r_5: If $f(x, a_1) = \mathrm{medium} \land f(x, a_2) = \mathrm{blond} \rightarrow f(x, d) = \mathrm{Sweden}$，$c_6 = 1$，$\mathrm{cov}_6 = 0.333$，$s_6 = 0.125$

r_6: If $f(x, a_1) = \mathrm{short} \land f(x, a_2) = red \rightarrow f(x, d) = \mathrm{German}$，$c_5 = 1$，$\mathrm{cov}_5 = 0.6$，$s_5 = 0.375$；

决策信息系统的协调性 $\mathrm{cons}(S) = s_5 + s_6 = 0.5$，$\mathrm{uncons}(S) = 0.5$。

2. 决策规则的动态性质

以下考虑决策信息系统的动态变化。当属性值粗化细化时决策规则的置信度、覆盖度和支持度将如何变化呢？为便于区别，用上标 $\wedge$ 和 $\vee$ 分别表示粗化和细化后决策规则不同的度量。例如，$c^{\wedge}$、$c^{\vee}$、$\mathrm{cov}^{\wedge}$、$\mathrm{cov}^{\vee}$、$s^{\wedge}$、$s^{\vee}$ 分别表示属性值粗化和细化后的置信度、覆盖度和支持度。

1) 属性值粗化

设 $U^{\wedge} = \{x_k | f(x_k, a_i) = v_1, \forall x_k \in U\}$，令 $f(x_k, a_i) = v_2 (\forall x_k \in U^{\wedge})$，即属性值 v_1 粗化到 v_2。令 $U' = \{x_j | f(x_j, a_i) = v_2, \forall x_j \in U\}$。以下我们分析属性值粗化时规则度量的变化。

性质 5.4.2 对于 $R_j \in \mathrm{Rule}$，$R_j^{\wedge}$ 满足对任意 $x_k \in U^{\wedge}$，$x_j \in U'$，$[x_k]_C \neq [x_j]_C$，$[x_k^{\wedge}]_C = [x_j^{\wedge}]_C$，以下性质成立。

(1) **若对任意** x_k, **存在** $f(x_j,d) \neq f(x_k,d)$, **则** $c_j^\wedge < c_j$, $c_k^\wedge < c_k$, $\mathrm{cov}_j^\wedge = \mathrm{cov}_j$, $s_j^\wedge = s_j$。

(2) **若对任意** x_k, **存在** $f(x_j,d) = f(x_k,d)$, $c_k < c_j$, $\mathrm{cov}_k < \mathrm{cov}_j$, **则** $c_k < c_j^\wedge = c_k^\wedge < c_j$, $\mathrm{cov}_k < \mathrm{cov}_j^\wedge = \mathrm{cov}_k^\wedge < \mathrm{cov}_j$, $s_j^\wedge = s_k^\wedge > s_j$。

证明 (1) 如果 $[x_k]_C \neq [x_j]_C$, $[x_k^\wedge]_C = [x_j^\wedge]_C$, 则对任意 x_k, 存在 $f(x_j,d) \neq f(x_k,d)$, 对任意 $x_k \in U^\wedge$, $x_j \in U'$, $|[x_j]_C| < \left| [x_j^\wedge]_C \right|$, $\left| [x_j^\wedge]_C \bigcap [x_j^\wedge]_d \right| = |[x_j]_C \bigcap [x_j]_d|$, 因此 $c_j^\wedge = \dfrac{|[x_j^\wedge]_C \bigcap [x_j^\wedge]_d|}{|[x_j^\wedge]_C|} < \dfrac{|[x_i]_C \bigcap [x_i]_d|}{|[x_i]_C|} = c_i$. 同理, $c_k^\wedge < c_k$. 因为 $[x_j^\wedge]_d = [x_j]_d$, 所以 $\mathrm{cov}_j^\wedge = \dfrac{|[x_j^\wedge]_C \bigcap [x_j^\wedge]_d|}{|[x_j^\wedge]_d|} = \mathrm{cov}_j$, $s_j^\wedge = \dfrac{|[x_j^\wedge]_C \bigcap [x_j^\wedge]_d|}{|U|} = s_j$。

(2) 如果对任意 $\forall x_k$, 存在 $f(x_j,d) = f(x_k,d)$, 则 $c_j^\wedge = c_k^\wedge = \dfrac{|[x_j]_C \bigcap [x_j]_d| + |[x_k]_C \bigcap [x_k]_d|}{|[x_j]_C| + |[x_k]_C|}$, 令 $|[x_j]_C \bigcap [x_j]_d| = m$, $|[x_j]_C| = n$, $|[x_k]_C \bigcap [x_k]_d| = \alpha$, $|[x_k]_C| = \beta$。因为 $c_k < c_j$, $\mathrm{cov}_k < \mathrm{cov}_j$, 所以 $c_k = \dfrac{\alpha}{\beta} < \dfrac{m}{n} = c_j$, 则 $\dfrac{a+m}{\beta+n} = \dfrac{c_k\beta + c_jn}{\beta+n} > \dfrac{c_k\beta + c_kn}{\beta+n} = c_k$, $\dfrac{a+m}{\beta+n} = \dfrac{c_k\beta + c_jn}{\beta+n} < \dfrac{c_j\beta + c_jn}{\beta+n} = c_j$, 即 $c_k < c_j^\wedge = c_k^\wedge < c_j$。类似地, $\mathrm{cov}_k < \mathrm{cov}_j^\wedge = \mathrm{cov}_k^\wedge < \mathrm{cov}_j$。因为 $\left| [x_j^\wedge]_C \bigcap [x_j^d]_d \right| = |[x_k]_C \bigcap [x_k]_d| + |[x_j]_C \bigcap [x_j]_d|$, 所以 $s_j^\wedge = \dfrac{|[x_k]_C \bigcap [x_k]_d| + |[x_j]_C \bigcap [x_j]_d|}{|U|} > s_j$。 $\square$

从以上性质可知，当属性值粗化时，若等价类 $[x_k]_C$ 和 $[x_j]_C$ 合并，且 $\delta(x_k) \neq \delta(x_j)$，则规则的置信度将降低，而支持度和覆盖度保持不变；若 $\delta(x_k) = \delta(x_j)$ 相同，则规则的覆盖度和置信度可能改变，而规则的支持度将增大。

性质 5.4.3 对于 Rule, 如果对任意 $x_k \in U^\wedge$, $x_j \in U'$, 存在 $[x_k]_C \neq [x_j]_C$, $[x_k^\wedge]_C = [x_j^\wedge]_C$, 以下性质成立。

(1) 如果存在 $f(x_j,d) = f(x_k,d)$, 则 $\mathrm{Rule}^\wedge = \mathrm{Rule} - R_k^\wedge$。

(2) $\mathrm{cons}^\wedge(S) \leqslant \mathrm{cons}(S)$, $\mathrm{uncons}^\wedge(S) \geqslant \mathrm{uncons}(S)$。

证明 (1) 因为对任意 $x_k \in U^\wedge$, $x_j \in U'$, $[x_k]_C \neq [x_j]_C$, $[x_k^\wedge]_C = [x_j^\wedge]_C$, 如果存在 $f(x_j,d) = f(x_k,d)$, 则 $R_k^\wedge = R_j^\wedge$, $R_k \neq R_j$, 即 $\mathrm{Rule}^\wedge = \mathrm{Rule} - R_k^\wedge$。

(2) 如果对任意 $x_k \in U^\wedge$, $x_j \in U'$, 存在 $[x_k]_C \neq [x_j]_C$, $[x_k^\wedge]_C = [x_j^\wedge]_C$, 如果 $c_k = 1$, $c_j = 1$ 且 $\delta(x_k) = \delta(x_j)$, 或 $c_k \neq 1$ 且 $c_j \neq 1$, 则 $\mathrm{cons}^\wedge(S) = \mathrm{cons}(S)$。如果 $c_j = 1$ 且 $c_k \neq 1$, 或 $c_k = 1$ 且 $c_j \neq 1$, $c_k = 1$, $c_j = 1$ 且 $\delta(x_k) \neq \delta(x_j)$, 则 $\mathrm{cons}^\wedge(S) < \mathrm{cons}(S)$。即 $\mathrm{cons}^\wedge(S) \leqslant \mathrm{cons}(S)$, $\mathrm{uncons}^\wedge(S) \geqslant \mathrm{uncons}(S)$。 $\square$

以上性质说明，如果在属性值粗化的过程中，规则的前件从不同变为相同，则规则的数量可能会减少。决策信息系统的协调度可能会较属性值粗化前降低。

2) 属性值细化

假设 $f(x_k, a_i) = v$，$v \notin V_{a_i}$，即属性值 $f(x_k, a_i)$ 细化到 v，以下性质成立。

性质 5.4.4 若 $R_j \in \text{Rule}$，当属性值细化时，以下性质成立。

(1) 若存在 $[x_k]_C = [x_j]_C (i \neq j)$，对于 $R_j^\vee$

① 若 $f(x_j, d) \neq f(x_k, d)$，则 $c_j^\vee > c_j$，$\text{cov}_j^\vee = \text{cov}_j$，$s_j^\vee = s_j$；

② 若 $f(x_j, d) = f(x_k, d)$，则 $c_j^\vee < c_j$，$\text{cov}_j^\vee < \text{cov}_j$，$s_j^\vee < s_j$；

(2) 对于 $R_k^\vee$，$c_k^\vee = 1$，$\text{cov}_k^\vee = \dfrac{1}{|[x_k^\vee]_d|}$，$s_k^\vee = \dfrac{1}{|U|}$。

证明 (1) 因为 $f(x_k, a_i) = v$，$v \notin V_{a_i}$，$[x_k]_C = [x_j]_C$，所以 $[x_j^\vee]_C = [x_j]_C - \{x_k\}$。①如果 $f(x_j, d) \neq f(x_k, d)$，则 $c_j^\vee = \dfrac{|[x_i]_C \bigcap [x_i]_d|}{|[x_i]_C| - 1} > \dfrac{|[x_i]_C \bigcap [x_i]_d|}{|[x_i]_C|} = c_j$，即 $c_j^\vee > c_j$。因为 $|[x_i^\vee]_C \bigcap [x_i^\vee]_d| = |[x_i]_C \bigcap [x_i]_d|$，所以 $\text{cov}_j^\vee = \text{cov}_j$，$s_j^\vee = s_j$。

②如果 $f(x_j, d) = f(x_k, d)$，则 $c_j^\vee = \dfrac{|[x_i]_C \bigcap [x_i]_d| - 1}{|[x_i]_C| - 1} < \dfrac{|[x_i]_C \bigcap [x_i]_d|}{|[x_i]_C|} = c_j$，即 $c_j^\vee < c_j$。因为 $|[x_i^\vee]_C \bigcap [x_i^\vee]_d| = |[x_i]_C \bigcap [x_i]_d| - 1$，所以 $\text{cov}_i^\vee = \dfrac{|[x_i]_C \bigcap [x_i]_d| - 1}{|[x_i]_d| - 1} <$

$\dfrac{|[x_i]_C \bigcap [x_i]_d|}{|[x_i]_d|} = \text{cov}_i$，$s_i^\vee = \dfrac{|[x_i]_C \bigcap [x_i]_d| - 1}{|U|} < \dfrac{|[x_i]_C \bigcap [x_i]_d|}{|[x_i]_d|} = s_i$。

(2) 因为 $f(x_k, a_i) = v$，$v \notin V_{a_i}$，所以 $[x_k^\vee]_C = \{x_k^\vee\}$，因此 $c_k^\vee = \dfrac{|[x_k^\vee]_C \bigcap [x_k^\vee]_d|}{|[x_k^\vee]_C|} =$

1。$\text{cov}_k^\vee = \dfrac{|[x_k^\vee]_C \bigcap [x_k^\vee]_d|}{|[x_k^\vee]_d|} = \dfrac{1}{|[x_k^\vee]_d|}$，$s_k^\vee = \dfrac{|[x_k^\vee]_C \bigcap [x_k^\vee]_d|}{|U|} = \dfrac{1}{|U|}$。 $\square$

性质 5.4.5 对 Rule 而言，以下性质成立。

(1) 若 $\left| [x_k]_{C \bigcup d} \right| \neq 1$，则 $\text{Rule}^\vee = \text{Rule} \bigcup R_k^\vee$。

(2) $\text{cons}^\vee(S) \geqslant \text{cons}(S)$，$\text{uncons}^\vee(S) \leqslant \text{uncons}(S)$。

证明 (1) 如果 $\left| [x_k]_{C \bigcup d} \right| \neq 1$，$f(x_k^\vee, a_i) = v$，$v \notin V_{a_i}$，则 $[x_k^\vee]_C = \{x_k^\vee\} \neq [x_k]_C$。因此，$f(x_k^\vee, a_1) \wedge \cdots \wedge f(x_k^\vee, a_{|C|}) \to f(x_k^\vee, d)$ 是一条新规则，即 $\text{Rule}^\vee = \text{Rule} \bigcup R_k^\vee$。

(2) 如果 $x_k \in [x_j]_C$，且 $c_j = 1$，则 $\sum s_i^\vee = \sum s_i (\forall c_i, c_i^\vee = 1)$，即 $\text{cons}(S) = \text{cons}^\vee(S)$。如果 $x_k \in [x_j]_C$，且 $c_j \neq 1$，由性质 5.4.4(2) 和性质 5.4.2，有 $c_k^\vee = 1$。若 $c_j^\vee = 1$，则$\text{cons}^\vee(S) = \sum s_i^\vee = \sum s_i + s_j^\vee + s_k^\vee > \sum s_i = \text{cons}(S)$，若 $c_j^\vee \neq 1$，

则 $\mathrm{cons}^\vee(D\ IS) = \sum s_i^\vee = \sum s_i + s_k^\vee > \sum s_i = \mathrm{cons}(S)$。即 $\mathrm{cons}^\vee(S) > \mathrm{cons}(S)$，因此 $\mathrm{uncons}^\vee(S) < \mathrm{uncons}(S)$。$\hfill\square$

从以上性质可知，当属性值细化时可能产生一条置信度为 1 的新规则。决策信息系统的协调度增加，而不协调度降低。若存在规则与属性值细化产生的新规则属性值细化前的前件相同而后件不同，则该规则的置信度增加。反之，该规则的覆盖度和支持度降低。

5.5   属性值粗化时规则更新原理及算法

5.5.1   属性值粗化时规则更新原理

$S = (U, C\bigcup D, V, f)$ 是一个决策信息系统，$U_{a_k} = \{x_{i'} \in U|\, f(x_{i'}, a_k) = v_1\}(1 \leqslant i \leqslant |U|)$，令 $f(x_i, a_k) = v_2(\forall x_i \in U_{a_k})$。令 $E^\wedge = \{E_i|E_i \in U/C \wedge (\forall x_i \in E_i, f(x_i, a_k) = v_1)\}$，$E' = \{E_j|E_j \in U/C \wedge (\forall x_j \in E_j, f(x_j, a_k) = v_2)\}$。属性 a_k 上的属性值 v_1 粗化到 v_2。

令 $E_i^\wedge$ 表示属性值粗化后的等价类 E_i。令 $E_T^{v_1} = \{\forall E_i \in E^\wedge|\, |E_i^\wedge| > |E_i|\}$，$E_T^{v_2} = \{\forall E_i \in E'|\, |E_i^\wedge| > |E_i|\}$。也就是说，$E_T^{v_1}$ 是在属性值粗化过程中与其他等价类合并且 $f(x_i, a_k) = v_1(\forall E_i \in E_T^{v_1}, x_i \in E_i)$ 的等价类，$E_T^{v_2}$ 是在属性值粗化过程中与其他等价类合并且 $f(x_i, a_k) = v_2(\forall E_i \in E_T^{v_2}, x_i \in E_i)$ 的等价类。令 $E_K^{v_1} = E^\wedge - E_T^{v_1}$，$E_K^{v_2} = E' - E_T^{v_2}$，即 $E_K^{v_1}$ 是在属性值粗化过程中没有合并且 $f(x_i, a_k) = v_1(\forall E_i \in E_K^{v_1}, x_i \in E_i)$ 的等价类，$E_K^{v_2}$ 是在属性值粗化过程中没有合并且 $f(x_i, a_k) = v_2(\forall E_i \in E_K^{v_2}, x_i \in E_i)$ 的等价类。

1. 属性值粗化时决策特征矩阵更新原理

令上标 $\wedge$ 表示属性值粗化后的变量，则 $D_E^\wedge$ 和 $M_{EC}^\wedge$ 分别表示属性值粗化后的决策特征矩阵和特征值矩阵。

$$D_E^\wedge = \begin{bmatrix} \vec{E_1^\wedge} \\ \vdots \\ \vec{E_j^\wedge} \\ \vdots \\ \vec{E_{l^\wedge}^\wedge} \end{bmatrix} = \begin{bmatrix} \mathrm{index}x_1^\wedge & \mathrm{obj}_1^\wedge & \mathrm{reg}_1^\wedge & \delta_1^\wedge \\ \vdots & \vdots & \vdots & \vdots \\ \mathrm{index}x_j^\wedge & \mathrm{obj}_j^\wedge & \mathrm{reg}_j^\wedge & \delta_j^\wedge \\ \vdots & \vdots & \vdots & \vdots \\ \mathrm{index}x_{l^\wedge}^\wedge & \mathrm{obj}_{l^\wedge}^\wedge & \mathrm{reg}_{l^\wedge}^\wedge & \delta_{l^\wedge}^\wedge \end{bmatrix}, l^\wedge = |U/C^\wedge| \quad (5\text{-}8)$$

$$M_{EC}^{\wedge} = \begin{bmatrix} \vec{E_{1c}^{\wedge}} \\ \vdots \\ \vec{E_{jc}^{\wedge}} \\ \vdots \\ \vec{E_{l^{\wedge}c}} \end{bmatrix} = \begin{bmatrix} e_{11}^{\wedge} & \cdots & e_{1m}^{\wedge} \\ \vdots & \ddots & \vdots \\ e_{j1}^{\wedge} & \cdots & e_{jm}^{\wedge} \\ \vdots & \ddots & \vdots \\ e_{l^{\wedge}1}^{\wedge} & \cdots & e_{l^{\wedge}m}^{\wedge} \end{bmatrix} \tag{5-9}$$

定理 5.5.1　对 $D_E^{\wedge}$ 和 $M_{EC}^{\wedge}$ 而言

(1) 若存在 $E_j \in E_T'$, $E_i \in E_T^{\wedge}$, 满足 $\vec{E_{ic}^{\wedge}} = \vec{E_{jc}^{\wedge}}$, 则

① $\mathrm{index}_j^{\wedge} = \mathrm{index}_j$, $\mathrm{obj}_j^{\wedge} = \mathrm{obj}_j \bigcup \mathrm{obj}_i$, $\delta_j^{\wedge} = \delta_j \bigcup \delta_i$, 对 $\mathrm{reg}_j^{\wedge}$ 而言, 有

i. 若 $\mathrm{reg}_i \neq \mathrm{reg}_j$, 则 $\mathrm{reg}_j^{\wedge} = B$;

ii. 否则 $\mathrm{reg}_j^{\wedge} = \mathrm{reg}_j$。

② 从 $D_E^{\wedge}$ 删除 $\vec{E_i}$;

③ 从 $M_{EC}^{\wedge}$ 删除 $\vec{E_{ic}}$;

(2) 否则 $\vec{E_{j^{\wedge}}} = \vec{E_j}$。

证明　(1) 若 $\vec{E_{ci}^{\wedge}} = \vec{E_{jc}^{\wedge}}$, 则 E_i 和 E_j 合并, 即 E_i 不再存在。因此, $\vec{E_i}$ 从 $D_E^{\wedge}$ 中删除, $\vec{E_{ic}}$ 从 $M_{E^{\wedge}C}$ 中删除。对 $\vec{E_j^{\wedge}}$ 而言, 因为 E_i 和 E_j 合并, 则 $\mathrm{index}_j^{\wedge} = \mathrm{index}_j$, $\mathrm{obj}_j^{\wedge} = \mathrm{obj}_j \bigcup \mathrm{obj}_i$, $\delta_j^{\wedge} = \delta_j \bigcup \delta_i$。若 $\mathrm{reg}_i \neq \mathrm{reg}_j$, 即 $\mathrm{reg}_i = P$, $\mathrm{reg}_j = B$, 或 $\mathrm{reg}_i = B$, $\mathrm{reg}_j = P$, 则 $E_j \nsubseteq D_i$ 且 $E_i \bigcap D_i \neq \varnothing (D_i \in U/D)$, $\mathrm{reg}_j^{\wedge} = B$; 当 $\mathrm{reg}_i = \mathrm{reg}_j$, 若 $\mathrm{reg}_i = P$ 且 $\mathrm{reg}_j = P$, 则 $\mathrm{reg}_j^{\wedge} = P$; 若 $\mathrm{reg}_i = B$ 且 $\mathrm{reg}_j = B$, 则 $\mathrm{reg}_j^{\wedge} = B$, 即 $\mathrm{reg}_j^{\wedge} = \mathrm{reg}_j$。

(2) E_j 不与任何 E_i 合并, 则 $\vec{E_j^{\wedge}} = \vec{E_j}$。　　□

2. 属性值粗化时约简更新原理

以下分别讨论在属性值粗化时约简的动态更新涉及的属性重要度, 分配辨识矩阵的动态更新。考虑等价类 E_i 的变化, 可分为以下三种情况。

1) $|E_T^{v_1}| = \varnothing$

在这种情况下, 在属性值粗化过程中没有等价类合并, 则以下定理成立。

引理 5.5.1　对任意 $E_i \in U/C$, $\delta(E_i^{\wedge}) = \delta(E_i)$。

定理 5.5.2　对 M_D 而言, 有以下结论。

(1) 对任意 $E_i \in E^{\wedge}$, $E_j \in E'$

① 若 $\delta(E_i) \neq \delta(E_j)$, 则 $D(E_i^{\wedge}, E_j^{\wedge}) = D(E_i, E_j) - \{a_k\}$;

② 否则 $D(E_i^{\wedge}, E_j^{\wedge}) = \varnothing$。

(2) 否则 $D(E_i^{\wedge}, E_j^{\wedge}) = D(E_i, E_j)$。

证明　由定义 5.4.1 和定义 2.4.18 可证。　　　　　　　　　　　　　□

令 Important$_k^\wedge$ 表示属性 a_k 在属性值粗化后的属性重要度，$E_{v_1} = \{E_i | E_i \in E^\wedge, E_j \in E', \delta(E_i) \neq \delta(E_j)\}$，$E_{v_2} = \{E_j | E_i \in E^\wedge, E_j \in E', \delta(E_i) \neq \delta(E_j)\}$，则以下定理成立。

定理 5.5.3　Important$_k^\wedge$=Important$_k - |E_{v_1}||E_{v_2}|$。

证明　由定理 5.5.2 和属性重要度矩阵的定义可证。　　　　　　　　　　□

令 Att$_{\min}^\wedge$ 表示属性值粗化后的最小辨识属性集，则以下定理成立。

定理 5.5.4　若 $D(E_i, E_j) \in$ Att$_{\min}(E_i \in E_{v_1}, E_j \in E_{v_2})$，则 $D(E_i^\wedge, E_j^\wedge) \in$ Att$_{\min}^\wedge$，$D(E_i, E_j) \notin$ Att$_{\min}^\wedge$。

证明　因为 $D(E_i, E_j) \in$ Att$_{\min}$，由定义 5.3.1 可知，不存在 $D(E_j, E_k) \subseteq D(E_i, E_j)$。又由定理 5.5.2 可知，$D(E_i^\wedge, E_j^\wedge) = D(E_i, E_j) - \{a_k\}$，则 $D(E_i^\wedge, E_j^\wedge) \subset D(E_i, E_j)$，不存在 $D(E_j, E_k) \subseteq D(E_i^\wedge, E_j^\wedge)$，即 $D(E_i^\wedge, E_j^\wedge) \in$ Att$_{\min}^\wedge$，$D(E_i, E_j) \notin$ Att$_{\min}^\wedge$。　　　　　　　　　　　　　　□

由定理 5.5.2 和定理 5.5.4 可知，当属性值粗化时，而没有等价类合并时，则仅在 a_k 上对象属性值为 v_1 和 v_2 的等价类之间的辨识属性会发生变化，而 Att$_{\min}$ 的更新可由这些变化了的辨识属性更新即可。

2) $|E_T^{v_1}| \neq \varnothing$，$\delta(E_i) = \delta(E_j)(\forall E_i \in E_T^{v_1}, \forall E_j \in E_T^{v_2})$

定理 5.5.5　对 $M_D^\wedge$ 而言，有以下结论。

(1) 若 $E_i \in E_T^{v_1}$ 或 $E_j \in E_T^{v_1}$，则 $M_D^\wedge$ 为 M_D 删去 $i(j)$ 行 $i(j)$ 列。

(2) 若 $E_i, E_j \in E_K^{v_2} \bigcup E_K^{v_1}$，$\delta(E_i) \neq \delta(E_j)$，则 $D(E_i^\wedge, E_j^\wedge) = D(E_i, E_j) - \{a_k\}$。

(3) 否则 $D(E_i^\wedge, E_j^\wedge) = D(E_i, E_j)$。

在属性值粗化过程中，如果合并的等价类的 δ 值相同，则辨识矩阵中与 $E_T^{v_1}$ 中等价类相关的辨识属性将为空，而 $E_i \in E_K^{v_2}$ 和 $E_j \in E_K^{v_1}$ 之间的辨识属性集将不包含 a_k，其他辨识属性保持不变，从而更新辨识矩阵。在更新后的辨识属性矩阵的基础上计算最小辨识属性集和属性重要度矩阵，并对最小辨识属性集进行消元，即可生成约简。

3) $|E_T^{v_1}| \neq \varnothing$，对任意 $E_i \in E_T^{v_1}, E_j \in E_T^{v_2}$，存在 $\delta(E_i) \neq \delta(E_j)$

在粗化过程中一些等价类可能合并成一个新的等价类。决策信息系统的特征矩阵可能改变。从不同等价类提取的规则和规则的性质都可能改变。

定理 5.5.6　对 $M_D^\wedge$ 而言，有以下结论。

(1) 若 $E_i \in E_T^{v_1}(E_j \in E_T^{v_1})$，则 $M_D^\wedge$ 为 M_D 删去 $i(j)$ 行 $i(j)$ 列。

(2) 若 $E_i, E_j \in E_K^{v_2} \bigcup E_K^{v_1}$，$\delta(E_i) \neq \delta(E_j)$，则 $D(E_i^\wedge, E_j^\wedge) = D(E_i, E_j) - \{a_k\}$。

(3) 若 $E_i \in E_T^{v_1}$, $E_j \notin E^\wedge \bigcup E'$ 或 $E_j \in E_T^{v_1}$, $E_i \notin E^\wedge \bigcup E'$, 且 $\delta(E_i^\wedge) \neq \delta(E_i)$, 则

① 若 $\delta(E_i) \neq \delta(E_j)$, $\delta(E_i^\wedge) = \delta(E_j^\wedge)$, 则 $D(E_i^\wedge, E_j^\wedge) = \varnothing$;

② 若 $\delta(E_i) = \delta(E_j)$, $\delta(E_i^\wedge) \neq \delta(E_j^\wedge)$, 则 $D(E_i^\wedge, E_j^\wedge) \neq \varnothing$;

③ 否则 $D(E_i^\wedge, E_j^\wedge) = D(E_i, E_j)$.

(4) 否则 $D(E_i^\wedge, E_j^\wedge) = D(E_i, E_j)$.

证明 由定义 5.4.1 和定义 2.4.18 直接可得。 □

一些等价类可能在属性值粗化过程中合并。当等价类不变时，$\delta(x)$ 保持不变。当等价类改变时，则 $\delta(E_i)$ 可能发生变化。由于分配辨识矩阵的辨识属性和 $\delta(E_i)$ 的值相关，所以随着 $\delta(E_i)$ 的改变分配辨识矩阵会相应地变化。

5.5.2 属性值粗化时规则更新算法

算法 5.5.1 属性值粗化时规则更新算法 (updating rules incrementally while attributes values coarsening, URIAC)

输入: M_D, D_E, M_{EC}, $\text{Att}_{\min}$。

输出: $M_D^\wedge$, $D_E^\wedge$, $M_{EC}^\wedge$, $\text{Att}_{\min}^\wedge$, $\text{Rule}^\wedge$。

1: Compute $E^\wedge$, E', $E_T^{v_1}$, $E_T^{v_2}$
2: **if** $E_T^{v_1} = \varnothing$ **then**
3:     Call Nocombine($M_D, M_E, M_{EC}, \text{Att}_{\min}$)   //Case 1
4: **else**
5:     Compute $E_K^{v_2}$, $E_K^{v_2}$
6:     **if** $\delta(E_i) = \delta(E_j)(\forall E_i \in E_T^{v_1}, \forall E_j \in E_T^{v_2})$ **then**
7:         Call CombineDN($M_D, M_E, M_{EC}, \text{Att}_{\min}$)   //Case 2
8:     **else**
9:         Call CombineDC($M_D, M_E, M_{EC}, \text{Att}_{\min}$)   //Case 3
10:     **end if**
11: **end if**
12: Update $M_{\text{Important}}^{\geqslant}$
13: Call GenerateReduct($M_{\text{Important}}^{\geqslant}, \text{Att}_{\min}$)
14: $M_D^\wedge$, $M_E^\wedge$, $M_{EC}^\wedge$, $\text{Rule}^\wedge$

Function Nocombine($M_D, M_E, M_{EC}, \text{Att}_{\min}$)

1: **for each** $D(E_i, E_j) \in M_D$ **do**
2:     **if** $(E_i \in E^\wedge$ and $E_j \in E')$ or $(E_i \in E'$ and $E_j \in E^\wedge)$ **then**

3:     **if** $\delta(E_i) \neq \delta(E_j)$ and $\{a_k\} \in D(E_i, E_j)$ **then**

4:         Important$_i^\wedge$ = Important$_i - 1$, $D(E_i^\wedge, E_j^\wedge) \leftarrow D(E_i, E_j) - \{a_k\}$

5:         UpdateAtt$(D(E_i^\wedge, E_j^\wedge), \text{Att}_{\min})$

6:     **end if**

7:   **end if**

8: **end for**

9: **return** $M_D^\wedge$, $M_E^\wedge$, $M_{EC}^\wedge$, $M_{\text{Important}}^\wedge$, Att$_{\min}^\wedge$

Function CombineDN$(M_D, M_E, M_{EC}, \text{Att}_{\min})$

1: Att$_{\min} \leftarrow \varnothing$

2: **for each** $E_i \in E_T^{v_2}$ **do**

3:   obj$_i \leftarrow$ obj$_i \bigcup$ obj$_j(V_{E_i}^\wedge = V_{E_j}^\wedge, E_j \in E_T^{v_1})$, V_{E_j} is deleted from M_E;

4: **end for**

5: **for each** $D(E_i, E_j) \in M_D$ **do**

6:   **if** $(E_i \in E_K^{v_1}$ and $E_j \in E_K^{v_2})$ or $(E_i \in E_K^{v_2}$ and $E_j \in E_K^{v_1})$ **then**

7:     **if** $\delta(E_i) \neq \delta(E_j)$ **then**

8:         Update $M_{\text{Important}}^\wedge$, $D(E_i^\wedge, E_j^\wedge) \leftarrow D(E_i, E_j) - \{a_k\}$

9:         Call UpdateAtt$(D(E_i^\wedge, E_j^\wedge), \text{Att}_{\min})$

10:     **end if**

11:   **else if** $E_i \in E_T^{v_1}$ or $E_i \in E_T^{v_1}$ **then**

12:     continue

13:   **else**

14:     Update $M_{\text{Important}}^\wedge$, Call UpdateAtt$(D(E_i^\wedge, E_j^\wedge), \text{Att}_{\min})$

15:   **end if**

16: **end for**

17: **return**$M_D^\wedge$, $M_E^\wedge$, $M_{EC}^\wedge$, $M_{\text{Important}}^\wedge$, Att$_{\min}^\wedge$

Function CombineDC$(M_D, M_E, M_{EC}, \text{Att}_{\min})$

1: **for each** $E_i \in E_T^{v_2}$ **do**

2:   obj$_i \leftarrow$ obj$_i \bigcup$ obj$_j(V_{E_i}^\wedge = V_{E_j}^\wedge, E_j \in E_T^{v_1})$, $\delta_i^\wedge \leftarrow \delta_i \bigcup \delta_j$

3:   V_{E_j} is deleted from M_E

4:   **if** $|\delta_i^\wedge| \neq 1$ **then**

5:     reg$_i^\wedge \leftarrow B$

6:   **else**

7:     reg$_i^\wedge \leftarrow L$

8:   **end if**

9: **end for**

10: **for each** $D(E_i, E_j) \in M_D$ **do**

11: 　**if** $(E_i \in E_K^{v_1}$ and $E_j \in E_K^{v_2})$ or $(E_i \in E_K^{v_2}$ and $E_j \in E_K^{v_1})$ **then**

12: 　　**if** $\delta(E_i) \neq \delta(E_j)$ **then**

13: 　　　Update $M_{\text{Important}}^\wedge$, $D(E_i^\wedge, E_j^\wedge) \leftarrow D(E_i, E_j) - \{a_k\}$

14: 　　　UpdateAtt($D(E_i^\wedge, E_j^\wedge)$, Att$_{\min}$)

15: 　　**end if**

16: 　**else if** $(E_i \in E_T^{v_2}$ and $E_j \notin E_T^{v_1})$ or $(E_i \notin E_T^{v_1}$ and $E_j \in E_T^{v_2})$ **then**

17: 　　**if** $\delta(E_i^\wedge) \neq \delta(E_j^\wedge)$ **then**

18: 　　　Compute $D(E_i^\wedge, E_j^\wedge)$, Update $M_{\text{Important}}^\wedge$

19: 　　　UpdateAtt($D(E_i^\wedge, E_j^\wedge)$, Att$_{\min}$)

20: 　　**else**

21: 　　　continue

22: 　　**end if**

23: 　**else if** $E_i \in E_T^{v_1}$ or $E_i \in E_T^{v_1}$ **then**

24: 　　continue

25: 　**else**

26: 　　Update $M_{\text{Important}}^\wedge$, Call UpdateAtt($D(E_i^\wedge, E_j^\wedge)$, Att$_{\min}$)

27: 　**end if**

28: **end for**

29: **return** $M_D^\wedge$, $M_E^\wedge$, $M_{EC}^\wedge$, $M_{\text{Important}}^\wedge$, Att$_{\min}^\wedge$

5.5.3　算例

以下给出一个例子说明属性值粗化时规则更新的方法和规则度量的变化。

例 5.5.1 （续例 5.3.1 和例 5.4.1) 表 5-1 中属性 Hair 上的属性值 dark 粗化为 blond, 如表 5-2 所示。

表 5-2　粗化后的决策信息系统

U	Height	Hair	Eyes	Nationality
x_1	tall	**blond**	blue	Sweden
x_2	medium	blond	hazel	German
x_3	medium	blond	blue	Sweden
x_4	tall	blond	blue	German
x_5	short	red	blue	German
x_6	medium	**blond**	hazel	Sweden
x_7	short	red	blue	German
x_8	short	red	blue	German

(1) $E^{\wedge} = \{E_2\}$, $E' = \{E_1, E_3\}$。因为 $\overrightarrow{E_{2c}^{\wedge}} \neq \overrightarrow{E_{1c}}$, $\overrightarrow{E_{2c}^{\wedge}} \neq \overrightarrow{E_{3c}}$, 所以 $D_E^{\wedge} = D_E$, 即

$$D_E^{\wedge} = \begin{bmatrix} \overrightarrow{E_1^{\wedge}} \\ \overrightarrow{E_2^{\wedge}} \\ \overrightarrow{E_3^{\wedge}} \\ \overrightarrow{E_4^{\wedge}} \end{bmatrix} = \begin{bmatrix} x_1 & \{x_1, x_4\} & B & \{\text{Sweden, German}\} \\ x_2 & \{x_2, x_6\} & B & \{\text{Sweden, German}\} \\ x_3 & \{x_3\} & P & \{\text{Sweden}\} \\ x_5 & \{x_5, x_7, x_8\} & P & \{\text{German}\} \end{bmatrix}$$

$$M_{EC}^{\wedge} = \begin{bmatrix} \overrightarrow{E_{1c}^{\wedge}} \\ \overrightarrow{E_{2c}^{\wedge}} \\ \overrightarrow{E_{3c}^{\wedge}} \\ \overrightarrow{E_{4c}^{\wedge}} \end{bmatrix} = \begin{bmatrix} \text{tall} & \text{blond} & \text{blue} \\ \text{medium} & \text{blond} & \text{hazel} \\ \text{medium} & \text{blond} & \text{blue} \\ \text{short} & \text{red} & \text{blue} \end{bmatrix}$$

(2) 因为 $\delta_2^{\wedge} = \delta_1$, 则 $D(E_1^{\wedge}, E_2^{\wedge})$。又因为 $\delta_2^{\wedge} \neq \delta_3$, 则 $D(E_3^{\wedge}, E_2^{\wedge}) = D(E_3^{\wedge}, E_2^{\wedge}) - \{a_2\} = \{a_3\}$。即

$$M_D = \begin{bmatrix} \varnothing & & & \\ \varnothing & \varnothing & & \\ a_1 & a_3 & \varnothing & \\ a_1, a_2 & a_1, a_2, a_3 & a_1, a_2 & \varnothing \end{bmatrix}$$

(3) 由 $M_D^{\wedge}$ 计算 $\text{Att}_{\min}$。$\text{Att}_{\min} = \{\{a_1\}, \{a_3\}\}$。

(4) 计算 $M_{\text{Imp}}^{\geqq}$。由于 $\text{Important}_2^{\wedge} = \text{Important}_2 - 1 = 3$, 则 $M_{\text{Imp}}^{\geqq} = \begin{bmatrix} a_1 & 4 \\ a_2 & 3 \\ a_3 & 2 \end{bmatrix}$。

(5) 约简 $\text{Reduct} = \{a_1, a_3\}$。

(6) 输出规则如下。

r_1: If $f(x, a_1) = \text{tall} \wedge f(x, a_3) = \text{blue} \rightarrow f(x, d) = \text{German}$, $c_1 = 0.5$, $\text{cov}_1 = 0.2$, $s_1 = 0.125$

r_2: If $f(x, a_1) = \text{tall} \wedge f(x, a_3) = \text{blue} \rightarrow f(x, d) = \text{Sweden}$, $c_2 = 0.5$, $\text{cov}_2 = 0.333$, $s_2 = 0.125$

r_3: If $f(x, a_1) = \text{medium} \wedge f(x, a_3) = \text{hazel} \rightarrow f(x, d) = \text{German}$, $c_3 = 0.5$, $\text{cov}_3 = 0.2$, $s_3 = 0.125$

r_4: If $f(x, a_1) = \text{medium} \wedge f(x, a_3) = \text{hazel} \rightarrow f(x, d) = \text{Sweden}$, $c_4 = 0.5$, $\text{cov}_4 = 0.333$, $s_4 = 0.125$

r_5: If $f(x, a_1) = \text{medium} \wedge f(x, a_3) = \text{blue} \rightarrow f(x, d) = \text{Sweden}$, $c_5 = 1$, $\text{cov}_5 = 0.333$, $s_5 = 0.125$

r_6: If $f(x, a_1) = \text{short} \wedge f(x, a_3) = \text{blue} \to f(x, d) = \text{German}$, $c_6 = 1$, $\text{cov}_6 = 0.6$, $s_6 = 0.375$

决策信息系统的协调性 $\text{cons}^{\wedge}(S) = s_5 + s_6 = 0.5$, $\text{uncons}^{\wedge}(S) = 0.5$。

5.6 属性值细化时规则更新原理及算法

5.6.1 属性值细化时规则更新原理

从以上性质可以看出在属性值细化时，决策信息系统的规则可能发生变化。如何有效地利用原有数据结构和信息进行规则的更新将有利于提高知识发现的效率。$(U, C \bigcup D, V, f)$ 是一个决策信息系统，$C = \{a_1, a_2, \cdots, a_m\}$，$|U| = n$, $U/C = \{E_i : 1 \leqslant i \leqslant l\}$，设 $x_k(1 \leqslant k \leqslant l)$ 在属性 $a_i(1 \leqslant i \leqslant l)$ 上进行细化，$x_k^{\vee}$ 表示属性值细化后的属性。如果 $x_k^{\vee} \in E_g(1 \leqslant g \leqslant i)$，$|E_g| \neq 1$，由定义 5.4.2 可知 $E_g = E_g' \bigcup E_g''$，$f(x_i, a_i) \neq f(x_j, a_i)(\forall x_i \in E_g', \forall x_j \in E_g'')$。为方便区分，令 $x_k^{\vee} \in E_g'$，$E_g^{\vee} = E_g''$。E_g' 是一个新的等价类，令 $E_{l+1}' = E_g'$。$D^{\vee}(E_i, E_j)$ 表示属性值细化后的辨识矩阵。属性值细化中，由于等价类会发生变化，从而等价类的泛化决策也会发生变化，同时还会有新的等价类生成，所以分配辨识矩阵会发生变化，而且等价类的近似特性也会发生变化。以下从规则更新涉及的近似集和分配辨识矩阵的变化讨论规则动态更新的方法。

1. 属性值细化时决策特征矩阵更新原理

为便于区别，令 $D_E^{\vee}$ 和 $M_{EC}^{\vee}$ 分别表示属性值细化后的决策特征矩阵和特征值矩阵。上标 $\vee$ 表示属性值细化后的变量。$D_E^{\vee}$ 和 $M_{EC}^{\vee}$ 分别表示为

$$D_E^{\vee} = \begin{bmatrix} \overrightarrow{E_1^{\vee}} \\ \vdots \\ \overrightarrow{E_j^{\vee}} \\ \vdots \\ \overrightarrow{E_{l^{\vee}}^{\vee}} \end{bmatrix} = \begin{bmatrix} \text{index}_1\vee & \text{obj}_1\vee & \text{reg}_1\vee & \delta_1^{\vee} \\ \vdots & \vdots & \vdots & \vdots \\ \text{index}_j\vee & \text{obj}_{j\vee} & \text{reg}_{j\vee} & \delta_j^{\vee} \\ \vdots & \vdots & \vdots & \vdots \\ \text{index}x_l^{\vee} & \text{obj}_l^{\vee} & \text{reg}_l^{\vee} & \delta_l^{\vee} \end{bmatrix}, l^{\vee} = |U/C^{\vee}| \quad (5\text{-}10)$$

$$M_{EC}^{\vee} = \begin{bmatrix} \overrightarrow{E_{1c}^{\vee}} \\ \vdots \\ \overrightarrow{E_{jc}^{\vee}} \\ \vdots \\ \overrightarrow{E_{l^{\vee}c}^{\vee}} \end{bmatrix} = \begin{bmatrix} e_{11}^{\vee} & \cdots & e_{1m}^{\vee} \\ \vdots & \ddots & \vdots \\ e_{j1}^{\vee} & \cdots & e_{jm}^{\vee} \\ \vdots & \ddots & \vdots \\ e_{l^{\vee}1}^{\vee} & \cdots & e_{l^{\vee}m}^{\vee} \end{bmatrix} \quad (5\text{-}11)$$

决策特征矩阵是决策信息系统在近似空间中的描述, 当属性值细化时, 等价类会发生变化, 近似特性也会发生变化, 即决策特征矩阵会相应地变化。以下定理成立。

定理 5.6.1　对 $D_E^\vee$ 而言, 有以下结论。

(1) 对于 $\overrightarrow{E_g^\vee}$

① 若 $|\mathrm{obj}_g| = 1$, 则 $\overrightarrow{E_g^\vee} = \overrightarrow{E_g}$;

② 否则 $\mathrm{index}_g^\vee = x_j (x_j \in E_g)$, $\mathrm{obj}_g^\vee = \mathrm{obj}_g - \{x_k\}$

i. 若 $\mathrm{reg}_g = P$, 则 $\delta_g^\vee = \delta_g$, $\mathrm{reg}_g^\vee = \mathrm{reg}_g$;

ii. 若 $\mathrm{reg}_g = B$, 则 $\delta_g^\vee = \delta_g - \delta(x_k)$;

(i) 若 $|\delta_g^\vee| = 1$, 则 $\mathrm{reg}_g^\vee = P$;

(ii) 否则, $\mathrm{reg}_g^\vee = \mathrm{reg}_g$。

(2) 对于 $\overrightarrow{E_{l+1}^\vee}$

① 若 $|E_g| \neq 1$, 则 $\overrightarrow{E_{l+1}^\vee} = (x_k^\vee, \{x_k^\vee\}, P, \delta(x_k))$;

② 否则 $\overrightarrow{E_{l+1}^\vee}$ 不存在。

证明　(1) 对于 $\overrightarrow{E_g^\vee}$, ①由定义 5.4.2 可得。②由定义 5.4.2 可得 $\mathrm{index}_g^\vee = x_j(x_j \in E_g)$, $\mathrm{obj}_g^\vee = \mathrm{obj}_g - \{x_k\}$。i. 如果 $\mathrm{reg}_g = P$, 则由定义 5.4.2 可得 $E_g^\vee \subseteq E_g$, 由性质 5.2.2 得 $\delta_g^\vee = \delta_g$。由性质 5.2.1, 有 $\mathrm{reg}_g^\vee = \mathrm{reg}_g$。ii. 如果 $\mathrm{reg}_g = B$, 由性质 5.2.1 可得 $\delta_g \neq 1$, 由定义 5.4.2 可得 $E_g = E_g^\vee \bigcup E_{l+1}^\vee$, $E_{l+1}^\vee = \{x_k\}$, 则 $\delta_g^\vee = \delta_g - \delta(x_k)$, $\mathrm{obj}_g^\vee = \mathrm{obj}_g - \{x_k\}$。(i) 由性质 5.2.1 可知, 如果 $\delta_g^\vee = 1$, 则 $\mathrm{reg}_g^\vee = P$。(ii) 否则 $|\delta_g^\vee| \neq 1$, 由性质 5.2.1 可得 $\delta_g^\vee = B = \delta_g$。

(2) ①由定义 5.4.2 可知, 如果 $|E_g| \neq 1$, 则 $E_g = E_g^\vee \bigcup E_{l+1}^\vee$, 因此 $\overrightarrow{E_{l+1}^\vee} = (x_k^\vee, \{x_k^\vee\}, P, \delta(x_k))$。②如果 $|E_g| = 1$, 则 $E_g = E_g^\vee$, 因此 $\overrightarrow{E_{l+1}^\vee}$ 不存在。　　　□

在属性值细化过程中, 若细化对象所在等价类的基数不等于 1, 则该等价类分解为两个等价类。因此, 产生了一个新的等价类, 从而决策特征向量和决策特征矩阵都将发生变化。如果细化对象所在等价类的基数等于 1, 则需要更新等价类特征值矩阵而决策特征矩阵保持不变。

2. 属性值细化时约简更新原理

在属性值细化过程中, 等价类可能发生变化, $\delta(E_i)$ 也可能发生变化, 因此 $D(E_i, E_j)$ 可能变化。因为 $\delta(E_i)$ 的变化可能带来分配辨识矩阵的变化, 以下首先讨论 $\delta(E_i)$ 在属性值细化时的变化。

引理 5.6.1　$\delta(E_i^\vee) \subseteq \delta(E_i)$。

证明 由定义 5.4.2 可得 $E_i^\vee \subseteq E_i$。由性质 5.2.2 可知，如果 $E_i^\vee \subseteq E_i$，则 $\delta(E_i^\vee) \subseteq \delta(E_i)$。 □

令 $M_g = (D(E_g, E_1), \cdots, D(E_g, E_{g-1}), D(E_{g+1}, E_g), \cdots, D(E_l, E_g))^\mathrm{T}$，$M_{l+1} = (D(E_l, E_1), \cdots, D(E_{l+1}, E_l))^\mathrm{T}$ $(l = |U/C|)$。令 M_{Imp}^g 表示由 M_g 矩阵计算出的属性重要度矩阵，$M_{\mathrm{Imp}}^{g^\vee}$ 表示属性值细化后由 $M_{g^\vee}$ 矩阵计算出的属性重要度矩阵。IM^g 和 IM^{l+1} 分别表示 M_{Imp}^g 和 M_{Imp}^{l+1} 的重要度向量。$M_{\mathrm{Imp}}^{g^\vee}$ 和 $M_{\mathrm{Imp}}^{(l+1)^\vee}$ 分别表示属性值细化后由 $M_{g^\vee}$ 和 $M_{(l+1)^\vee}$ 计算出的属性重要度矩阵。$\mathrm{IM}^{g^\vee}$ 和 $\mathrm{IM}^{(l+1)^\vee}$ 分别表示 $M_{\mathrm{Imp}}^{g^\vee}$ 和 $M_{\mathrm{Imp}}^{(l+1)^\vee}$ 的属性重要度矩阵。

在属性值细化过程中，根据 $\delta(E_g)$ 和 E_g 的不同，辨识属性和属性重要度的变化分为以下三种情况进行讨论。

1) $|E_g| > 1$，$|\delta(E_g)| > 1$

在这种情况下，由于 $|\delta(E_g)| > 1$，则随着属性值的细化，$\delta(E_g)$ 可能会发生变化。以下定理成立。

引理 5.6.2 $\delta(E_g^\vee) \neq \delta(E_{l+1}^\vee)$。

定理 5.6.2 对 $M_g^\vee$ 和 $M_{l+1}^\vee$ 而言，有以下结论。

(1) 若 $\delta(E_g^\vee) \neq \delta(E_g^\vee)$，则

① 对于 $M_g^\vee$

i. 若 $\delta(E_i) \neq \delta(E_g)$，且 $\delta(E_i^\vee) \neq \delta(E_g^\vee)$，则 $D(E_i^\vee, E_g^\vee) = D(E_i, E_g)$；

ii. 若 $\delta(E_i) \neq \delta(E_g)$，且 $\delta(E_i^\vee) = \delta(E_g^\vee)$，则 $D(E_i^\vee, E_g^\vee) = \varnothing$；

iii. 若 $\delta(E_i) = \delta(E_g)$，且 $\delta(E_i^\vee) \neq \delta(E_g^\vee)$，则 $D(E_i^\vee, E_g^\vee) \neq \varnothing$。

② 对于 $M_{l+1}^\vee$

i. 若 $\delta(E_i) \neq \delta(E_g)$，且 $\delta(E_i^\vee) \neq \delta(E_{l+1}^\vee)$，$D(E_i^\vee, E_{l+1}^\vee) = D(E_i, E_g) \bigcup \{a_i^\vee\}$；

ii. $D(E_g^\vee, E_{l+1}^\vee) = \{a_i^\vee\}$。

(2) 否则

① 对于 $M_g^\vee$，$D(E_i^\vee, E_g^\vee) = D(E_i, E_g)$；

② 对于 $M_{l+1}^\vee$，$D(E_i^\vee, E_{l+1}^\vee) = D(E_i, E_g) \bigcup \{a_i^\vee\}$；

③ $D(E_g^\vee, E_{l+1}^\vee) = \{a_i^\vee\}$。

证明 (1) ①由定义 2.4.18 可证。②由定义 5.4.2 可知，$f(E_{l+1}, a_i) \neq f(E_i, a_i)(\forall E_i \in U/C)$，$f(E_{l+1}, a_j) = f(E_i, a_j)(j \neq i)$，因此，若 $\delta(E_i) \neq \delta(E_g)$ 且 $\delta(E_i^\vee) \neq \delta(E_{l+1}^\vee)$，$D(E_i^\vee, E_{l+1}^\vee) = D(E_i, E_g) \bigcup \{a_i^\vee\}$，$D(E_g^\vee, E_{l+1}^\vee) = \{a_i\}$。

(2) ①因为 $\delta(E_g^\vee) = \delta(E_g^\vee)$，显然 $D(E_i^\vee, E_g^\vee) = D(E_i, E_g)$。②和③由引理 5.6.2 和定义 5.4.2 可证。 □

定理 5.6.3 对于 M_{Imp}，以下结论成立。

(1) 若 $\delta(E_g^\vee) \neq \delta(E_g^\vee)$，则 $\text{IM}^\vee = \text{IM} + \text{IM}^{g^\vee} + \text{IM}^{(l+1)^\vee} - \text{IM}^g$。

(2) 否则 $\text{IM}^\vee = \text{IM} + \text{IM}^{(l+1)^\vee}$。

2) $|E_g| > 1$，$|\delta(E_g)| = 1$

在这种情况下，由于 $|\delta(E_g)| = 1$，则随着属性值的细化，$\delta(E_g)$ 不会发生变化。以下定理成立。

引理 5.6.3　$\delta(E_g^\vee) = \delta(E_g)$，$\delta(E_g^\vee) = \delta(E_{l+1}^\vee)$。

证明　由定义 5.4.2 可知 $E_g^\vee \in E_g$，$E_{l+1}^\vee \in E_g$，因为 $|\delta(E_g)| = 1$，所以由定义 5.2.2 可知结论成立。　□

定理 5.6.4　(1) 对于 $M_g^\vee$，$D(E_i^\vee, E_g^\vee) = D(E_i, E_g)$。

(2) 对于 $M_{l+1}^\vee$，$D(E_i^\vee, E_{l+1}^\vee) = D(E_i, E_g) \bigcup \{a_i^\vee\}$。

(3) $D(E_g^\vee, E_{l+1}^\vee) = \varnothing$。

证明　由定义 5.4.2 和引理 5.6.3 可证。　□

定理 5.6.5　$\text{IM}^\vee = \text{IM} + \text{IM}^{(l+1)^\vee}$。

3) $|E_g| = 1$，$|\delta(E_g)| = 1$

在这种情况下，由于 $|\delta(E_g)| = 1$，则随着属性值的细化，$\delta(E_g)$ 不会发生变化，并且不会产生新的等价类，即 M_{l+1} 不存在。以下定理成立。

定理 5.6.6　对于 $M_g^\vee$，若 $D(E_i, E_g) \neq \varnothing (1 \leqslant i \leqslant l)$，则 $D(E_i^\vee, E_g^\vee) = D(E_i, E_g) \bigcup \{a_i^\vee\}$。

证明　由定义 2.4.18 可证。　□

定理 5.6.7　对于 M_{Imp}，$\text{IM}^\vee = \text{IM} + \text{IM}^{g^\vee} - \text{IM}^g$。

5.6.2　属性值细化时规则更新算法

算法 5.6.1　属性值细化时增量更新规则算法 (updating rules incrementally while attributes values refining, URIAR)

输入：$M_D, D_E, \text{Att}_{\min}, M_{\text{Important}}$。

输出：$M_D^\vee, D_E^\vee, \text{Att}_{\min}^\vee, M_{\text{Important}}^\vee, \text{Rule}^\vee$。

1: **if** $|E_g| \neq 1$ **then**
2: 　$\overrightarrow{E_{l+1}^\vee} \leftarrow (x_i^\vee, \{x_i^\vee\}, P, \delta(x_i))$, Compute $\delta_g^\vee$
3: 　**if** $|\delta_g^\vee| = 1$ and $\delta_g = B$ **then**
4: 　　$\text{reg}_g^\vee \leftarrow P$
5: 　**end if**

6:      $\overrightarrow{E_g^\vee} \leftarrow (x_g^\vee, \{\mathrm{obj}_g - \{x_i\}\}, \mathrm{reg}_g^\vee, \delta_g^\vee)$

7:      **if** $|\delta(E_g)| > 1$ **then**

8:          $\mathrm{DLEL}(M_D, D_E, \mathrm{Att}_{\min}, M_{\mathrm{Important}})$ //Case 1

9:      **else**

10:         $\mathrm{DLEE}(M_D, D_E, \mathrm{Att}_{\min}, M_{\mathrm{Important}})$ //Case 2

11:      **end if**

12: **else**

13:      $\mathrm{DEEE}(M_D, D_E, \mathrm{Att}_{\min}, M_{\mathrm{Important}})$ //Case 3

14: **end if**

15: **return** $M_D^\vee, D_E^\vee, \mathrm{Att}_{\min}^\vee, M_{\mathrm{Important}}^\vee, \mathrm{Rule}^\vee$

Function DLEL$(M_D, D_E, \mathrm{Att}_{\min}, M_{\mathrm{Important}})$

1: **if** $\delta(E_g^\vee) \neq \delta(E_g)$ **then**

2:      Update M_g, Compute M_{Imp}^g, $M_{\mathrm{Imp}}^{g^\vee}$

3:      Update M_{l+1}, Compute $M_{\mathrm{Imp}}^{l+1^\vee}$, Update $M_{\mathrm{Important}}^{\geqslant}$

4:      $\mathrm{IM}^\vee \leftarrow \mathrm{IM} + \mathrm{IM}^{g^\vee} + \mathrm{IM}^{(l+1)^\vee} - \mathrm{IM}^g$

5:      $\mathrm{GenerateAttM}(M_D^\vee, \mathrm{Att}_{\min})$

6: **else**

7:      Update M_{l+1}, Compute $M_{\mathrm{Imp}}^{l+1^\vee}$

8:      $\mathrm{IM}^\vee \leftarrow \mathrm{IM} + \mathrm{IM}^{(l+1)^\vee}$, Update $M_{\mathrm{Important}}^{\geqslant}$

9:      $\mathrm{UpdateAtt}(\{a_i\}, \mathrm{Att}_{\min})$

10: **end if**

11: $\mathrm{GenerateReduct}(M_{\mathrm{Important}}^{\geqslant}, \mathrm{Att}_{\min})$

12: **return** $M_D^\vee, D_E^\vee, \mathrm{Att}_{\min}^\vee, M_{\mathrm{Important}}^\vee, \mathrm{Rule}^\vee$

Function DLEE$(M_D, D_E, \mathrm{Att}_{\min}, M_{\mathrm{Important}})$

1: Update M_{l+1}, Compute M_{Imp}^{l+1}

2: $\mathrm{IM}^\vee \leftarrow \mathrm{IM} + \mathrm{IM}^{(l+1)^\vee}$

3: Update $M_{\mathrm{Important}}^{\geqslant}$

4: Call $\mathrm{GenerateReduct}(M_{\mathrm{Important}}^{\geqslant}, \mathrm{Att}_{\min})$

5: **return** $M_D^\vee, D_E^\vee, \mathrm{Att}_{\min}^\vee, M_{\mathrm{Important}}^\vee, \mathrm{Rule}^\vee$

Function DEEE$(M_D, D_E, \mathrm{Att}_{\min}, M_{\mathrm{Important}})$

1: Update M_g, $M_{\mathrm{Important}}^\vee$, $\mathrm{IM}^\vee = \mathrm{IM} + \mathrm{IM}^{g^\vee} - \mathrm{IM}^g$

2: Update $M_{\mathrm{Important}}^{\geqslant}$

3: Call $\mathrm{GenerateAttM}(M_D, \mathrm{Att}_{\min})$

4: Call $\mathrm{GenerateReduct}(M_{\mathrm{important}}^{\geqslant}, \mathrm{Att}_{\min})$

5: **return** $M_D^{\vee}$, $D_E^{\vee}$, $\text{Att}_{\min}^{\vee}$, $M_{\text{Important}}^{\vee}$, $\text{Rule}^{\vee}$

Function GenerateAttM(M_D, $\text{Att}_{\min}$)

1: **for each** $D(E_i, E_j)$ in M_D **do**

2: 　　**if** $\text{Att}_{\min} = \varnothing$ **then**

3: 　　　　$\text{Att}_{\min} \leftarrow D(E_i, E_j)$

4: 　　**else**

5: 　　　　$\text{UpdateAtt}(D(E_i, E_j), \text{Att}_{\min})$

6: 　　**end if**

7: **end for**

8: **return** $\text{Att}_{\min}$

5.6.3　算例

以下给出一个例子, 说明属性值细化时规则更新的方法和规则度量的变化。

例 5.6.1　(续例 5.3.1 和例 5.4.1) 假设对象 x_2 在属性 Hair 上的属性值 dark 细化为 dark brown, 如表 5-3 所示, 则规则更新方法示例如下。

表 5-3　细化后的决策信息系统

U	Height	Hair	Eyes	Nationality
x_1	tall	blond	blue	Sweden
x_2	medium	**dark brown**	hazel	German
x_3	medium	blond	blue	Sweden
x_4	tall	blond	blue	German
x_5	short	red	blue	German
x_6	medium	dark	hazel	Sweden
x_7	short	red	blue	German
x_8	short	red	blue	German

(1) 更新 $D_E^{\vee}$ 和 $M_{EC}^{\vee}$。

因为 $x_2 \in E_2$, 所以 $\text{obj}_2^{\vee} = \text{obj}_2 - \{x_2\} = \{x_6\}$, $\delta_2^{\vee} = \delta(x_6) = \{\text{Sweden}\}$, $\text{reg}_2^{\vee} = P$。$\delta_5^{\vee} = \{\text{German}\}$。因为 $|\delta_5^{\vee}| = 1$, 则 $\text{reg}_5^{\vee} = P$

$$
D_E^{\vee} = \begin{bmatrix} \overrightarrow{E_1^{\vee}} \\ \overrightarrow{E_2^{\vee}} \\ \overrightarrow{E_3^{\vee}} \\ \overrightarrow{E_4^{\vee}} \\ \overrightarrow{E_5^{\vee}} \end{bmatrix} = \begin{bmatrix} x_1 & \{x_1, x_4\} & B & \{\text{Sweden}, \text{German}\} \\ x_6 & \{x_6\} & P & \{\text{Sweden}\} \\ x_3 & \{x_3\} & P & \{\text{Sweden}\} \\ x_5 & \{x_5, x_7, x_8\} & P & \{\text{German}\} \\ x_2 & \{x_2\} & P & \{\text{German}\} \end{bmatrix}
$$

$$M_{EC}^{\vee} = \begin{bmatrix} \overrightarrow{E_{1c}^{\vee}} \\ \overrightarrow{E_{2c}^{\vee}} \\ \overrightarrow{E_{3c}^{\vee}} \\ \overrightarrow{E_{4c}^{\vee}} \\ \overrightarrow{E_{5c}^{\vee}} \end{bmatrix} = \begin{bmatrix} \text{tall} & \text{blond} & \text{blue} \\ \text{medium} & \text{dark} & \text{hazel} \\ \text{medium} & \text{blond} & \text{blue} \\ \text{short} & \text{red} & \text{blue} \\ \text{medium} & \text{dark brown} & \text{hazel} \end{bmatrix}$$

(2) 因为 $|E_2| > 1$，$\delta(E_2^{\vee}) \neq \delta(E_2)$，因此更新 M_2 中的 $D(E_i, E_j)$。$\delta(E_2^{\vee}) \neq \delta(E_1^{\vee})$，$D(E_2^{\vee}, E_1^{\vee}) = \{a_1, a_2, a_3\}$；$\delta(E_2^{\vee}) = \delta(E_3^{\vee})$，$D(E_2^{\vee}, E_3^{\vee}) = \varnothing$；$\delta(E_2^{\vee}) \neq \delta(E_4^{\vee})$，$\delta(E_2) \neq \delta(E_4)$，$D(E_2^{\vee}, E_4^{\vee}) = D(E_2, E_4)$。

(3) 因为 $|E_2| > 1$，$\delta(E_2^{\vee}) \neq \delta(E_2)$，因此计算 M_6。$\delta(E_5^{\vee}) \neq \delta(E_1^{\vee})$，$D(E_5^{\vee}, E_1^{\vee}) = D(E_2, E_1) \bigcup \{a_1\} = \{a_1, a_2, a_3\}$；$\delta(E_5^{\vee}) \neq \delta(E_2^{\vee})$，$D(E_5^{\vee}, E_2^{\vee}) = \{a_1\}$；$\delta(E_5^{\vee}) \neq \delta(E_3^{\vee})$，$D(E_5^{\vee}, E_3^{\vee}) = D(E_2, E_3) \bigcup \{a_2\} = \{a_2, a_3\}$；$\delta(E_5^{\vee}) = \delta(E_4^{\vee})$，$D(E_5^{\vee}, E_4^{\vee}) = \varnothing$

$$M_D^{\vee} = \begin{bmatrix} \varnothing \\ a_1, a_2, a_3 & \varnothing \\ a_1 & \varnothing & \varnothing \\ a_1, a_2 & a_1, a_2, a_3 & a_1, a_2 & \varnothing \\ a_1, a_2, a_3 & a_1 & a_2, a_3 & \varnothing & \varnothing \end{bmatrix}$$

(4) 更新 $M_{\text{Imp}}^{\geqslant}$

$$\text{IM}^{\vee} = \text{IM} + \text{IM}^{2^{\vee}} + \text{IM}^{6^{\vee}} - \text{IM}^2 = \begin{bmatrix} 4 \\ 4 \\ 2 \end{bmatrix} + \begin{bmatrix} 1 \\ 1 \\ 1 \end{bmatrix} + \begin{bmatrix} 2 \\ 2 \\ 2 \end{bmatrix} - \begin{bmatrix} 0 \\ 1 \\ 1 \end{bmatrix} = \begin{bmatrix} 7 \\ 6 \\ 4 \end{bmatrix}$$

因此

$$M_{\text{Imp}}^{\vee} = [\text{AT} \quad \text{IM}^{\vee}] = \begin{bmatrix} a_1 & 7 \\ a_2 & 6 \\ a_3 & 4 \end{bmatrix}$$

(5) 由 $M_D^{\vee}$ 计算 $\text{Att}_{\min}$。$\text{Att}_{\min} = \{\{a_1\}, \{a_2, a_3\}\}$。

(6) 约简 $\text{Reduct} = \{a_1, a_2\}$。

(7) $\text{Rule}^{\vee}$ 中的规则更新如下。

r_1: If $f(x, a_1) = \text{tall} \wedge f(x, a_2) = \text{blond} \rightarrow f(x, d) = \text{German}$, $c_1 = 0.5$, $\text{cov}_1 = 0.2$, $s_1 = 0.125$

r_2: If $f(x, a_1) = \text{tall} \wedge f(x, a_2) = \text{blond} \rightarrow f(x, d) = \text{Sweden}$, $c_2 = 0.5$, $\text{cov}_2 = 0.333$, $s_2 = 0.125$

r_3: If $f(x, a_1) = \text{medium} \wedge f(x, a_2) = \text{dark} \to f(x, d) = \text{Sweden}$, $c_3 = 1$, $\text{cov}_3 = 0.333$, $s_3 = 0.125$

r_4: If $f(x, a_1) = \text{medium} \wedge f(x, a_2) = \text{blond} \to f(x, d) = \text{Sweden}$, $c_4 = 1$, $\text{cov}_4 = 0.333$, $s_4 = 0.125$

r_5: If $f(x, a_1) = \text{short} \wedge f(x, a_2) = \text{red} \to f(x, d) = \text{German}$, $c_5 = 1$, $\text{cov}_5 = 0.6$, $s_5 = 0.375$

r_6: If $f(x, a_1) = \text{medium} \wedge f(x, a_2) = \text{dark}\,;\text{brown} \to f(x, d) = \text{German}$, $c_6 = 1$, $\text{cov}_6 = 0.2$, $s_6 = 0.125$

细化后决策信息系统的协调度 $\text{cons}^{\vee}(S) = s_3 + s_4 + s_5 + s_6 = 0.75$, $\text{uncons}^{\vee}(S) = 0.25$。

5.7　算法复杂度分析

对决策信息系统 $S = (U, C \bigcup D, V, f)((|U| = n, |C| = m, |U/C| = l)$，在粗糙集中基于最小辨识属性集和决策特征矩阵生成规则的计算分为以下几个步骤：计算决策特征矩阵，计算辨识矩阵生成最小辨识属性集，计算属性重要度，属性重要度排序，由最小辨识属性矩阵生成约简，生成规则。其中计算决策特征矩阵的算法复杂度为 $O\left(\dfrac{n^2}{2}m\right)$，计算分配辨识矩阵的算法复杂度为 $O\left(\dfrac{l^2}{2}m\right)$，生成最小辨识属性矩阵的算法复杂度为 $O\left(\dfrac{l^2}{2}m^2\right)$，计算属性重要度的计算复杂度为 $O\left(\dfrac{l^2}{2}m\right)$，属性重要度排序的计算复杂度为 $O(m^2)$，由最小辨识属性集生成约简的计算复杂度为 $O\left(\dfrac{l^2}{2}m\right)$，生成规则的复杂度为 $O(l)$。因此，非增量更新算法的算法复杂度为 $O\left(\dfrac{n^2}{2}m + O(\dfrac{l^2}{2}m)\right) + O\left(\dfrac{l^2}{2}m^2\right) + O\left(\dfrac{l^2}{2}m\right) + O(m^2) + O\left(\dfrac{l^2}{2}m\right) + O(l)$。而增量更新算法分析等价类和辨识矩阵变化规律，仅对变化部分进行更新，有利于提高动态知识维护的效率。基于渐进法生成最小辨识属性集，有效地控制了生成约简的算法复杂度。属性值粗化时算法复杂度和属性值细化时算法复杂度具体分析如下。

1. 属性值粗化时算法复杂度

在属性值粗化过程中可能发生三种情况，在不同情况下决策特征矩阵、分配辨识矩阵、最小辨识属性集和属性重要度的变化各不相同。在算法 URIAC 针对不同情况对规则进行更新，算法复杂度不相同。以下分别进行讨论。

1) $|E_T^{v_1}| = \varnothing$

在这种情况下, 没有等价类合并, 在更新规则的算法中需要根据 $D(E_i, E_j)(E_i, E_j \in E^\wedge \bigcup E')$ 更新 M_D、$\text{Att}_{\min}$、$M_{\text{Imp}}^{\geqslant}$。因此更新最小辨识属性矩阵、属性重要度矩阵、生成约简、输出规则的计算复杂度分别为 $O(|E^\wedge||E'||\text{Att}_{\min}|m)$、$O(m^2)$、$O(|\text{Att}_{\min}|m)$、$O(l)$。算法的计算复杂度为 $O(|E^\wedge||E'||\text{Att}_{\min}|m) + O(m^2) + O(|\text{Att}_{\min}|m) + O(l)$。显然其计算复杂度远低于非增量更新的算法。因为其他不受影响的辨识属性不需要计算,$\text{Att}_{\min}$ 不需要完全重新计算,仅需要 $D(E_i, E_j)(E_i, E_j \in E^\wedge \bigcup E')$ 的更新。

2) $|E_T^{v_1}| \neq \varnothing$,对任意 $E_i, E_j \in E_T^{v_1} \bigcup E_T^{v_2}$,有 $\delta(E_i) = \delta(E_j)$

在这种情况下,存在等价类的合并,但是参与合并的等价类的 δ 值相同,决策特征矩阵中合并的决策特征向量只有对象集会改变。分配辨识矩阵中 $D(E_i, E_j)(E_i \in E_T^{v_1}$ 或 $E_j \in E_T^{v_1})$ 的辨识属性将不存在,对于分配辨识矩阵中的 $D(E_i, E_j)(E_i, E_j \in E_K^{v_1} \bigcup E_K^{v_2})$ 则需要更新,分配辨识矩阵的其他元素保持不变,但需要重新计算属性重要度和最小辨识属性集,从而计算出约简。因此,计算复杂度为

$$O(|E_k^{v_1}||E_k^{v_2}|) + O\left(\left(\frac{l^2}{2} - |E_T^{v_1}|l\right)m\right) + O(m^2) + O\left(\frac{l^2}{2}m^2\right) + O(l)$$

3) $|E_T^{v_1}| \neq \varnothing$,对任意 $E_i \in E_T^{v_1}$,$E_j \in E_T^{v_2}$,存在 $\delta(E_i) \neq \delta(E_j)$

在这种情况下,存在等价类的合并,但参与合并的等价类的 δ 不完全相同。对于 δ 不相同的等价类合并后,需要更新不同决策向量的 δ_i 值,根据 δ_i 值对 $D(E_i, E_j)(E_i, E_j \in E_T^{v_1} \bigcup E_T^{v_2})$ 的值进行重新计算,对 $D(E_i, E_j)(E_i, E_j \in E_K^{v_1} \bigcup E_K^{v_2})$ 需要更新,在此基础上计算新的最小辨识属性集和属性重要度。因此,计算复杂度为

$$O(|E_T^{v_2}|ml) + O\left(\frac{l^2}{2}m\right) + O(m^2) + O\left(\frac{l^2}{2}m\right) + O(l)$$

综上所述,属性值粗化时规则增量更新算法在已有的决策特征矩阵和分配辨识矩阵基础上进行局部更新,最终生成最小辨识属性集、约简和规则,其计算复杂度低于非增量更新算法。在 1) 中,由于决策特征矩阵不变,分配辨识矩阵影响较小,最小辨识属性集更新复杂度最低,所以规则增量更新算法的复杂度最低。在 2) 中,由于特征矩阵仅需要较小的更新,分配辨识矩阵影响较小,但需要重新计算最小辨识属性集,复杂度较 1) 高一些,但低于非增量更新算法。在 3) 中,需要对 δ 改变的等价类相关的辨识属性进行更新,计算复杂度较 2) 要高些。所以,在不同的属性值粗化的情况下计算复杂度 1) 最低,2) 次之,3) 较前两种高,它们都不需要重新计算决策特征矩阵和分配辨识矩阵。因此,计算复杂度得到了有效控制。

2. 属性值细化时算法复杂度

在算法 URIAR 中,在属性值细化时增量更新特征矩阵和分配辨识矩阵,从而

实现对规则的增量更新，提高知识发现的效率。假设细化对象所在的等价类为 E_i，细化的属性为 a_i。属性值细化时对特征矩阵和分配辨识矩阵的影响分为以下三种情况。

1) $|E_g| > 1$，$|\delta(E_g)| > 1$

在该情况下，随着属性值的细化，$\delta(E_g)$ 可能发生变化，需要计算 $\delta(E_g^\vee)$ 和 $\delta(E_{l+1}^\vee)$，分以下两种情况进行讨论。

(1) $\delta(E_g) \neq \delta(E_g^\vee)$。

若 $\delta(E_i)$ 发生变化，则需要更新 M_g，生成 M_{l+1}，更新决策特征矩阵 D_E，重新生成最小辨识属性集，计算属性重要度，属性重要度排序，生成约简，更新规则。因此计算复杂度为 $O\left(\dfrac{l^2}{2}m + ml\right) + O(m^2) + O\left(\dfrac{l^2}{2}m\right) + O(l)$。

(2) $\delta(E_g) = \delta(E_g^\vee)$。

若 $\delta(E_i)$ 的值不变，则仅需要计算 M_{l+1}，决策特征矩阵插入新的决策特征向量，根据新增加的等价类 E_{l+1} 计算 M_{Imp}^{l+1}，属性重要度排序，生成约简，更新规则。因此，在这种情况下的算法复杂度为 $O(ml) + O(m^2) + O(|\text{Att}_{\min}|ml) + O(l)$。

显然在 (2) 中计算复杂度低于 (1) 中的计算复杂度，两者的计算复杂度均低于非增量更新算法的计算复杂度。

2) $|E_g| > 1$，$|\delta(E_g)| = 1$

在这种情况下，由于 $|\delta(E_i)| = 1$，所以更新后的等价类的 δ 值不变。由于 $|E_i| > 1$，所以会生成新的等价类 E_{l+1}，所以分配辨识矩阵中需要插入其他等价类和 E_{l+1} 进行比较的辨识属性值。因为 $\delta(E_{l+1}) = \delta(E_i)$，与 E_{l+1} 比较的等价类和与 E_i 比较的等价类相同，而辨识属性是 a_i 和等价类 E_i 与其他等价类比较的辨识属性的并集。E_{l+1} 和 E_i 的辨识属性为 $\varnothing$，则 $\text{Att}_{\min}$ 不会发生变化，但属性重要度会发生变化，需要重新生成约简和规则。计算复杂度为 $O(m^2) + O(|\text{Att}_{\min}|m) + O(l)$。

3) $|E_g| = 1$，$|\delta(E_g)| = 1$

在这种情况下，在属性值细化时 $\delta(E_g)$ 的值不变，但是等价类 E_g 和其他等价类之间的辨识属性如果没有 a_i 则需要增加 a_i，即需要更新 M_g，属性重要度矩阵会改变，$\text{Att}_{\min}$ 不会改变，需要重新计算约简，生成规则。因此算法复杂度为 $O\left(\dfrac{l^2}{2}m\right) + O(m^2) + O\left(\dfrac{l^2}{2}m\right) + O(l)$。

从以上分析可以看出，属性值细化时非增量更新算法的复杂度显然高于增量更新算法 URIAR 的复杂度。而增量更新在三种不同情况下的算法复杂度也不相同。1) 中 (1) 的算法复杂度最高，3) 的计算复杂度次之，1) 中 (2) 的计算复杂度再次之，2) 的计算复杂度最低，但是增量更新算法的计算复杂度均低于非增量更新算法。另外，不同情况下的 URIAR 算法的计算时间也不相同。

综上所述，算法 URIAC 和算法 URIAR 的算法复杂度均低于非增量更新算法的算法复杂度，能够在属性值粗化细化中有效维护规则。

5.8 实验方案及性能比较

为验证属性值粗化细化时规则增量更新算法的有效性，本节采用公用数据集进行测试，实验方案和实验结果如下。

5.8.1 实验方案

为了验证算法的有效性，从 UCI 中下载了公共数据集 (表 5-4)。其中个别数据集有丢失数据，用最大频率属性值进行了填补。算法用 C# 实现。运行程序的计算机的 CPU 为 Intel Core 2 i5-3230M 2.6GHz，内存为 6.0GB，操作系统为 Windows 7。进行属性值粗化细化的属性和值均是随机选择的。我们进行了以下三组实验。

表 5-4 测试数据集

序号	数据集	对象数	属性数	决策类数	缺失值
1	Promoter Gene Sequences	106	58	2	否
2	Hepatitis	155	19	2	是
3	Audiology (Standardized)	200	68	22	是
4	Soybean (Large)	307	35	19	是
5	Dermatology	358	35	6	是
6	Breast Cancer	569	32	2	否
7	Tic-tac-toe	958	9	2	否
8	Solar Flare	1389	10	6	否

1. 测试规则生成各运算步骤所占时间的百分比

在属性值粗化细化规则增量算法中，主要对等价类决策特征矩阵、最小辨识属性集、属性重要度进行了动态维护，以提高规则维护的效率。在非增量算法中，这些步骤在整个运算中的开销比例如何？本实验测试不同数据集中各步骤运行的时间占整个运算时间的比例。

2. 属性值粗化时规则增量更新性能比较

对表 5-4 中的 8 个数据集，每个数据集分别取出其对象数的 10%，20%，···，90% 作为测试集。对每个测试集，随机选择属性值进行粗化来测试算法 URIAC 的性能。

3. 属性值细化时规则增量更新性能比较

对表 5-4 中的 8 个数据集，每个数据集分别取出其对象数的 10%，20%，···，

90% 作为测试集。对每个测试集，随机选择属性值进行细化来测试算法 URIAR 的性能。

5.8.2   实验结果

以上各实验结果分别介绍如下。

1. 规则生成各运算步骤所占时间的百分比

规则的生成分为以下几个步骤：计算决策特征矩阵，计算最小辨识属性集，属性按照其重要度降序排序，按照属性重要度生成约简，输出规则。其中，在最小辨识属性集渐进生成的过程需要首先计算分配辨识矩阵，所以在同一次循环中计算每一个辨识属性集中各属性的重要度。也就是说，在计算最小辨识属性集的过程中同时计算属性重要度。不同数据集上的各运算步骤所占整个运算时间的比例如表 5-5 所示。

表 5-5   不同数据集的各运算步骤所占比例

数据集	运算步骤				
	生成决策特征矩阵	生成最小辨识属性集	属性排序	生成约简	输出规则
1	0.92093%	98.28484%	0.75588%	0.03797%	0.00038%
2	6.80358%	92.20923%	0.94044%	0.04645%	0.00029%
3	5.99983%	93.85050%	0.14564%	0.00381%	0.00022%
4	1.83598%	98.03671%	0.12121%	0.00599%	0.00011%
5	2.27328%	97.62010%	0.10214%	0.00446%	0.00003%
6	14.67265%	85.31802%	0.00615%	0.00296%	0.00023%
7	7.88239%	92.06610%	0.04900%	0.00238%	0.00012%
8	16.27863%	83.71463%	0.00460%	0.00196%	0.00017%

从表 5-5 可以看出，大部分数据集计算最小辨识属性集的时间占运算时间的 90% 以上，数据集 Breast Cancer 和 Solar Flare 计算最小辨识属性集的时间占运算时间的 80% 以上。决策特征矩阵是占计算时间比例为第二的步骤。因此，本章的算法针对决策特征矩阵、最小辨识属性集、属性重要度计算等主要耗时较多的运算进行局部更新以动态维护规则，能够取得较好的性能。

2. 属性值粗化时规则增量更新性能比较

不同数据集上不同测试集下对 URIAC 算法的比较结果如图 5-3 所示。

图 5-3 中各子图的横轴为同一个数据集不同的测试集，纵轴为程序运行时间的对数值。图中画有圆圈的线为非增量更新算法的运行时间，画有方框的线为属性值粗化增量更新规则算法的运行时间。

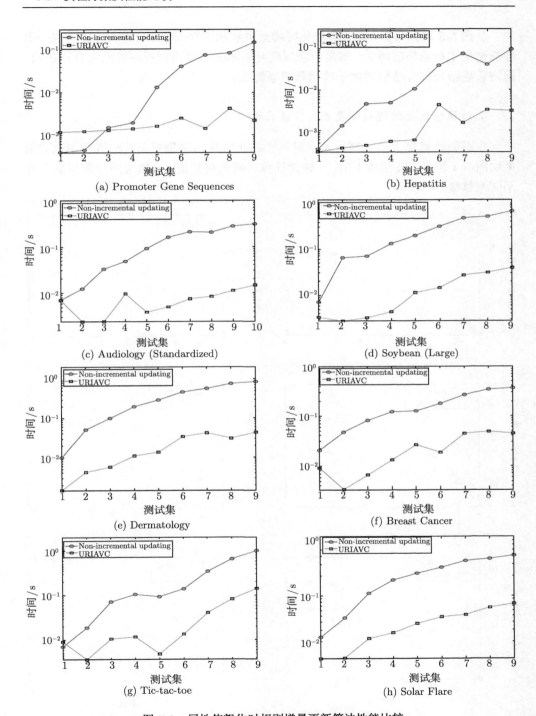

图 5-3　属性值粗化时规则增量更新算法性能比较

从图 5-3 可以看出，属性值粗化时增量更新规则算法优于非增量更新算法。随着测试集中对象集的增大，增量更新规则时间和非增量更新规则时间均有所增加，但增量更新规则算法仍然优于非增量更新算法。

3. 属性值细化时规则增量更新性能比较

在不同数据集上不同测试集下对属性细化时规则增量更新算法进行测试的结果如图 5-4 所示。在图 5-4 中，y 轴为计算时间的对数值，x 轴为同一数据集上的不同测试集。

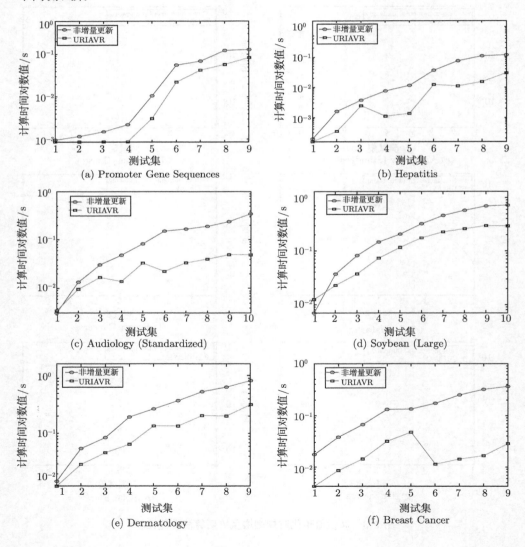

(a) Promoter Gene Sequences

(b) Hepatitis

(c) Audiology (Standardized)

(d) Soybean (Large)

(e) Dermatology

(f) Breast Cancer

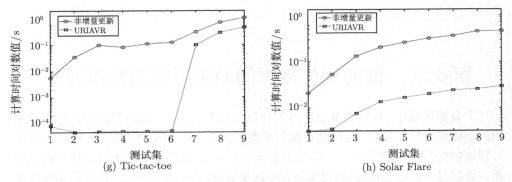

图 5-4　属性值细化时规则增量更新算法性能比较

从图中可以看出，在不同数据集上随着测试集中对象数的增加算法的运算时间呈增加的趋势，由于程序执行过程的随机性，不同情况下的执行时间会有所波动。总体来看，URIAR 算法优于非增量更新算法。

5.9　本 章 小 结

本章首先针对基于辨识矩阵的约简，定义了最小辨识属性集，设计了渐进生成最小辨识集的算法。考虑属性值的变化，进一步分析了属性值粗化细化时决策信息系统中近似集、上下边界、近似精度和粒度等的变化规律以及规则中不同度量的动态变化机理。定义了决策信息系统中的特征矩阵，阐述了等价类的泛化决策和近似集之间的关系。同时分析了属性值粗化和细化过程中决策特征矩阵和分配辨识矩阵的变化规律，分别提出了在属性值粗化和细化过程中更新规则的算法。由于等价类的泛化决策不仅与等价类所属区域 (正域或边界域) 相关，也与分配辨识矩阵相关，所以在属性值粗化与细化时分别分析等价类的泛化决策的变化，以更新决策特征矩阵和分配辨识矩阵，从而同时更新规则的约简和规则。实验验证了基于最小辨识属性集的属性约简算法的有效性，也验证了属性值粗化细化时所设计的增量更新规则算法的有效性。

第6章　面向缺失数据的动态概率粗糙集方法

大数据环境中,数据常常表现出某种程度的不完备性。缺失数据的存在使得知识的不确定性更加显著,同时使得数据所蕴涵的确定性知识更难把握。作为机器学习领域的公共基准数据库——UCI 数据集,其所收集的用于机器学习算法测试的相关数据集中超过 40% 的数据集都含有缺失数据[249]。可以看出,针对不完备数据的分析处理已成为数据挖掘与知识工程领域中一个重要的热点问题。实际应用中缺失数据值的产生原因是多种多样的,主要有:① 信息的暂时性无法获取,例如,医疗数据中,患者的所有临床症状数据无法在给定的时间内得到;② 信息的偶然性丢失,主要分为机械原因和人为原因,其中,机械原因包括数据采集设备、数据存储介质以及数据传输媒体的故障;人为原因包括理解错误、历史局限以及有意隐瞒等主观意识;③ 信息的不存在性,如人口调查数据库中一个未婚者的配偶姓名、一个儿童的固定收入状况等[132]。针对经典粗糙集模型对缺失数据处理的敏感程度不足问题,一些学者将概率论方法引入粗糙集方法的扩展研究中,试图为不完备数据的分析与处理提供具有更强泛化能力的扩展粗糙集模型,并相继提出了 0.5 概率粗糙集模型[117]、决策粗糙集模型[118]、变精度粗糙集模型[120]、博弈论粗糙集模型[122] 等。

另一方面,数据采集工具的不断优化升级,使得实际应用领域中所获取到的数据呈现出一种快速更新的动态现象,从而导致传统的批量式知识获取模型及算法在动态数据环境中面临数据分析速度赶不上数据更新速度的实时性问题。针对动态数据库的数据挖掘与知识获取方法的探索中,现有的技术手段及方法模型还主要集中于对完备数据的处理与分析,对于不完备数据还没有一般性的有效解决方案。本章提出了一种基于不完备信息系统的动态概率粗糙集方法。考虑到信息系统中数据对象的动态插入和删除,分别讨论了概率粗糙集模型中条件概率的动态估计策略,进而提出了概率粗糙近似集的增量更新原理。在此基础上,针对数据对象的动态插入、删除分别提出了概率粗糙近似集的增量更新求解算法。该算法根据新增、删除数据对象的不同情况可实现条件概率的动态快速估计,进而依据条件概率的动态变化趋势实现原有概率粗糙近似集的增量修改和维护,使其适应于更新后的数据。仿真实验中,利用 UCI 公共数据集从数据容量规模和数据更新比率两方面对本章所提出增量算法的计算性能进行了分析和验证,实验结果进一步表明了该增量算法的可行性和有效性。

6.1 面向缺失数据的概率粗糙集模型

为了能够有效处理同时含有遗漏型和缺席型缺失值的不完备信息系统, Grzymala-Busse 等提出了特性关系用于缺失数据的粒化分析, 如定义 2.2.11 所示, 并基于条件概率和一对概率阈值 (α, β) 构建了基于不完备信息系统的概率粗糙集模型[140]。

定义 6.1.1[140]   设 $S = (U, C \cup D, V, f)$ 是一个不完备信息系统, $\forall X \subseteq U$, $A \subseteq C$, 给定概率阈值对 (α, β), 且 $0 \leqslant \alpha < \beta \leqslant 1$, 则 X 基于特性关系 $K(A)$ 的 (α, β)-下近似集和 (α, β)-上近似集分别定义为

$$\underline{\mathrm{apr}}_{(\alpha,\beta)}(X) = \{x \in U | \Pr(X|K_A(x)) \geqslant \alpha\}$$
$$\overline{\mathrm{apr}}_{(\alpha,\beta)}(X) = \{x \in U | \Pr(X|K_A(x)) > \beta\} \tag{6-1}$$

其中, $\Pr(X|K_A(x)) = \dfrac{|X \cap K_A(x)|}{|K_A(x)|}$, $K_A(x) = \{y \in U | (x, y) \in K(A)\}$; $|\bullet|$ 代表一个集合的基数。$\Pr(X| K_A(x))$ 表示分类的条件概率, 该概率表示对象 x 在属性 A 下的特征集 $K_A(x)$ 被划分到目标概念 X 中的正确率。

根据 (α, β)-上、下近似集, 类似地可以定义不完备信息系统中目标概念 X 的 (α, β)-正域、负域和边界域。

定义 6.1.2[140]   设 $S = (U, C \cup D, V, f)$ 是一个不完备信息系统, $\forall X \subseteq U$, $A \subseteq C$, 给定概率阈值对 (α, β), 且 $0 \leqslant \alpha < \beta \leqslant 1$, 则 X 基于特性关系 $K(A)$ 的 (α, β)-正域、负域和边界域分别定义为

$$\mathrm{POS}_{(\alpha,\beta)}(X) = \{x \in U | \Pr(X|K_A(x)) \geqslant \alpha\}$$
$$\mathrm{NEG}_{(\alpha,\beta)}(X) = \{x \in U | \Pr(X|K_A(x)) \leqslant \beta\} \tag{6-2}$$
$$\mathrm{BND}_{(\alpha,\beta)}(X) = \{x \in U | \beta < \Pr(X|K_A(x)) < \alpha\}$$

6.2 面向对象更新的动态概率粗糙集方法

简便起见, 本章所讨论的动态不完备信息系统主要集中于两个时刻: t 时刻 (原始时刻) 和 $t+1$ 时刻 (更新时刻)。t 时刻的不完备信息系统记为 $S^{(t)} = \{U^{(t)}, C \cup D, V, f\}$, 随着信息系统中数据对象的动态变化, $t+1$ 时刻的不完备信息系统记为 $S^{(t+1)} = \{U^{(t+1)}, C \cup D, V, f\}$。类似地, 为了区别数据更新前后从信息系统中导出的相关知识概念, 同样分别用上标 (t) 和 $(t+1)$ 进行标记。

6.2.1   条件概率的增量估计策略

在基于概率粗糙集模型的数据分析中, 条件概率的估计与计算是构造概率粗

糙集模型的关键问题。给定一对决策阈值 (α, β)，可以直接通过条件概率的取值决定是否应该接受、拒绝或是进一步检测待考察的数据对象属于目标决策概念。随着信息系统中数据对象的动态变化，条件概率将呈现非单调性变化，如何根据已有的知识信息实现条件概率的增量式估计是本节主要讨论的问题。

对于 t 时刻的不完备信息系统 $S^{(t)} = \{U^{(t)}, C\cup D, V, f\}$，基于特性关系 $K^{(t)}(A)$，可以得到论域 $U^{(t)}$ 上根据条件属性集 $A \subseteq C$ 在第 t 时刻的一个条件划分，记为 $U^{(t)}/K^{(t)}(A) = \{K_A^{(t)}(x_1), K_A^{(t)}(x_2), \cdots, K_A^{(t)}(x_n)\}$。基于决策属性 d，也可以得到论域 $U^{(t)}$ 上的一个决策分类，记为 $U^{(t)}/\{d\} = \{D_1^{(t)}, D_2^{(t)}, \cdots, D_m^{(t)}\}$。

考虑到单个数据对象的动态插入，不完备信息系统中数据对象的条件划分与决策分类更新如下。

定理 6.2.1　给定 t 时刻不完备信息系统 $S^{(t)} = (U^{(t)}, C\cup D, V, f)$，$A \subseteq C$。$t+1$ 时刻新增数据对象 x 插入 $S^{(t)}$ 后，对任意 $x_i \in U^{(t)}(1 \leqslant i \leqslant n)$，特性集 $K_A^{(t+1)}(x_i)$ 更新如下

$$K_A^{(t+1)}(x_i) = \begin{cases} K_A^{(t)}(x_i) \cup \{x\}, & (x_i, x) \in R^{(t+1)}(A), 1 \leqslant i \leqslant n \\ K_A^{(t)}(x_i), & (x_i, x) \notin R^{(t+1)}(A), 1 \leqslant i \leqslant n \\ \{x_p | (x_p, x_i) \in R^{(t+1)}(A), 1 \leqslant p \leqslant n+1\}, & i = n+1 \end{cases} \tag{6-3}$$

定理 6.2.2　给定 t 时刻不完备信息系统 $S^{(t)} = (U^{(t)}, C\cup D, V, f)$，$A \subseteq C$。$t+1$ 时刻新增数据对象 x 插入 $S^{(t)}$ 后，对任意 $D_j \in U^{(t)}/\{d\}(1 \leqslant j \leqslant m)$，决策类 $D_j^{(t+1)}$ 更新如下

$$D_j^{(t+1)} = \begin{cases} D_j^{(t)} \cup \{x\}, & x \in D_j, 1 \leqslant j \leqslant m \\ D_j^{(t)}, & x \notin D_j, 1 \leqslant j \leqslant m \end{cases} \tag{6-4}$$

根据定理 6.2.1 和定理 6.2.2，不完备信息系统中单个数据对象插入时，条件概率的增量估计策略如下。

定理 6.2.3　给定 t 时刻不完备信息系统 $S^{(t)} = (U^{(t)}, C\cup D, V, f)$，$A \subseteq C$。$t+1$ 时刻新增数据对象 x 插入 $S^{(t)}$ 后，对任意 $x_i \in U^{(t)}(1 \leqslant i \leqslant n)$，$D_j \in U^{(t)}/\{d\}(1 \leqslant j \leqslant m)$，条件概率更新趋势如下。

(1) 若 $x \in D_j^{(t+1)} \wedge (x_i, x) \in R^{(t+1)}(A)$，则有

$$\Pr(D_j^{(t)} | K_A^{(t)}(x_i)) \leqslant \Pr(D_j^{(t+1)} | K_A^{(t+1)}(x_i)) \tag{6-5}$$

(2) 若 $x \notin D_j^{(t+1)} \wedge (x_i, x) \in R^{(t+1)}(A)$，则有

$$\Pr(D_j^{(t)} | K_A^{(t)}(x_i)) > \Pr(D_j^{(t+1)} | K_A^{(t+1)}(x_i)) \tag{6-6}$$

(3) 否则

$$\Pr(D_j^{(t)} | K_A^{(t)}(x_i)) = \Pr(D_j^{(t+1)} | K_A^{(t+1)}(x_i)) \tag{6-7}$$

证明 假设 $t+1$ 时刻数据对象 x 插入不完备信息系统中，对任意 $x_i \in U^{(t)}(1 \leqslant i \leqslant n)$ 和 $D_j^{(t)} \in U^{(t)}/\{d\}(1 \leqslant i \leqslant m)$，条件概率 $\Pr(D_j^{(t)}|K_A^{(t)}(x))$ 存在四种不同的组合变化情况，分别是

(1) $x \in D_j^{(t+1)} \wedge (x_i,x) \in R^{(t+1)}(A)$

(2) $x \in D_j^{(t+1)} \wedge (x_i,x) \notin R^{(t+1)}(A)$

(3) $x \notin D_j^{(t+1)} \wedge (x_i,x) \in R^{(t+1)}(A)$

(4) $x \notin D_j^{(t+1)} \wedge (x_i,x) \notin R^{(t+1)}(A)$

通过以上不同的变化情况对定理 6.2.3 进行证明。

(1) 如果 $x \in D_j^{(t+1)} \wedge (x_i,x) \in R^{(t+1)}(A)$，则有 $K_A^{(t+1)}(x_i) = K_A^{(t+1)}(x_i) \cup \{x\}$，$D_j^{(t+1)} = D_j^{(t)} \cup \{x\}$，因此可得

$$\Pr(D_j^{(t+1)}|K_A^{(t+1)}(x_i)) = \frac{|D_j^{(t+1)} \cap K_A^{(t+1)}(x_i)|}{|K_A^{(t+1)}(x_i)|} = \frac{|D_j^{(t)} \cap K_A^{(t)}(x_i)| + 1}{|K_A^{(t)}(x_i)| + 1}$$
$$\geqslant \frac{|D_j^{(t)} \cap K_A^{(t)}(x_i)|}{|K_A^{(t)}(x_i)|} = \Pr(D_j^{(t)}|K_A^{(t)}(x_i))$$

(2) 如果 $x \in D_j^{(t+1)} \wedge (x_i,x) \notin R^{(t+1)}(A)$，则有 $D_j^{(t+1)} = D_j^{(t)} \cup \{x\}$，$K_A^{(t+1)}(x_i) = K_A^{(t+1)}(x_i)$，因此可得

$$\Pr(D_j^{(t+1)}|K_A^{(t+1)}(x_i)) = \frac{|D_j^{(t+1)} \cap K_A^{(t+1)}(x_i)|}{|K_A^{(t+1)}(x_i)|} = \frac{|D_j^{(t)} \cap K_A^{(t)}(x_i)|}{|K_A^{(t)}(x_i)|} = \Pr(D_j^{(t)}|K_A^{(t)}(x_i))$$

(3) 如果 $x \notin D_j \wedge (x_i,x) \in R(A)$，则有 $D_j^{(t+1)} = D_j^{(t)}$，$K_A^{(t+1)}(x_i) = K_A^{(t+1)}(x_i) \cup \{x\}$，因此可得

$$\Pr(D_j^{(t+1)}|K_A^{(t+1)}(x_i)) = \frac{|D_j^{(t+1)} \cap K_A^{(t+1)}(x_i)|}{|K_A^{(t+1)}(x_i)|} = \frac{|D_j^{(t)} \cap K_A^{(t)}(x_i)|}{|K_A^{(t)}(x_i)| + 1}$$
$$< \frac{|D_j^{(t)} \cap K_A^{(t)}(x_i)|}{|K_A^{(t)}(x_i)|} = \Pr(D_j^{(t)}|K_A^{(t)}(x_i))$$

(4) 如果 $x \notin D_j \wedge (x_i,x) \notin R(A)$，则有 $D_j^{(t+1)} = D_j^{(t)}$，$K_A^{(t+1)}(x_i) = K_A^{(t+1)}(x_i) \cup \{x\}$，因此可得

$$\Pr(D_j^{(t+1)}|K_A^{(t+1)}(x_i)) = \frac{|D_j^{(t+1)} \cap K_A^{(t+1)}(x_i)|}{|K_A^{(t+1)}(x_i)|} = \frac{|D_j^{(t)} \cap K_A^{(t)}(x_i)|}{|K_A^{(t)}(x_i)|} = \Pr(D_j^{(t)}|K_A^{(t)}(x_i))$$

$\square$

考虑到单个数据对象的动态删除，不完备信息系统中数据对象的条件划分与决策分类更新如下。

定理 6.2.4   给定 t 时刻不完备信息系统 $S^{(t)} = (U^{(t)}, C \cup D, V, f)$，$A \subseteq C$。$t+1$ 时刻待删数据对象 x 从 $S^{(t)}$ 删除后，对任意 $x_i \in U^{(t)}(1 \leqslant i \leqslant n, i \neq q)$，特性集 $K_A^{(t+1)}(x_i)$ 更新如下

$$K_A^{(t+1)}(x_i) = \begin{cases} K_A^{(t)}(x_i) - \{x_q\}, & (x_i, x_q) \in R^{(t+1)}(A), 1 \leqslant i \leqslant n, i \neq q \\ K_A^{(t)}(x_i), & (x_i, x_q) \notin R^{(t+1)}(A), 1 \leqslant i \leqslant n, i \neq q \end{cases} \tag{6-8}$$

定理 6.2.5   给定 t 时刻不完备信息系统 $S^{(t)} = (U^{(t)}, C \cup D, V, f)$，$A \subseteq C$。$t+1$ 时刻待删数据对象 x 从 $S^{(t)}$ 删除后，对任意 $D_j \in U^{(t)}/\{d\}(1 \leqslant j \leqslant m)$，决策类 $D_j^{(t+1)}$ 更新如下

$$D_j^{(t+1)} = \begin{cases} D_j^{(t)} - \{x_q\}, & x_q \in D_j^{(t)}, 1 \leqslant j \leqslant m \\ D_j^{(t)}, & x_q \notin D_j^{(t)}, 1 \leqslant j \leqslant m \end{cases} \tag{6-9}$$

根据定理 6.2.4 和定理 6.2.5，不完备信息系统中单个数据对象删除时，条件概率的增量估计策略如下。

定理 6.2.6   给定 t 时刻不完备信息系统 $S^{(t)} = (U^{(t)}, C \cup D, V, f)$，$A \subseteq C$。$t+1$ 时刻新增数据对象 $x_q(1 \leqslant q \leqslant n)$ 从 $S^{(t)}$ 删除后，对任意 $x_i \in U^{(t)}(1 \leqslant i \leqslant n)$，$D_j \in U^{(t)}/\{d\}(1 \leqslant j \leqslant m)$，条件概率更新趋势如下。

(1) 若 $(x_i, x_q) \in R(A) \wedge x_q \in D_j$，则有

$$\Pr(D_j^{(t)} | K_A^{(t)}(x_i)) \geqslant \Pr(D_j^{(t+1)} | K_A^{(t+1)}(x_i)) \tag{6-10}$$

(2) 若 $(x_i, x) \in R(A) \wedge x \notin D_j$，则有

$$\Pr(D_j^{(t)} | K_A^{(t)}(x_i)) < \Pr(D_j^{(t+1)} | K_A^{(t+1)}(x_i)) \tag{6-11}$$

(3) 否则

$$\Pr(D_j^{(t)} | K_A^{(t)}(x_i)) = \Pr(D_j^{(t+1)} | K_A^{(t+1)}(x_i)) \tag{6-12}$$

证明   证明过程与定理 6.2.3 类似，此处略。   □

实际应用中，数据的动态变化往往以批量的形式插入或删除，基于单个数据动态变化的条件概率增量估计策略，进一步分析不完备信息系统中插入、删除多个数据对象时，条件概率的增量估计策略。这里，首先假设 $t + 1$ 时刻，一组数据对象 $U^\Delta = \{x_{n+1}, x_{n+2}, \cdots, x_{n+n'}\}$ 插入不完备信息系统 $S^{(t)}$ 中的情况，即 $U^{(t+1)} = U^{(t)} \cup U^\Delta$。

定理 6.2.7 给定 t 时刻不完备信息系统 $S^{(t)} = (U^{(t)}, C \cup D, V, f)$, $A \subseteq C$。$t+1$ 时刻新增对象集 U^{Δ} 插入 $S^{(t)}$ 后, 对任意 $x_i \in U^{(t)} (1 \leqslant i \leqslant n)$, 特性集 $K_A^{(t+1)}(x_i)$ 更新如下

$$K_A^{(t+1)}(x_i) = K_A^{(t)}(x_i) \cup K \tag{6-13}$$

其中, $K = \{x_{n+u} | (x_i, x_{n+u}) \in R^{(t+1)}(A), 1 \leqslant u \leqslant n'\}$。

定理 6.2.8 给定 t 时刻不完备信息系统 $S^{(t)} = (U^{(t)}, C \cup D, V, f)$, $A \subseteq C$。$t+1$ 时刻新增数据对象集 U^{Δ} 插入 $S^{(t)}$ 后, 对任意 $D_j \in U^{(t)}/\{d\} (1 \leqslant j \leqslant m)$, 决策类 $D_j^{(t+1)}$ 更新如下

$$D_j^{(t+1)} = D_j^{(t)} \cup D \tag{6-14}$$

其中, $D = \{x_{n+v} | x_{n+v} \in D_j^{(t)}, 1 \leqslant v \leqslant n'\}$。

根据定理 6.2.7 和定理 6.2.8, 不完备信息系统中多个数据对象插入时, 条件概率的增量估计策略如下。

定理 6.2.9 给定 t 时刻不完备信息系统 $S^{(t)} = (U^{(t)}, C \cup D, V, f)$, $A \subseteq C$。$t+1$ 时刻新增数据对象集 U^{Δ} 插入 $S^{(t)}$ 后, 对任意 $x_i \in U^{(t)} (1 \leqslant i \leqslant n)$, $D_j \in U^{(t)}/\{d\} (1 \leqslant j \leqslant m)$, 条件概率更新趋势如下。

(1) 若 $\dfrac{|K \cap D|}{|K|} \geqslant \mathrm{Pr}(D_j^{(t)} | K_A^{(t)}(x_i))$, 则有

$$\mathrm{Pr}(D_j^{(t+1)} | K_A^{(t+1)}(x_i)) \geqslant \mathrm{Pr}(D_j^{(t)} | K_A^{(t)}(x_i)) \tag{6-15}$$

(2) 否则

$$\mathrm{Pr}(D_j^{(t+1)} | K_A^{(t+1)}(x_i)) < \mathrm{Pr}(D_j^{(t)} | K_A^{(t)}(x_i)) \tag{6-16}$$

证明 假设 $t+1$ 时刻数据对象集 $U^{\Delta} = \{x_{n+1}, x_{n+2}, \cdots, x_{n+n'}\}$ 插入不完备信息系统 $S^{(t)}$ 中。对任意数据对象 $x_i \in U^{(t)} (1 \leqslant i \leqslant n)$, 根据定理 6.2.7 有, $K_A^{(t+1)}(x_i) = K_A^{(t)}(x_i) \cup K$, 其中 $K = \{x_{n+u} | (x_i, x_{n+u}) \in R(A), 1 \leqslant u \leqslant n'\}$; 对任意决策类 $D_j^{(t)} \in U^{(t)}/\{d\} (1 \leqslant i \leqslant m)$, 根据定理 6.2.8 有, $D_j^{(t+1)} = D_j^{(t)} \cup D$, 其中 $D = \{x_{n+v} | x_{n+v} \in D_j^{(t)}, 1 \leqslant v \leqslant n'\}$, 则

$$\mathrm{Pr}(D_j^{(t+1)} | K_A^{(t+1)}(x_i)) = \frac{|D_j^{(t+1)} \cap K_A^{(t+1)}(x_i)|}{|K_A^{(t+1)}(x_i)|} = \frac{|(D_j^{(t)} \cap K_A^{(t)}(x_i)) \cup (D \cap K)|}{|K_A^{(t)}(x_i) \cup K|}$$

$$= \frac{|D_j^{(t)} \cap K_A^{(t)}(x_i)| + |D \cap K|}{|K_A^{(t)}(x_i)| + |K|}$$

由以上分析可得

$$\mathrm{Pr}(D_j^{(t+1)} | K_A^{(t+1)}(x_i)) - \mathrm{Pr}(D_j^{(t)} | K_A^{(t)}(x_i)) = \frac{|D \cap K||K_A^{(t)}(x_i)| - |K||(D_j^{(t)} \cap K_A^{(t)}(x_i))|}{(|K_A^{(t)}(x_i)| + |K|)|K_A^{(t)}(x_i)|}$$

因此，如果 $\dfrac{|K \cap D|}{|K|} \geqslant \Pr(D_j^{(t)}|K_A^{(t)}(x_i))$，则

$$\Pr(D_j^{(t+1)}|K_A^{(t+1)}(x_i)) \geqslant \Pr(D_j^{(t)}|K_A^{(t)}(x_i))$$

否则

$$\Pr(D_j^{(t+1)}|K_A^{(t+1)}(x_i)) < \Pr(D_j^{(t)}|K_A^{(t)}(x_i))$$

$\square$

针对多个数据对象的动态删除，假设 $t+1$ 时刻，数据对象集 $U^\Delta = \{x_{l_1}, x_{l_2}, \cdots, x_{l_{n'}}\}$ 从不完备信息系统 $S^{(t)}$ 中删除，即 $U^{(t+1)} = U^{(t)} - U^\Delta$。此时，不完备信息系统中数据对象的条件划分与决策分类更新如下。

定理 6.2.10　给定 t 时刻不完备信息系统 $S^{(t)} = (U^{(t)}, C \cup D, V, f)$，$A \subseteq C$。$t+1$ 时刻待删数据对象集 U^Δ 从 $S^{(t)}$ 删除后，对任意 $x_i \in U^{(t)}(1 \leqslant i \leqslant n, i \neq q)$，特性集 $K_A^{(t+1)}(x_i)$ 更新如下

$$K_A^{(t+1)}(x_i) = K_A^{(t)}(x_i) - K \tag{6-17}$$

其中，$K = \{x_{l_u}|(x_i, x_{l_u}) \in R(A), 1 \leqslant u \leqslant n'\}$。

定理 6.2.11　给定 t 时刻不完备信息系统 $S^{(t)} = (U^{(t)}, C \cup D, V, f)$，$A \subseteq C$。$t+1$ 时刻待删数据对象集 U^Δ 从 $S^{(t)}$ 删除后，对任意 $D_j \in U^{(t)}/\{d\}(1 \leqslant j \leqslant m)$，决策类 $D_j^{(t+1)}$ 更新如下

$$D_j^{(t+1)} = D_j^{(t)} - D \tag{6-18}$$

其中，$D = \{x_{l_v}|x_{l_v} \in D_j^{(t)}, 1 \leqslant v \leqslant n'\}$。

定理 6.2.12　给定 t 时刻不完备信息系统 $S^{(t)} = (U^{(t)}, C \cup D, V, f)$，$A \subseteq C$。$t+1$ 时刻待删数据对象集 U^Δ 从 $S^{(t)}$ 删除后，对任意 $x_i \in U^{(t)}(1 \leqslant i \leqslant n)$，$D_j \in U^{(t)}/\{d\}(1 \leqslant j \leqslant m)$，条件概率更新趋势如下。

(1) 若 $\dfrac{|K \cap D|}{|K|} \leqslant \Pr(D_j^{(t)}|K_A^{(t)}(x_i))$，则

$$\Pr(D_j^{(t+1)}|K_A^{(t+1)}(x_i)) \geqslant \Pr(D_j^{(t)}|K_A^{(t)}(x_i)) \tag{6-19}$$

(2) 否则

$$\Pr(D_j^{(t+1)}|K_A^{(t+1)}(x_i)) < \Pr(D_j^{(t)}|K_A^{(t)}(x_i)) \tag{6-20}$$

证明　证明过程与定理 6.2.9 类似，此处略。　$\square$

通过以上分析可以看出，不完备信息系统中数据对象的动态变化将导致概率粗糙集模型中条件概率的动态变化。利用定理 6.2.9 和定理 6.2.12，通过对新增或待删数据对象的局部计算即可实现条件概率的增量估计，进而避免了对原有数据对象的重复学习，有助于计算效率的提高。

6.2.2 概率粗糙近似集的增量更新方法

6.2.1 节针对不完备信息系统中数据对象的动态变化，分析并给出了概率粗糙集模型中条件概率的增量估计策略。基于此，根据条件概率的非单调性变化，针对概率粗糙近似集的增量更新策略将在本节中给出具体分析和理论证明。

首先，针对概率粗糙集模型中条件概率的增大，不完备信息系统中概率粗糙近似集的增量更新策略介绍如下。

定理 6.2.13 给定 t 时刻不完备信息系统 $S^{(t)} = (U^{(t)}, C \cup D, V, f)$，$A \subseteq C$。$t+1$ 时刻，对任意 $x_i \in U^{(t)}$，$D_j \in U^{(t)}/\{d\}$，$1 \leqslant i \leqslant n$，$1 \leqslant j \leqslant m$，若 $\Pr(D_j^{(t+1)}|K_A^{(t+1)}(x_i)) \geqslant \Pr(D_j^{(t)}|K_A^{(t)}(x_i))$，则 $\mathrm{POS}_{\alpha,\beta}(D_j^{(t+1)})$ 更新如下。

(1) 若 $x_i \in \mathrm{POS}_{\alpha,\beta}(D_j^{(t)})$，则 $x_i \in \mathrm{POS}_{\alpha,\beta}(D_j^{(t+1)})$.

(2) 否则

① 若 $\Pr(D_j^{(t+1)}|K_A^{(t+1)}(x_i)) \geqslant \alpha$，则 $x_i \in \mathrm{POS}_{\alpha,\beta}(D_j^{(t+1)})$；

② 否则 $x_i \notin \mathrm{POS}_{\alpha,\beta}(D_j^{(t+1)})$.

证明 (1) 对任意 $x_i \in U^{(t)}(1 \leqslant i \leqslant n)$，$D_j \in U^{(t)}/\{d\}(1 \leqslant j \leqslant m)$，如果 $x_i \in \mathrm{POS}_{\alpha,\beta}(D_j^{(t)})$，根据定义 6.1.2 可得 $\Pr(D_j^{(t)}|K_A^{(t)}(x_i)) \geqslant \alpha$。当对象集动态变化时，随着条件概率的增大，有 $\Pr(D^{(t+1)}{}_j|K_A^{(t+1)}(x_i)) \geqslant \Pr(D_j^{(t)}|K_A^{(t)}(x_i))$ 成立，即 $\Pr(D_j^{(t+1)}|K_A^{(t+1)}(x_i)) \geqslant \alpha$ 成立。因此，$x_i \in \mathrm{POS}_{\alpha,\beta}(D_j^{(t+1)})$.

(2) 如果 $x_i \notin \mathrm{POS}_{\alpha,\beta}(D_j^{(t)})$，根据定义 6.1.2 可得 $\Pr(D_j^{(t)}|K_A^{(t)}(x_i)) < \alpha$。此时有两种情况可能发生，分别为：①如果 $\Pr(D_j^{(t)}|K_A^{(t)}(x_i)) \geqslant \alpha$，则 $x_i \in \mathrm{POS}_{\alpha,\beta}(D_j^{(t+1)})$ 成立；②如果 $\Pr(D_j^{(t)}|K_A^{(t)}(x_i)) < \alpha$，则 $x_i \notin \mathrm{POS}_{\alpha,\beta}(D_j^{(t+1)})$ 成立。□

定理 6.2.14 给定 t 时刻不完备信息系统 $S^{(t)} = (U^{(t)}, C \cup D, V, f)$，$A \subseteq C$。$t+1$ 时刻，对任意 $x_i \in U^{(t)}$，$D_j \in U^{(t)}/\{d\}$，$1 \leqslant i \leqslant n$，$1 \leqslant j \leqslant m$，若 $\Pr(D_j^{(t+1)}|K_A^{(t+1)}(x_i)) \geqslant \Pr(D_j^{(t)}|K_A^{(t)}(x_i))$，则 $\mathrm{BND}_{\alpha,\beta}(D_j^{(t)})$ 更新如下。

(1) 若 $x_i \in \mathrm{POS}_{\alpha,\beta}(D_j^{(t)})$，则 $x_i \notin \mathrm{BND}_{\alpha,\beta}(D_j^{(t+1)})$.

(2) 若 $x_i \in \mathrm{BND}_{\alpha,\beta}(D_j^{(t)})$，则

① 若 $\Pr(D_j^{(t+1)}|K_A^{(t+1)}(x_i)) \geqslant \alpha$，则有 $x_i \notin \mathrm{BND}_{\alpha,\beta}(D_j^{(t+1)})$；

② 否则 $x_i \in \mathrm{BND}_{\alpha,\beta}(D_j^{(t+1)})$.

(3) 否则，

① 若 $\beta < \Pr(D_j^{(t+1)}|K_A^{(t+1)}(x_i)) < \alpha$，则有 $x_i \in \mathrm{BND}_{\alpha,\beta}(D_j^{(t+1)})$；

② 否则 $x_i \notin \mathrm{BND}_{\alpha,\beta}(D_j^{(t+1)})$.

证明 (1) 根据定理 6.2.13(1) 易证。

(2) 如果 $x_i \in \mathrm{BND}_{\alpha,\beta}(D_j^{(t)})$，根据定义 6.1.2 可得 $\beta < \Pr(D_j^{(t)}|K_A^{(t)}(x_i)) < \alpha$ 成立。随着条件概率的增大，有两种情况可能发生，分别为：① 如果 $\Pr(D_j^{(t+1)}|K_A^{(t+1)}$

$(x_i)) \geqslant \alpha$，则有 $x_i \notin \mathrm{BND}_{\alpha,\beta}(D_j^{(t+1)})$ 成立；② 如果 $\Pr(D_j^{(t+1)}|K_A^{(t+1)}(x_i)) < \alpha$，则有 $x_i \in \mathrm{BND}_{\alpha,\beta}(D_j^{(t+1)})$ 成立。

(3) 证明过程与 (2) 类似。　　　　　　　　　　　　　　　　　　　□

定理 6.2.15　给定 t 时刻不完备信息系统 $S^{(t)} = (U^{(t)}, C \cup D, V, f)$，$A \subseteq C$。$t+1$ 时刻，对任意的 $x_i \in U^{(t)}$，$D_j \in U^{(t)}/\{d\}$，$1 \leqslant i \leqslant n$，$1 \leqslant j \leqslant m$，若 $\Pr(D_j^{(t+1)}|K_A^{(t+1)}(x_i)) \geqslant \Pr(D_j^{(t)}|K_A^{(t)}(x_i))$，则 $\mathrm{NEG}_{\alpha,\beta}(D_j^{(t)})$ 更新如下。

(1) 若 $x_i \in \mathrm{NEG}_{\alpha,\beta}(D_j^{(t)})$，则

① 若 $\Pr(D_j^{(t+1)}|K_A^{(t+1)}(x_i)) > \beta$，则 $x_i \notin \mathrm{NEG}_{\alpha,\beta}(D_j^{(t+1)})$；

② 否则 $x_i \in \mathrm{NEG}_{\alpha,\beta}(D_j^{(t+1)})$。

(2) 否则 $x_i \notin \mathrm{NEG}_{\alpha,\beta}(D_j^{(t+1)})$。

证明　(1) 如果 $x_i \in \mathrm{NEG}_{\alpha,\beta}(D_j^{(t)})$，根据定义 6.1.2 可得 $\Pr(D_j^{(t)}|K_A^{(t)}(x_i)) \leqslant \beta$。$t+1$ 时刻，随着条件概率的增大，有以下两种情况，分别为：① 如果 $\Pr(D_j^{(t+1)}|K_A^{(t+1)}(x_i)) > \beta \geqslant \Pr(D_j^{(t)}|K_A^{(t)}(x_i))$，则 $x_i \notin \mathrm{NEG}_{\alpha,\beta}(D_j^{(t+1)})$ 成立；② 如果 $\Pr(D_j^{(t+1)}|K_A^{(t+1)}(x_i)) \leqslant \beta$，则有 $x_i \in \mathrm{NEG}_{\alpha,\beta}(D_j^{(t+1)})$ 成立。

(2) 如果 $x_i \notin \mathrm{NEG}_{\alpha,\beta}(D_j^{(t)})$，即 $\Pr(D_j^{(t)}|K_A^{(t)}(x_i)) > \beta$ 成立。因此，$x_i \notin \mathrm{NEG}_{\alpha,\beta}(D_j^{(t+1)})$ 成立。　　　　　　　　　　　□

不完备信息系统中数据对象动态变化，随着概率粗糙集模型中条件概率的减小，概率粗糙近似集的增量更新策略介绍如下。

定理 6.2.16　给定 t 时刻不完备信息系统 $S^{(t)} = (U^{(t)}, C \cup D, V, f)$，$A \subseteq C$。$t+1$ 时刻，对任意 $x_i \in U^{(t)}$，$D_j \in U^{(t)}/\{d\}$，$1 \leqslant i \leqslant n$，$1 \leqslant j \leqslant m$，若 $\Pr(D_j^{(t+1)}|K_A^{(t+1)}(x_i)) \leqslant \Pr(D_j^{(t)}|K_A^{(t)}(x_i))$，则 $\mathrm{POS}_{\alpha,\beta}(D_j^{(t+1)})$ 更新如下。

(1) 若 $x_i \in \mathrm{POS}_{\alpha,\beta}(D_j^{(t)})$，则

① 若 $\Pr(D_j^{(t+1)}|K_A^{(t+1)}(x_i)) < \alpha$，则 $x_i \notin \mathrm{POS}_{\alpha,\beta}(D_j^{(t+1)})$；

② 否则 $x_i \in \mathrm{POS}_{\alpha,\beta}(D_j^{(t+1)})$。

(2) 否则，$x_i \notin \mathrm{POS}_{\alpha,\beta}(D_j^{(t+1)})$。

证明　证明过程与定理 6.2.13 类似，此处略。　　　　　　　　　□

定理 6.2.17　给定 t 时刻不完备信息系统 $S^{(t)} = (U^{(t)}, C \cup D, V, f)$，$A \subseteq C$。$t+1$ 时刻，对任意 $x_i \in U^{(t)}$，$D_j \in U^{(t)}/\{d\}$，$1 \leqslant i \leqslant n$，$1 \leqslant j \leqslant m$，若 $\Pr(D_j^{(t+1)}|K_A^{(t+1)}(x_i)) \leqslant \Pr(D_j^{(t)}|K_A^{(t)}(x_i))$，则 $\mathrm{BND}_{\alpha,\beta}(D_j^{(t)})$ 更新如下。

(1) 若 $x_i \in \mathrm{POS}_{\alpha,\beta}(D_j^{(t)})$，则有

① 若 $\beta < \Pr(D_j^{(t+1)}|K_A^{(t+1)}(x_i)) < \alpha$，则 $x_i \in \mathrm{BND}_{\alpha,\beta}(D_j^{(t+1)})$；

② 否则 $x_i \notin \mathrm{BND}_{\alpha,\beta}(D_j^{(t+1)})$。

(2) 若 $x_i \in \mathrm{BND}_{\alpha,\beta}(D_j^{(t)})$，则有

① 若 $\Pr(D_j^{(t+1)}|K_A^{(t+1)}(x_i)) \leqslant \beta$, 则 $x_i \notin \mathrm{BND}_{\alpha,\beta}(D_j^{(t+1)})$;

② 否则 $x_i \in \mathrm{BND}_{\alpha,\beta}(D_j^{(t+1)})$。

(3) 否则 $x_i \notin \mathrm{BND}_{\alpha,\beta}(D_j^{(t+1)})$。

证明   证明过程与定理 6.2.14 类似, 此处略。   □

定理 6.2.18   给定 t 时刻不完备信息系统 $S^{(t)} = (U^{(t)}, C \cup D, V, f)$, $A \subseteq C$。$t+1$ 时刻, 对任意 $x_i \in U^{(t)}$, $D_j \in U^{(t)}/\{d\}$, $1 \leqslant i \leqslant n$, $1 \leqslant j \leqslant m$, 若 $\Pr(D_j^{(t+1)}|K_A^{(t+1)}(x_i)) \leqslant \Pr(D_j^{(t)}|K_A^{(t)}(x_i))$, 则 $\mathrm{NEG}_{\alpha,\beta}(D_j^{(t)})$ 更新如下。

(1) 若 $x_i \in \mathrm{NEG}_{\alpha,\beta}(D_j^{(t)})$, 则有 $x_i \in \mathrm{NEG}_{\alpha,\beta}(D_j^{(t+1)})$。

(2) 否则

① 若 $\Pr(D_j^{(t+1)}|K_A^{(t+1)}(x_i)) \leqslant \beta$, 则 $x_i \in \mathrm{NEG}_{\alpha,\beta}(D_j^{(t+1)})$;

② 否则 $x_i \notin \mathrm{NEG}_{\alpha,\beta}(D_j^{(t+1)})$。

证明   证明过程与定理 6.2.15 类似, 此处略。   □

6.3 算法设计与分析

根据 6.2.2 节中对动态不完备信息系统中概率粗糙近似集的增量更新方法的分析, 这里首先给出概率粗糙集模型中条件概率增大或减小时, 不完备信息系统中数据对象的增量分类算法, 具体步骤如算法 6.3.1 和算法 6.3.2 所示。

算法 6.3.1   条件概率增大时数据对象增量分类算法 (CPAI)

输入: (1) 数据对象 $x_i \in U^{(t)}$, $1 \leqslant i \leqslant n$;

(2) t 时刻的概率粗糙近似集: $\mathrm{POS}_{\alpha,\beta}(D_j^{(t)})$, $\mathrm{BND}_{\alpha,\beta}(D_j^{(t)})$, $\mathrm{NEG}_{\alpha,\beta}(D_j^{(t)})$。

输出: $t+1$ 时刻的概率粗糙近似集: $\mathrm{POS}_{\alpha,\beta}(D_j^{(t+1)})$, $\mathrm{BND}_{\alpha,\beta}(D_j^{(t+1)})$, $\mathrm{NEG}_{\alpha,\beta}(D_j^{(t+1)})$。

1: **if** $x_i \in \mathrm{BND}_{\alpha,\beta}(D_j^{(t)})$ **then**
2:     **if** $\Pr(D_j^{(t+1)}|K_A^{(t+1)}(x_i)) \geqslant \alpha$ **then**
3:         $\mathrm{POS}_{\alpha,\beta}(D_j^{(t+1)}) \leftarrow \mathrm{POS}_{\alpha,\beta}(D_j^{(t)}) \cup \{x_i\}$; //根据定理 6.2.13 更新概率正域
4:         $\mathrm{BND}_{\alpha,\beta}(D_j^{(t+1)}) \leftarrow \mathrm{BND}_{\alpha,\beta}(D_j^{(t)}) - \{x_i\}$; //根据定理 6.2.14 更新概率边界
域
5:     **end if**
6: **else**
7:     **if** $x_i \in \mathrm{NEG}_{\alpha,\beta}(D_j^{(t)})$ **then**
8:         **if** $\Pr(D_j^{(t+1)}|K_A^{(t+1)}(x_i)) \geqslant \alpha$ **then**

9:       $\mathrm{NEG}_{\alpha,\beta}(D_j^{(t+1)}) \leftarrow \mathrm{NEG}_{\alpha,\beta}(D_j^{(t)}) - \{x_i\}$; //根据定理 6.2.15 更新概率负域

10:     **if** $\Pr(D_j^{(t)}|K_A^{(t)}(x_i)) \geqslant \alpha$ **then**

11:       $\mathrm{POS}_{\alpha,\beta}(D_j^{(t+1)}) \leftarrow \mathrm{POS}_{\alpha,\beta}(D_j^{(t)}) \cup \{x_i\}$; //根据定理 6.2.13 更新概率正域

12:     **else**

13:       $\mathrm{BND}_{\alpha,\beta}(D_j^{(t+1)}) \leftarrow \mathrm{BND}_{\alpha,\beta}(D_j^{(t)}) \cup \{x_i\}$; //根据定理 6.2.14 更新概率边界域

14:     **end if**

15:    **end if**

16:   **end if**

17: **end if**

18: **return** $\mathrm{POS}_{\alpha,\beta}(D_j^{(t+1)})$, $\mathrm{BND}_{\alpha,\beta}(D_j^{(t+1)})$, $\mathrm{NEG}_{\alpha,\beta}(D_j^{(t+1)})$

算法 6.3.2 条件概率减小时数据对象增量分类算法(CPAD)

输入：(1) 数据对象 $x_i \in U^{(t)}$, $1 \leqslant i \leqslant n$；

    (2) t 时刻的概率粗糙近似集：$\mathrm{POS}_{\alpha,\beta}(D_j^{(t)})$, $\mathrm{BND}_{\alpha,\beta}(D_j^{(t)})$, $\mathrm{NEG}_{\alpha,\beta}(D_j^{(t)})$。

输出：$t+1$ 时刻的概率粗糙近似集：$\mathrm{POS}_{\alpha,\beta}(D_j^{(t+1)})$, $\mathrm{BND}_{\alpha,\beta}(D_j^{(t+1)})$, $\mathrm{NEG}_{\alpha,\beta}(D_j^{(t+1)})$。

1: **if** $x_i \in \mathrm{POS}_{\alpha,\beta}(D_j^{(t)})$ **then**

2:   **if** $\Pr(D_j^{(t+1)}|K_A^{(t+1)}(x_i)) < \alpha$ **then**

3:     $\mathrm{POS}_{\alpha,\beta}(D_j^{(t+1)}) \leftarrow \mathrm{POS}_{\alpha,\beta}(D_j^{(t)}) - \{x_i\}$; //根据定理 6.2.16 更新概率正域

4:     **if** $\beta < \Pr(D_j^{(t)}|K_A^{(t)}(x_i)) < \alpha$ **then**

5:       $\mathrm{BND}_{\alpha,\beta}(D_j^{(t+1)}) \leftarrow \mathrm{BND}_{\alpha,\beta}(D_j^{(t)}) \cup \{x_i\}$; //根据定理 6.2.17 更新概率边界域

6:     **else**

7:       $\mathrm{NEG}_{\alpha,\beta}(D_j^{(t+1)}) \leftarrow \mathrm{NEG}_{\alpha,\beta}(D_j^{(t)}) \cup \{x_i\}$; //根据定理 6.2.18 更新概率负域

8:     **end if**

9:   **end if**

10: **else**

11:   **if** $x_i \in \mathrm{BND}_{\alpha,\beta}(D_j^{(t)})$ **then**

12:     **if** $\Pr(D_j^{(t+1)}|K_A^{(t+1)}(x_i)) \leqslant \beta$ **then**

13:       $\mathrm{BND}_{\alpha,\beta}(D_j^{(t+1)}) \leftarrow \mathrm{BND}_{\alpha,\beta}(D_j^{(t)}) - \{x_i\}$; //根据定理 6.2.17 更新概率边

14:　　　　　$\text{NEG}_{\alpha,\beta}(D_j^{(t+1)}) \leftarrow \text{NEG}_{\alpha,\beta}(D_j^{(t)}) \cup \{x_i\}$; //根据定理 6.2.18 更新概率负界域

15:　　　**end if**

16:　　**end if**

17: **end if**

18: **return** $\text{POS}_{\alpha,\beta}(D_j^{(t+1)})$, $\text{BND}_{\alpha,\beta}(D_j^{(t+1)})$, $\text{NEG}_{\alpha,\beta}(D_j^{(t+1)})$

基于算法 6.3.1 和算法 6.3.2，以下分别给出不完备信息系统中数据对象动态插入和删除时，概率粗糙近似集的增量更新算法，具体步骤如算法 6.3.3 和算法 6.3.4 所示。

算法 6.3.3　　*不完备信息系统中数据对象动态插入时概率粗糙近似增量更新算法*

输入：(1) t 时刻的不完备信息系统 $S^{(t)} = (U^{(t)}, C \cup D, V, f)$，其中 $U^{(t)} = \{x_1, x_2, \cdots, x_n\}$, $A \subseteq C$。

(2) t 时刻的计算结果：① 条件划分：$U/R(A) = \{K_A^{(t)}(x_1), \cdots, K_A^{(t)}(x_n)\}$；② 决策分类：$U/D = \{D_1^{(t)}, \cdots, D_m^{(t)}\}$；③ 条件概率：$\text{Pr}(D_j^{(t)}|K_A^{(t)}(x_1)), \cdots, \text{Pr}(D_j^{(t)}|K_A^{(t)}(x_n))$；④ 概率粗糙近似集：$\text{POS}_{\alpha,\beta}(D_j^{(t)})$, $\text{BND}_{\alpha,\beta}(D_j^{(t)})$, $\text{NEG}_{\alpha,\beta}(D_j^{(t)})$。

(3) $t+1$ 时刻的新增对象集合 $U^\Delta = \{x_{n+1}, x_{n+2}, \cdots, x_{n+n'}\}$。

输出：$t+1$ 时刻的概率粗糙近似集：$\text{POS}_{\alpha,\beta}(D_j^{(t+1)})$, $\text{BND}_{\alpha,\beta}(D_j^{(t+1)})$, $\text{NEG}_{\alpha,\beta}(D_j^{(t+1)})$。

1: $D \leftarrow \varnothing$;

2: Flag = **false**;

3: **for** $i = 1$ **to** n **do**

4:　　$K_i \leftarrow \varnothing$;

5:　　**for** $p = 1$ **to** n' **do**

6:　　　**if** $(x_i, x_{n+p}) \in R_A$ **then**

7:　　　　$K_i \leftarrow K_i \cup \{x_{n+p}\}$; //根据定理 6.2.7，增量更新数据对象的特性集

8:　　　**end if**

9:　　　**if** $(x_{n+p}, x_i) \in R_A$ **then**

10:　　　　$K_A^{(t+1)}(x_{n+p}) \leftarrow K_A^{(t+1)}(x_{n+p}) \cup \{x_i\}$; //根据定义 2.2.11，计算新增数据对象特性集

11:　　　**end if**

12:　　　**if** Flag = **false** $\wedge x_{n+p} \in D_j$ **then**

13:      $D \leftarrow D \cup \{x_{n+p}\}$; //根据定理 6.2.8，增量更新数据对象的决策类

14:    **end if**

15: **end for**

16: **if** $\dfrac{|D \cap K_i|}{K_i} \geqslant \Pr(D_j^{(t)}|K_A^{(t)}(x_i))$ **then**

17:    **Call** CPAI(); //根据定理 6.2.9，调用算法 6.3.1，增量更新数据对象的分类

18: **else**

19:    **Call** CPAD(); //根据定理 6.2.9，调用算法 6.3.2，增量更新数据对象的分类

20: **end if**

21: Flag = **true**;

22: **end for**

23: //根据定义 6.1.2，针对新增数据对象增量更新概率粗糙近似集

24: **for** $p = 1$ **to** n' **do**

25: **for** $q = 1$ **to** n' **do**

26:    //根据定义 2.2.11，计算新增数据对象的特性集

27:    **if** $(x_{n+p}, x_{n+q}) \in R_A$ **then**

28:      $K_A^{(t+1)}(x_{n+p}) \leftarrow K_A^{(t+1)}(x_{n+p}) \cup \{x_{n+q}\}$;

29:    **end if**

30: **end for**

31: **if** $\Pr(D_j^{(t+1)}|K_A^{(t+1)}(x_{n+p})) \geqslant \alpha$ **then**

32:    $\mathrm{POS}_{\alpha,\beta}(D_j^{(t+1)}) \leftarrow \mathrm{POS}_{\alpha,\beta}(D_j^{(t)}) \cup \{x_{n+p}\}$;

33: **else**

34:    **if** $\beta < \Pr(D_j^{(t+1)}|K_A^{(t+1)}(x_{n+p})) < \alpha$ **then**

35:      $\mathrm{BND}_{\alpha,\beta}(D_j^{(t+1)}) \leftarrow \mathrm{BND}_{\alpha,\beta}(D_j^{(t)}) \cup \{x_{n+p}\}$;

36:    **end if**

37: **else**

38:    $\mathrm{NEG}_{\alpha,\beta}(D_j^{(t+1)}) \leftarrow \mathrm{NEG}_{\alpha,\beta}(D_j^{(t)}) \cup \{x_{n+p}\}$;

39: **end if**

40: **end for**

41: **return** $\mathrm{POS}_{\alpha,\beta}(D_j^{(t+1)})$, $\mathrm{BND}_{\alpha,\beta}(D_j^{(t+1)})$, $\mathrm{NEG}_{\alpha,\beta}(D_j^{(t+1)})$

算法 6.3.3 中，步骤 3~步骤 22 是针对 t 时刻不完备信息系统中的原有数据对象对概率粗糙近似集进行增量更新，即数据对象集 $U = \{x_1, x_2, \cdots, x_n\}$，步骤 24~步骤 39 是针对 $t+1$ 时刻待插入的新增数据对象对概率粗糙近似集进行增量

更新, 即数据对象集 $U^\Delta = \{x_{n+1}, x_{n+2}, \cdots, x_{n+n'}\}$。具体而言, 步骤 5~步骤 15 是根据定理 6.2.7 和定理 6.2.8, 增量更新原有数据对象的特性集以及目标决策类, 其计算时间复杂度为 $O(|U||U^\Delta|)$; 步骤 16~步骤 20 是根据定理 6.2.9 利用算法 6.3.1 和算法 6.3.2 更新概率粗糙近似, 其计算时间复杂度为 $O(|U|)$; 步骤 25~步骤 29 是根据定义 2.2.11 计算新增数据对象的特性集, 其计算时间复杂度为 $O(|U^\Delta|^2)$; 步骤 30~步骤 38 是根据定义 6.1.2 针对新增数据对象更新概率粗糙近似集。因此, 算法 6.3.3 的总时间复杂度为 $O(|U||U^\Delta|)$。

算法 6.3.4 不完备信息系统中数据对象动态删除时概率粗糙近似增量更新算法

输入: (1) t 时刻的不完备信息系统 $S^{(t)} = (U^{(t)}, C \cup D, V, f)$, 其中 $U^{(t)} = \{x_1, x_2, \cdots, x_n\}$, $A \subseteq C$;

(2) t 时刻的计算结果: ① 属性划分: $U/R(A) = \{K_A^{(t)}(x_1), \cdots, K_A^{(t)}(x_n)\}$; ② 决策分类: $U/D = \{D_1^{(t)}, \cdots, D_m^{(t)}\}$; ③ 条件概率: $\Pr(D_j^{(t)}|K_A^{(t)}(x_1)), \cdots, \Pr(D_j^{(t)}|K_A^{(t)}(x_n))$; ④ 概率粗糙近似集: $\mathrm{POS}_{\alpha,\beta}(D_j^{(t)})$, $\mathrm{BND}_{\alpha,\beta}(D_j^{(t)})$, $\mathrm{NEG}_{\alpha,\beta}(D_j^{(t)})$;

(3) $t+1$ 时刻的待删对象集合 $U^\Delta = \{x_{l_1}, x_{l_2}, \ldots, x_{l_{n'}}\}$。

输出: $t+1$ 时刻的概率粗糙近似集: $\mathrm{POS}_{\alpha,\beta}(D_j^{(t+1)})$, $\mathrm{BND}_{\alpha,\beta}(D_j^{(t+1)})$, $\mathrm{NEG}_{\alpha,\beta}(D_j^{(t+1)})$。

1: **for** $p = 1$ **to** n' **do**

2:     // 从 t 时刻的概率粗糙近似集中删除待删数据对象

3:     **Remove** x_{l_p} from the probabilistic approximations;

4: **end for**

5: $D \leftarrow \varnothing$;

6: Flag = **false**;

7: **for each** $x_i \in U - U^\Delta$ **do**

8:     $K_i \leftarrow \varnothing$;

9:     **for** $p = 1$ **to** n' **do**

10:         **if** $(x_i, x_{l_p}) \in R_A$ **then**

11:             $K_i \leftarrow K_i \cup \{x_{l_p}\}$; // 根据定理 6.2.10, 增量更新数据对象的特性集

12:         **end if**

13:         **if** Flag = **false** $\wedge x_{l_p} \in D_j$ **then**

14:             $D \leftarrow D \cup \{x_{l_p}\}$; // 根据定理 6.2.11, 增量更新数据对象的特性集

15:         **end if**

16:         **if** $\dfrac{|D \cap K_i|}{K_i} \leqslant \Pr(D_j^{(t)}|K_A^{(t)}(x_i))$ **then**

17:　　　　　**Call**　CPAI(); //根据定理 6.2.12，调用算法 6.3.1，增量更新数据对象的
　　　　　　　分类

18:　　　　**else**

19:　　　　　**Call**　CPAD(); //根据定理 6.2.12，调用算法 6.3.2，增量更新数据对象的
　　　　　　　分类

20:　　　**end if**

21:　　　Flag =**true**;

22:　　**end for**

23: **end for**

24: **return**$\text{POS}_{\alpha,\beta}(D_j^{(t+1)})$, $\text{BND}_{\alpha,\beta}(D_j^{(t+1)})$, $\text{NEG}_{\alpha,\beta}(D_j^{(t+1)})$

算法 6.3.4 中，步骤 1～步骤 4 从 t 时刻的概率粗糙近似集中删除 $t+1$ 时刻待删数据对象，其计算时间复杂度为 $O(|U^{\Delta}|)$；步骤 10～步骤 15 是根据定理 6.2.10 和定理 6.2.11，增量更新 $t+1$ 时刻更新后的数据对象，即 $U - U^{\Delta}$ 的特性集以及目标决策类，其计算时间复杂度为 $O(|U - U^{\Delta}||U^{\Delta}|)$；步骤 16～步骤 20 是根据定理 6.2.12 利用算法 6.3.1 和算法 6.3.2 更新概率粗糙近似，其计算时间复杂度为 $O(|U - U^{\Delta}||U^{\Delta}|)$。因此算法 6.3.4 的计算时间复杂度为 $O(|U - U^{\Delta}||U^{\Delta}|)$。

6.4　算　　例

以下通过一个算例，分析并阐述不完备信息系统中随着数据对象的动态插入和删除，如何利用本章所提出的增量式算法，即算法 6.3.3 和算法 6.3.4，来实现概率粗糙近似集的增量式更新计算。

例 6.4.1　假设 t 时刻的不完备信息系统 $S^{(t)} = (U^{(t)}, \text{AT}, V, f)$ 如表 6-1 所示，其中论域 $U^{(t)} = \{x_1, x_2, x_3, x_4, x_5, x_6, x_7, x_8\}$，属性 $\text{AT} = C \cup D$，$C = \{a_1, a_2, a_3, a_4\}$ 为条件属性，$D = \{d\}$ 为决策属性，并且值域分别为 $V_C = \{0, 1, 2\}$，$V_{\{d\}} = \{0, 1\}$。

表 6-1　一个不完备信息系统

U	a_1	a_2	a_3	a_4	d
x_1	?	0	1	0	1
x_2	0	1	2	0	0
x_3	0	1	2	0	1
x_4	*	0	*	1	1
x_5	?	0	?	1	0
x_6	0	1	2	0	1
x_7	1	?	0	*	0
x_8	1	?	?	2	1

针对 t 时刻的不完备信息系统，根据定义 2.2.11，经计算可以得到数据对象的属性划分为 $U/R(A) = \{K_A^{(t)}(x_1), K_A^{(t)}(x_2), \cdots, K_A^{(t)}(x_8)\}$，其中 $K_A^{(t)}(x_1) = \{x_1\}$，$K_A^{(t)}(x_2) = \{x_2, x_3, x_6\}$，$K_A^{(t)}(x_3) = \{x_2, x_3, x_6\}$，$K_A^{(t)}(x_4) = \{x_4, x_5\}$，$K_A^{(t)}(x_5) = \{x_4, x_5\}$，$K_A^{(t)}(x_6) = \{x_2, x_3, x_6\}$，$K_A^{(t)}(x_7) = \{x_4, x_7\}$，$K_A(x_8) = \{x_7, x_8\}$。

根据 t 时刻不完备信息系统 $S^{(t)}$ 中的决策属性 d，计算可得论域 $U^{(t)}$ 上数据对象的决策分类为 $U^{(t)}/\{d\} = \{D_1^{(t)}, D_2^{(t)}\}$，其中 $D_1^{(t)} = \{x_1, x_3, x_4, x_6, x_8\}$，$D_2^{(t)} = \{x_2, x_5, x_7\}$。

给定一对概率阈值 $\alpha = 0.81$，$\beta = 0.58$，根据定义 2.2.12，目标决策类 $D_1^{(t)}$ 的上、下近似集为 $\underline{\mathrm{apr}}_{(\alpha,\beta)}(D_1^{(t)}) = \{x_1\}$；$\overline{\mathrm{apr}}_{(\alpha,\beta)}(D_1^{(t)}) = \{x_1, x_2, x_3, x_6\}$。

根据定义 6.1.2，目标决策类 $D_1^{(t)}$ 的正域、负域、边界域分别为 $\mathrm{POS}_{(\alpha,\beta)}(D_1^{(t)}) = \{x_1\}$，$\mathrm{B\,ND}_{(\alpha,\beta)}(D_1^{(t)}) = \{x_2, x_3, x_6\}$，$\mathrm{NEG}_{(\alpha,\beta)}(D_1^{(t)}) = \{x_4, x_5, x_7, x_8\}$。

针对数据对象的动态插入，假设 $t+1$ 时刻，将表 6-2 中的对象添加到表 6-1，并利用算法 6.3.3 对概率粗糙近似集进行增量式更新计算。

表 6-2　$t+1$ 时刻表 6-1 中新增数据对象集

U	a_1	a_2	a_3	a_4	d
x_9	0	*	0	1	1
x_{10}	0	1	2	?	0
x_{11}	?	0	1	0	0
x_{12}	*	0	1	0	1
x_{13}	1	0	1	2	1

步骤 1：根据表 6-2 中的新增数据对象，首先计算表 6-1 中旧数据对象的特性集和目标决策的更新集。例如，针对数据对象 x_1 来说，特性集的更新集为 $K_1 = \{x_i | (x_1, x_i) \in R^{(t+1)}(A), 9 \leqslant i \leqslant 13\} = \{x_{11}, x_{12}\}$。类似地，有 $K_2 = K_3 = K_6 = K_7 = \varnothing$，$K_4 = K_5 = \{x_9\}$，$K_8 = \{x_{13}\}$。目标决策 $D_1^{(t)}$ 的更新集为 $D_1 = \{x_i | (x_1, x_i) \in R^{(t+1)}(A), 9 \leqslant i \leqslant 13\} = \{x_9, x_{13}\}$。

步骤 2：针对特性集和目标决策类的更新集，计算条件概率的更新值，记为 $\mathrm{Pr}'(x_i)$。例如，针对数据对象 x_1，条件概率的更新值计算如下 $\mathrm{Pr}'(x_1) = \dfrac{|D \cap K_1|}{|K_1|} = \dfrac{|\{x_9, x_{13}\} \cap \{x_{11}, x_{12}\}|}{|\{x_{11}, x_{12}\}|} = 0$。类似地，有 $\mathrm{Pr}'(x_2) = \mathrm{Pr}'(x_3) = \mathrm{Pr}'(x_6) = \mathrm{Pr}'(x_7) = 0$，$\mathrm{Pr}'(x_4) = \mathrm{Pr}'(x_5) = \mathrm{Pr}'(x_8) = 1$。

步骤 3：通过条件概率更新值 $\mathrm{Pr}'(x_i)$ 和 t 时刻条件概 $\mathrm{Pr}(D_1^{(t)}|K_A^{(t)}(x_i))$ 的大小比较，分别利用算法 6.3.1 和算法 6.3.2 对概率粗糙近似集进行更新计算。例如，针对数据对象 x_1，由于 $\mathrm{Pr}'(x_1) < \mathrm{Pr}(D_1^{(t)}|K_A^{(t)})$，即条件概率变小，则采用算法 6.3.2 增量更新 x_1 的近似分类。又因为 t 时刻 $x_1 \in \mathrm{POS}_{\alpha,\beta}(D_1^{(t)})$，并且 $\mathrm{Pr}(D_1^{(t+1)}|K_A^{(t+1)}(x_1)) = 1/3 < \beta$。因此，概率粗糙近似集更新如下：$\mathrm{POS}_{\alpha,\beta}(D_1^{(t+1)}) = \mathrm{POS}_{\alpha,\beta}(D_1^{(t)}) - \{x_1\} =$

$\varnothing$, $\mathrm{NEG}_{\alpha,\beta}(D_1^{(t+1)}) = \mathrm{NEG}_{\alpha,\beta}(D_1^{(t)}) \cup \{x_1\} = \{x_1, x_5, x_7, x_8\}$。以此类推，针对表 6-1 中的原有数据对象的局部计算，概率粗糙近似集增量更新为 $\mathrm{POS}_{\alpha,\beta}(D_1^{(t+1)}) = \varnothing$，$\mathrm{BND}_{\alpha,\beta}(D_1^{(t+1)}) = \{x_2, x_3, x_4 x_5, x_6, x_8\}$，$\mathrm{NEG}_{\alpha,\beta}(D_1^{(t+1)}) = \{x_1, x_7\}$。

步骤 4: 针对表 6-2 中的新增数据对象，由于没有先验信息，需根据定义 6.1.2 对近似集进行直接求解，最后可得到 $t+1$ 时刻的概率粗糙近似如下：$\mathrm{POS}_{\alpha,\beta}(D_1^{(t+1)}) = \varnothing \cup \{x_9, x_{13}\} = \{x_9, x_{13}\}$，$\mathrm{BND}_{\alpha,\beta}(D_1^{(t+1)}) = \{x_2, x_3, x_4, x_5, x_6, x_8\} \cup \varnothing = \{x_2, x_3, x_4, x_5, x_6, x_8\}$，$\mathrm{NEG}_{\alpha,\beta}(D_1^{(t+1)}) = \{x_1, x_7\} \cup \{x_{10}, x_{11}, x_{12}\} = \{x_1, x_7, x_{10}, x_{11}, x_{12}\}$。

针对不完备信息系统中数据对象的动态删除问题，假设 $t+1$ 时刻数据对象集 $U^\Delta = \{x_6, x_7, x_8\}$ 从表 6-1 中删除，并利用算法 6.3.4 对概率粗糙近似集进行增量式更新计算。

步骤 1: 从 t 时刻的概率粗糙近似集中删除 $t+1$ 时刻将要删除的对象，即数据对象集 $U^\Delta = \{x_6, x_7, x_8\}$。此时，概率粗糙近似集更新为 $\mathrm{POS}_{\alpha,\beta}(D_1^{(t+1)}) = \{x_1\}$，$\mathrm{BND}_{\alpha,\beta}(D_1^{(t+1)}) = \{x_2, x_3\}$，$\mathrm{NEG}_{\alpha,\beta}(D_1^{(t+1)}) = \{x_4, x_5\}$。

步骤 2: 计算表 6-1 中剩余数据对象和目标决策类的更新集。例如，针对数据对象 x_2，特性集的更新集为 $K_2 = \{x_i | (x_2, x_i) \in R(A), x_i \in U^\Delta\} = \{x_6\}$。类似地，可得 $K_1 = K_4 = K_5 = \varnothing$，$K_2 = K_3 = \{x_6\}$。目标决策类 $D_1^{(t)}$ 的更新集为 $D = \{x_6, x_8\}$。

步骤 3: 针对特性集和目标决策类的更新集，分别计算条件概率的更新值，记为 $\mathrm{Pr}'(x_i)$。例如，针对数据对象 x_1 来说，条件概率的更新值为 $\mathrm{Pr}'(x_1) = \dfrac{|D \cap K_1|}{|K_1|} = 0$。类似地，可得 $\mathrm{Pr}'(x_1) = \mathrm{Pr}'(x_4) = \mathrm{Pr}'(x_5) = 0$，$\mathrm{Pr}'(x_2) = \mathrm{Pr}'(x_3) = 1$。

步骤 4: 通过条件概率更新值 $\mathrm{Pr}'(x_i)$ 和 t 时刻条件概率 $\mathrm{Pr}(D_1^{(t)}|K_A^{(t)}(x_i))$ 的大小比较，分别利用算法 6.3.1 以及算法 6.3.2 对概率粗糙近似集进行更新计算。例如，对于数据对象 x_2 来说，由于 $\mathrm{Pr}'(x_2) > \mathrm{Pr}(D_1^{(t)}|K_A^{(t)})$，即条件概率呈变小趋势，则采用算法 6.3.2 增量更新 x_2 的所属分类区域。又因为 t 时刻 $x_2 \in \mathrm{BND}_{\alpha,\beta}(D_1^{(t)})$，并且 $\mathrm{Pr}(D_1^{(t+1)}|K_A^{(t+1)}(x_1)) = 1/2 < \beta$。因此，可得 $\mathrm{BND}_{\alpha,\beta}(D_1^{(t+1)}) = \mathrm{BND}_{\alpha,\beta}(D_1^{(t)}) - \{x_2\} = \{x_3\}$，$\mathrm{NEG}_{\alpha,\beta}(D_1^{(t+1)}) = \mathrm{NEG}_{\alpha,\beta}(D_1^{(t)}) \cup \{x_2\} = \{x_2, x_4, x_5\}$。以此类推，最后可得 $t+1$ 时刻的概率粗糙近似集为 $\mathrm{POS}_{\alpha,\beta}(D_1^{(t+1)}) = \{x_1\}$，$\mathrm{BND}_{\alpha,\beta}(D_1^{(t+1)}) = \varnothing$，$\mathrm{NEG}_{\alpha,\beta}(D_1^{(t+1)}) = \{x_2, x_3, x_4, x_5\}$。

6.5　实验方案与性能分析

本节将通过仿真实验来分析、验证本章中所提出的算法 6.3.3 和算法 6.3.4 在不完备信息系统中随着数据对象的动态变化增量计算概率粗糙近似集的有效性和高效性。

6.5.1 实验方案

仿真实验中从 UCI 公共数据集上选取了 9 组数据集，数据详细信息如表 6-3 所示。为获取同时含有遗漏型缺失属性值和缺席型未知属性值，实验中从这 9 组数据集中随机挑选 10% 的数据值分别用 "?" 和 "*" 进行替代。另外，实验的硬件测试环境是：① CPU：Intel(R) Core(TM) i3-3227U，1.90 GHz；②内存：4.0 GB；③操作系统：Windows 8，64 位；④ 开发平台：Eclipse Kepler，Java，JDK 1.7.0。

表 6-3　实验数据集

编号	数据集	样本数	特征数	类别数	来源
1	Zoo	101	17	7	UCI
2	Iris	150	4	3	UCI
3	Tic-tac-toe	958	9	2	UCI
4	Car Evaluation	1728	6	4	UCI
5	Molecular Biology	3190	61	3	UCI
6	Musk	6598	168	2	UCI
7	Nursery	12960	8	5	UCI
8	Letter Recognition	20000	16	26	UCI
9	Statlog(Shuttle)	58000	9	7	UCI

对于不完备信息系统中数据对象动态变化时概率粗糙近似集的计算问题，主要从数据集的规模大小和数据集的更新比率两方面对所提出增量算法进行测试和验证。具体实验方案如下。

(1) 数据集的规模大小：为验证数据集的规模大小对算法效率的影响，在实验中首先设置数据集中数据对象的更新比率固定不变，为 5%，即插入或删除的数据对象规模为基础数据集中数据对象规模的 5%。另外，分别将表 6-3 中的每组数据集平均分为 10 份，记为 $X_i(1 \leqslant i \leqslant 10)$，其中 $|X_i| = \dfrac{|U|}{10}$，U 表示整个数据对象集。对于数据对象的插入，通过逐一合并前面 9 份相等大小的子数据集，生成 9 个等差规模大小的子数据集作为实验中的基础数据集，记为 U_j，其中 $U_j = \bigcup\limits_{1 \leqslant i \leqslant j} X_i, j = 1, 2, \cdots, 9$。然后，分别从最后一份子数据集中随机地选择规模大小为基础数据集 5% 的数据对象作为待插入的新增数据对象集，记为 $U_j^\triangle$，其中 $|U_j^\triangle| = \dfrac{|U_j|}{20}$，$j = 1, 2, \cdots, 9$。对于数据对象的删除，通过逐一合并 10 份相等大小的子数据集，生成 10 个等差容量大小的子数据集作为实验中的基础数据集，记为 U_j，其中 $U_j = \bigcup\limits_{1 \leqslant i \leqslant j} X_i, j = 1, 2, \cdots, 10$。对于这 10 个基础数据集，分别从其对象集中随机地选择规模大小为基础数据集 5% 的数据对象作为待删除的数据对象集，记为 $U_j^\triangle$，其中 $|U_j^\triangle| = \dfrac{|U_j|}{20}$，$j = 1, 2, \cdots, 10$。

(2) 数据集的更新比率：为验证数据集的更新比率对算法效率的影响，实验中

设置基础数据集的规模大小固定不变。对于数据对象的插入，首先从表 6-3 中的每一个数据集分别随机挑选 50% 的数据对象作为基础数据集 $(0.5 \times |U|)$。然后分别从剩余的 50% 的数据集中随机选择 R_a^i 个数据对象作为待插入的数据对象集，其中 $R_a^i(i = 1, 2, \cdots, 10)$ 为数据对象的插入比率，R_a^i 分别等于 $10\%, 20\%, \cdots, 100\%$。对于数据对象的删除，将表 6-3 中的每一个原始数据集作为基础数据集，并分别从数据集中随机选择 R_r^i 个数据对象作为待删除的数据对象集，其中 $R_r^i(i = 1, 2, \cdots, 9)$ 为数据删除比率，R_r^i 分别等于 $10\%, 20\%, \cdots, 90\%$。

6.5.2　性能分析

仿真实验中首先比较了不完备信息系统中数据对象动态插入时增量算法 6.3.3 与非增量算法的计算性能效率。针对表 6-3 中 9 组不同 UCI 数据集，表 6-4 和图 6-1 分别记录了数据规模大小对两种算法的效率影响。图 6-1 中，x 轴表示 9 份数据容量由小到大的基础数据集，y 轴表示算法在不同数据集上插入数据对象时概率粗糙近似集的计算时间。

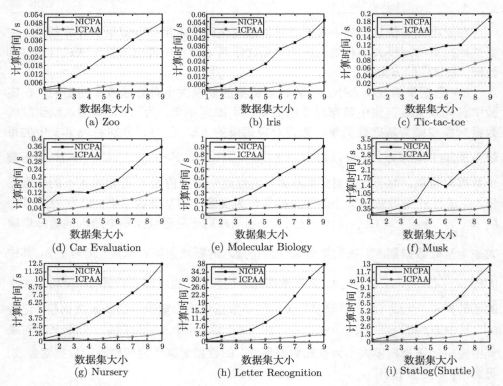

图 6-1　不同数据规模下数据对象动态插入时增量与非增量算法计算性能对比趋势图

从表 6-4 和图 6-1 可以看出，随着数据容量规模的增大，增量算法与非增量算法在数据对象动态插入时的计算时间都呈现出逐渐增大的趋势，而相对于非增量算法，增量算法的计算性能显得更加平稳，与非增量算法的计算时间差值随着数据容量规模的增大而逐渐增大。因此，通过实验结果表明了针对不同规模大小的数据集，本章所提出的增量算法较非增量算法性能更好，高效性更明显。

表 6-4 不同数据规模下数据对象动态插入时增量与非增量算法执行时间

No.	Zoo NICPA	Zoo ICPAA	Iris NICPA	Iris ICPAA	Tic-tac-toe NICPA	Tic-tac-toe ICPAA
1	0.002	0.001	0.002	0.001	0.039	0.004
2	0.004	0.002	0.004	0.001	0.060	0.012
3	0.010	0.001	0.009	0.002	0.092	0.032
4	0.016	0.001	0.015	0.002	0.102	0.035
5	0.024	0.003	0.021	0.002	0.109	0.039
6	0.028	0.005	0.033	0.004	0.118	0.054
7	0.036	0.005	0.038	0.006	0.120	0.056
8	0.042	0.005	0.044	0.005	0.158	0.071
9	0.048	0.005	0.055	0.007	0.192	0.082

No.	Car Evaluation NICPA	Car Evaluation ICPAA	Molecular Biology NICPA	Molecular Biology ICPAA	Musk NICPA	Musk ICPAA
1	0.056	0.006	0.152	0.026	0.097	0.049
2	0.117	0.032	0.159	0.042	0.193	0.097
3	0.123	0.037	0.205	0.077	0.373	0.108
4	0.119	0.051	0.286	0.091	0.672	0.155
5	0.144	0.064	0.397	0.101	1.670	0.209
6	0.184	0.072	0.529	0.112	1.336	0.255
7	0.247	0.084	0.632	0.127	1.967	0.267
8	0.319	0.106	0.757	0.145	2.460	0.299
9	0.358	0.135	0.906	0.205	3.228	0.424

No.	Nursery NICPA	Nursery ICPAA	Letter Recognition NICPA	Letter Recognition ICPAA	Statlog (Shuttle) NICPA	Statlog (Shuttle) ICPAA
1	0.320	0.093	0.450	0.108	0.247	0.085
2	0.974	0.314	2.300	0.237	0.703	0.184
3	1.879	0.357	3.869	0.345	1.684	0.245
4	3.092	0.231	5.631	0.530	2.545	0.356
5	4.642	0.383	9.341	0.883	3.944	0.474
6	6.044	0.626	14.013	1.400	5.589	0.610
7	7.792	0.653	22.167	1.854	7.579	0.889
8	9.647	0.832	31.170	2.782	10.375	1.349
9	12.428	1.340	37.643	3.189	12.798	1.579

　　考虑到插入数据对象时数据更新率将影响增量算法的性能，根据实验方案设计，测试了本章所提出的增量算法 6.3.3 和非增量算法针对表 6-3 中 9 组数据集，不同数据更新率对算法运行的时间消耗影响，实验结果见表 6-5 和图 6-2。图 6-2 中，x 轴表示 10 个从小到大的数据更新率，y 轴表示算法在不同数据更新率下插入数据对象时概率粗糙近似集的计算时间。

　　从表 6-5 和图 6-2 可以容易看出，随着数据对象更新率的增大，增量算法 6.3.3 和非增量算法的运行时间都呈现逐渐增多的趋势。然而，与非增量算法相比，本章的增量算法在不同数据更新率下一直保持着计算性能上的优势。

　　针对不完备信息系统中数据对象的动态删除问题，首先测试了数据集的不同规模大小下，增量算法 6.3.4 与非增量算法之间的计算性能比较。针对表 6-9 中 9 组不同 UCI 数据集，表 6-6 和图 6-3 分别记录了数据对象动态删除时，数据规模大小对两种算法的效率影响。图 6-3 中，x 轴表示 10 份数据容量由小到大的基础数据集，y 轴表示算法在不同数据集上删除数据对象时概率粗糙近似集的计算时间。

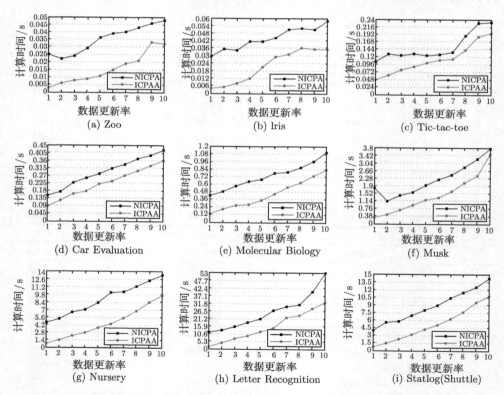

图 6-2　不同数据更新率下数据对象动态插入时增量与非增量算法计算性能对比趋势图

表 6-5　不同数据规模下数据对象动态插入时增量与非增量算法执行时间

No.	Zoo		Iris		Tic-tac-toe	
---	NICPA	ICPAA	NICPA	ICPAA	NICPA	ICPAA
1	0.025	0.003	0.029	0.004	0.104	0.048
2	0.022	0.006	0.035	0.005	0.128	0.062
3	0.024	0.008	0.034	0.008	0.124	0.079
4	0.029	0.009	0.041	0.012	0.129	0.089
5	0.036	0.011	0.041	0.021	0.124	0.101
6	0.039	0.015	0.044	0.029	0.127	0.110
7	0.040	0.019	0.051	0.031	0.134	0.113
8	0.043	0.021	0.052	0.036	0.187	0.141
9	0.046	0.033	0.051	0.035	0.229	0.184
10	0.048	0.032	0.058	0.035	0.232	0.196

No.	Car Evaluation		Molecular Biology		Musk	
---	NICPA	ICPAA	NICPA	ICPAA	NICPA	ICPAA
1	0.149	0.085	0.415	0.131	1.771	0.293
2	0.171	0.120	0.477	0.200	1.105	0.435
3	0.226	0.159	0.568	0.261	1.395	0.667
4	0.254	0.175	0.639	0.275	1.558	0.911
5	0.279	0.219	0.675	0.342	1.911	1.172
6	0.312	0.236	0.775	0.441	2.207	1.289
7	0.335	0.269	0.791	0.550	2.441	1.604
8	0.369	0.297	0.863	0.625	2.820	2.042
9	0.389	0.328	0.961	0.731	3.239	2.402
10	0.420	0.359	1.105	0.832	3.747	3.492

No.	Nursery		Letter Recognition		Statlog (Shuttle)	
---	NICPA	ICPAA	NICPA	ICPAA	NICPA	ICPAA
1	4.679	0.787	11.845	1.786	3.992	0.745
2	5.339	1.416	13.135	4.275	5.607	1.470
3	6.573	2.230	15.633	7.336	5.799	2.291
4	7.046	2.790	18.589	9.273	6.972	3.200
5	8.325	3.682	21.194	12.230	8.033	4.217
6	10.184	4.431	27.098	14.739	8.952	5.106
7	10.310	5.505	29.741	22.200	10.399	6.319
8	11.325	6.822	31.137	23.716	11.475	7.656
9	12.393	8.431	40.112	28.511	12.521	9.571
10	13.363	9.673	52.940	32.924	14.221	10.789

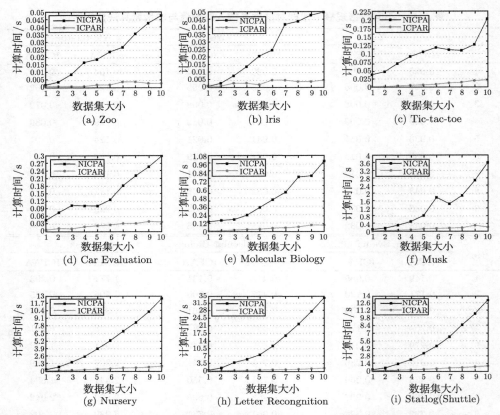

图 6-3   不同数据规模下数据对象动态删除时增量与非增量算法计算性能对比趋势图

如表 6-6 和图 6-3 的实验结果所示,通常随着数据集规模的增大,增量算法与非增量算法的计算时间消耗都在增加。然而,增量算法的计算性能显得更加平稳,并且与非增量算法的计算时间差值随着数据规模的增大会逐渐增大,从而表明了本章所提出的增量算法 6.3.4 不仅有效地加速了数据对象动态删除时的近似集计算问题,而且对于规模较大的数据集,其所表现的计算性能会更好,高效性更明显。

针对不完备信息系统中数据对象动态删除时,数据更新率将影响增量算法的计算效率,根据实验方案的设计,表 6-7 和图 6-4 记录了 9 组测试数据集上增量算法 6.3.4 与非增量算法的计算时间。图 6-4 中,x 轴表示 9 个从小到大的数据更新率,y 轴表示算法在不同数据更新率下删除数据对象时概率粗糙近似集的计算时间。

表 6-6　不同数据规模下数据对象动态插入时增量与非增量算法执行时间

No.	Zoo		Iris		Tic-tac-toe	
	NICPA	ICPAA	NICPA	ICPAA	NICPA	ICPAA
1	0.002	0.001	0.001	0.001	0.038	0.002
2	0.004	0.001	0.003	0.001	0.047	0.002
3	0.009	0.001	0.008	0.003	0.071	0.004
4	0.017	0.001	0.014	0.003	0.092	0.006
5	0.019	0.002	0.021	0.002	0.106	0.007
6	0.024	0.002	0.025	0.005	0.119	0.009
7	0.027	0.004	0.042	0.005	0.112	0.013
8	0.036	0.004	0.044	0.004	0.110	0.015
9	0.043	0.003	0.048	0.004	0.128	0.020
10	0.048	0.003	0.050	0.005	0.204	0.022

No.	Car Evaluation		Molecular Biology		Musk	
	NICPA	ICPAA	NICPA	ICPAA	NICPA	ICPAA
1	0.046	0.006	0.140	0.006	0.089	0.009
2	0.076	0.012	0.159	0.009	0.163	0.027
3	0.104	0.011	0.172	0.018	0.318	0.040
4	0.103	0.019	0.235	0.026	0.513	0.065
5	0.102	0.023	0.344	0.031	0.839	0.121
6	0.127	0.026	0.455	0.045	1.791	0.144
7	0.183	0.032	0.562	0.052	1.453	0.157
8	0.222	0.032	0.778	0.065	1.892	0.176
9	0.257	0.040	0.794	0.091	2.686	0.303
10	0.299	0.038	1.002	0.088	3.617	0.213

No.	Nursery		Letter Recognition		Statlog (Shuttle)	
	NICPA	ICPAA	NICPA	ICPAA	NICPA	ICPAA
1	0.263	0.026	0.376	0.034	0.215	0.026
2	0.722	0.081	1.407	0.103	0.556	0.080
3	1.535	0.139	3.937	0.146	1.277	0.102
4	2.521	0.212	5.453	0.267	2.100	0.191
5	3.906	0.303	7.597	0.403	3.289	0.276
6	5.294	0.392	11.725	0.528	4.659	0.386
7	6.873	0.537	16.523	0.624	6.337	0.524
8	8.361	0.559	21.713	0.797	8.490	0.596
9	10.196	0.664	27.557	1.022	10.546	0.732
10	12.562	0.821	34.158	1.284	13.166	0.890

从表 6-7 和图 6-4 可以看出，删除数据对象时随着数据更新率的增大，非增量算法由于数据集规模逐渐减小，其计算时间呈现出逐渐减小的趋势，而增量算法的计算性能显得较为平稳。同时可以看出增量算法在一定数据更新率阈值内，其计算性能都优于非增量算法。具体而言，对于数据集 Zoo 来说，其阈值为 85%，数

表 6-7　不同数据更新率下数据对象动态删除时增量与非增量算法执行时间

No.	Zoo		Iris		Tic-tac-toe	
	NICPA	ICPAA	NICPA	ICPAA	NICPA	ICPAA
1	0.040	0.003	0.049	0.004	0.181	0.023
2	0.034	0.002	0.047	0.006	0.135	0.020
3	0.032	0.003	0.045	0.005	0.110	0.027
4	0.022	0.003	0.030	0.003	0.118	0.022
5	0.020	0.003	0.021	0.004	0.108	0.024
6	0.016	0.002	0.015	0.005	0.099	0.019
7	0.010	0.002	0.011	0.004	0.071	0.017
8	0.004	0.002	0.003	0.003	0.065	0.016
9	0.001	0.002	0.002	0.002	0.041	0.015

No.	Car Evaluation		Molecular Biology		Musk	
	NICPA	ICPAA	NICPA	ICPAA	NICPA	ICPAA
1	0.283	0.052	0.894	0.096	3.208	0.263
2	0.242	0.057	0.741	0.102	2.416	0.311
3	0.201	0.052	0.645	0.109	1.749	0.312
4	0.140	0.048	0.485	0.111	1.225	0.391
5	0.112	0.056	0.374	0.093	0.963	0.308
6	0.105	0.044	0.264	0.092	0.589	0.310
7	0.095	0.036	0.205	0.085	0.337	0.260
8	0.087	0.037	0.152	0.081	0.188	0.249
9	0.039	0.024	0.141	0.064	0.091	0.198

No.	Nursery		Letter Recognition		Statlog (Shuttle)	
	NICPA	ICPAA	NICPA	ICPAA	NICPA	ICPAA
1	12.765	1.037	31.264	1.633	12.441	0.926
2	10.186	1.339	24.217	1.738	9.995	1.020
3	8.194	1.749	18.787	2.304	7.500	1.073
4	6.238	2.103	13.512	1.915	5.534	1.198
5	4.664	2.199	8.631	1.919	3.618	1.243
6	3.438	2.095	5.674	1.882	2.660	1.196
7	1.938	1.876	4.215	1.809	1.465	1.135
8	0.861	1.481	1.630	1.647	0.655	0.992
9	0.305	0.926	0.440	1.329	0.249	0.797

据集 Iris 和 Letter Recognition 的阈值为 80%，数据集 Musk 和 Statlog 的阈值为 75%，数据集 Nursery 的阈值为 70%。而对于数据集 Tic-tac-toe、Car Evaluation 和 Molecular Biology，当数据更新率达到 90% 时，增量算法的计算性能还一直优于非增量算法。

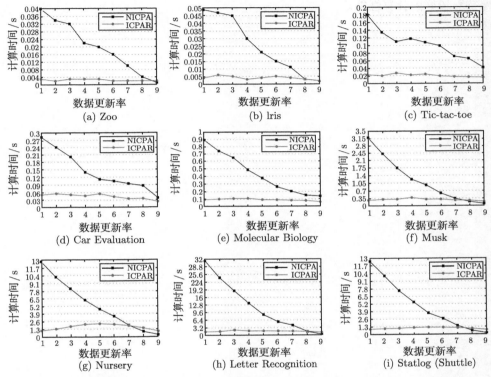

图 6-4 不同数据更新率下数据对象动态删除时增量与非增量算法计算性能对比趋势图

6.6 本章小结

不完备数据处理与分析是数据挖掘研究领域中一个非常普遍的问题。针对动态不完备数据，本章提出了一种面向数据对象变化的动态概率粗糙集方法。通过对新增或待删数据对象集的局部运算，可实现概率粗糙集模型中条件概率的增量估计，基于此提出了概率粗糙近似集的增量更新策略。最后，根据不完备信息系统中插入或删除数据对象的不同情况，分别设计了概率粗糙近似集的增量获取算法，该算法可以有效利用原有信息系统中所获得的粒度结构和知识结果，实现概率粗糙近似集的高效求解。实验分析中，选取了 9 组 UCI 公共数据集，并从数据规模大小和数据更新比率两方面对所提出的增量算法和非增量算法进行了测试比较。实验结果表明数据规模越大，本章所提出的增量算法的计算性能优势表现得越明显，其可以有效加速不完备数据中数据对象动态变化时概率粗糙近似集的计算过程。另外，在一定数据更新率范围内，与非增量算法相比，本章所提出的增量算法也始终保持着较好的计算性能。

第 7 章　　复杂数据融合与高效学习算法

在实际应用中，往往存在多种类型的数据，如符号型、数值型、集值型和缺失数据等。粗糙集作为数据建模与规则提取的重要方法之一，已经取得了长足的进步，而其优点在于无须利用先验知识就可以进行知识发现。但是，在面临复杂数据的时候，往往不能很好地进行数据融合。而且，当复杂数据同时又高维、海量时，与其他建模方法一样，具有时间消耗过长的缺点，乃至无法处理。本章首先提出复合关系，用于有效地进行复杂数据融合，进而给出相应的复合粗糙集模型。第 2 章中已经给出了多种基于粗糙集的特征选择算法，其核心步骤就是近似集与二元关系的计算。类似地，基于复合粗糙集的特征算法的核心是近似集和复合关系的计算。因此，本章以这两者的计算为核心，提出了相应的矩阵表示方法。为应对高维、海量数据，又进一步提出基于 GPU 和 Multi-GPU 的并行计算近似集算法。

7.1　复合粗糙集模型

在许多实际问题中，往往多种不同类型的数据并存，已有的方法只能应用于单一或两种不同类型的数据。为解决此类问题，引入了复合关系，提出了复合粗糙集模型。如果一个信息系统含有两种或两种以上不同类型的属性，则称为复合决策信息系统，写成 CIS$=(U, \mathrm{AT}, V, f)$，其中

$$\begin{cases} U, & \text{非空有限对象集} \\ \mathrm{AT} = \bigcup A_k, & \text{非空属性集的并集，其中} A_k \text{表示同一数据类型的属性集} \\ V = \bigcup_{A_k \subseteq A} V_{A_k}, & V_{A_k} = \bigcup_{a \in A_k} V_a, V_a \text{ 为属性} a \text{的值域} \\ f : U \times A \to V, & \text{即} U \times \bigcup A_k \to \bigcup V_{A_k}, \text{其中} U \times A_k \to V_{A_k} \text{为信息函数，} \\ & f(x, a) \text{表示对象} x \text{在属性} a \text{的值} \end{cases}$$

更特别地，当复合决策信息系统中同时存在条件属性 C 和决策属性 D，即 $\mathrm{AT}=C \bigcup D$ 时，称为复合决策信息系统，表示为 $(U, C \bigcup D, V, f)$。

定义 7.1.1(属性划分)　给定非空属性集 A，根据不同的属性类型得到 A 上的一个划分 $\Gamma(A) = \{A_1, \cdots, A_K\}$，那么称 $\Gamma(A)$ 为 A 上的一个属性划分，如果它满足：

(1) $A = \bigcup_{A_k \in \Gamma(A)} A_k$；

(2) $\forall A_j, A_k \in \Gamma(A), j \neq k, A_j \bigcap A_k = \varnothing$。

定义 7.1.2（复合关系）　给定复合决策信息系统 $\text{CIS} = (U, C \bigcup D, V, f)$，$B \subseteq C$。$\Gamma(B) = \{B_1, B_2, \cdots, B_K\}$ 是 B 上的属性划分。复合关系 C_B 定义为

$$C_B = \mathop{\circ}\limits_{B_k \subseteq \Gamma(B)} R_{B_k} := R_{B_1} \circ R_{B_2} \circ \cdots \circ R_{B_K} \tag{7-1}$$

或等价地

$$C_B = \{(x, y) \in U \times U | (x, y) \in \bigcap_{B_k \subseteq \Gamma(B)} R_{B_k}\} \tag{7-2}$$

其中，$\circ$ 为关系的复合运算；$\forall B_k \in \Gamma(B)$，$R_{B_k} \subseteq U \times U$ 是 U 上关于 B_k 上的不可区分关系 [260]。若 $(x, y) \in C_B$，称 x 和 y 关于 B 不可区分。令 $C_B(x) = \{y \in U | x R_{B_k} y, \forall k \in \{1, 2, \cdots, K\}\}$，称 $C_B(x)$ 为 x 关于 C_B 的复合类。

例 7.1.1　令 R_{B_1}、R_{B_2}、R_{B_3}、R_{B_4} 分别为关于属性集 B_1、B_2、B_3、B_4 的二元关系，那么关于 $B = \{B_1, B_2, B_3, B_4\}$ 的复合关系为 $C_B = R_{B_1} \circ R_{B_2} \circ R_{B_3} \circ R_{B_4}$。

定义 7.1.3　给定复合决策信息系统 $\text{CIS} = (U, C \bigcup D, V, f)$，$B \subseteq C$。$C_B$ 为 U 上的复合关系。$\forall X \subseteq U$，X 关于复合关系 C_B 的下、上近似集分别定义为

$$\underline{C_B}(X) = \{x \in U | C_B(x) \subseteq X\} \tag{7-3}$$

$$\overline{C_B}(X) = \{x \in U | C_B(x) \cap X \neq \varnothing\} \tag{7-4}$$

定义 7.1.4　给定复合决策信息系统 $\text{CIS} = (U, C \bigcup D, V, f)$，$B \subseteq C$。$U/D = \{D_1, D_2, \cdots, D_m\}$ 为 D 的一个划分。那么决策 D 关于 B 的下、上近似集分别定义为

$$\underline{C_B}(D) = \bigcup_{j=1}^{m} \underline{C_B}(D_j) \tag{7-5}$$

$$\overline{C_B}(D) = \bigcup_{j=1}^{m} \overline{C_B}(D_j) \tag{7-6}$$

其中

$$\underline{C_B}(D_j) = \{x \in U | C_B(x) \subseteq D_j\} \tag{7-7}$$

$$\overline{C_B}(D_j) = \{x \in U | C_B(x) \cap D_j \neq \varnothing\} \tag{7-8}$$

这些上、下近似集把论域 U 分为互不相交的三个区域：正域 $\text{POS}_{C_B}(D)$、边界域 $\text{BND}_{C_B}(D)$ 和负域 $\text{NEG}_{C_B}(D)$。

$$\begin{cases} \text{POS}_{C_B}(D) = \underline{C_B}(D) \\ \text{BND}_{C_B}(D) = \overline{C_B}(D) - \underline{C_B}(D) \\ \text{NEG}_{C_B}(D) = U - \overline{C_B}(D) \end{cases} \tag{7-9}$$

例 7.1.2 表 7-1 给出了一个复合决策信息系统 $\mathrm{CIS} = (U, C \cup D, V, f)$，其中 $U = \{x_1, \cdots, x_6\}$。令 $B = \{a_1, \cdots, a_5\}$，根据属性类型可以得到 B 上的属性划分 $\Gamma(B) = \{B_1, B_2, B_3, B_4\}$，其中，$B_1 = \{a_1\}$，$B_2 = \{a_2\}$，$B_3 = \{a_3, a_4\}$，$B_4 = \{a_5\}$。令 R_{B_1}、R_{B_2}、R_{B_3}、R_{B_4} 分别为关于属性集 B_1、B_2、B_3、B_4 上的等价关系 (R)、邻域关系 (N)、相容关系 (T)、特性关系 (K)。这里设置邻域 $\delta = 0.15$。根据第 2 章中介绍的定义 2.1.3、定义 2.2.3、定义 2.2.6、定义 2.2.11，可以求得 R_{B_1}、R_{B_2}、R_{B_3}、R_{B_4}，见表 7-2。那么，根据定义 7.1.2，关于 B 的复合关系为 $C_B = R_{B_1} \circ R_{B_2} \circ R_{B_3} \circ R_{B_4}$，即 $C_B(x_i) = \bigcap_{B_k \in B} R_{B_k}(x_i)$，结果如表 7-2 所示。

根据决策划分，有 $U/D = \{D_1, D_2\}$，其中 $D_1 = \{x_1, x_3, x_4, x_5\}$，$D_2 = \{x_2, x_6\}$。

因为 $C_B(x_1) \subseteq D_1$，$C_B(x_2) \not\subseteq D_1$，$C_B(x_3) \subseteq D_1$，$C_B(x_4) \subseteq D_1$，$C_B(x_5) \subseteq D_1$ 和 $C_B(x_6) \not\subseteq D_1$，所以 $\underline{C_B}(D_1) = \{x_1, x_3, x_4, x_5\}$。

因为 $\forall i \in \{1, 2, 3, 4, 5\}$，$C_B(x_i) \cap D_1 \neq \varnothing$ 和 $C_B(x_6) \cap D_1 = \varnothing$，所以 $\overline{C_B}(D_1) = \{x_1, x_2, x_3, x_4, x_5\}$。

使用同样的方法可以求得 D_2 的近似集，即 $\underline{C_B}(D_2) = \{x_6\}$，$\overline{C_B}(D_2) = \{x_2, x_6\}$。

进一步地，有 $\mathrm{POS}_{C_B}(D) = \underline{C_B}(D_1) \cup \underline{C_B}(D_2) = \{x_1, x_3, x_4, x_5, x_6\}$，$\mathrm{BND}_{C_B}(D) = \{x_2\}$，$\mathrm{NEG}_{C_B}(D) = \varnothing$。

表 7-1 复合决策信息系统

U	a_1	a_2	a_3	a_4	a_5	D
x_1	y	$\{1,2\}$	0.2	0.1	*	yes
x_2	y	$\{1\}$	0.2	0.3	?	no
x_3	y	$\{0\}$	0.1	0.1	small	yes
x_4	y	$\{0,1,2\}$	0.1	0.2	small	yes
x_5	n	$\{1\}$	0.1	0.3	large	yes
x_6	n	$\{0,2\}$	0.2	0.2	large	no

表 7-2 复合关系构建

x_i	$R_{B_1}(x_i) = R_{B_1}(x_i)$	$R_{B_2}(x_i) = T_{B_2}(x_i)$	$R_{B_3}(x_i) = N_{B_3}(x_i)$	$R_{B_4}(x_i) = K_{B_4}(x_i)$	$C_B(x_i)$
x_1	$\{x_1, x_2, x_3, x_4\}$	$\{x_1, x_2, x_4, x_5, x_6\}$	$\{x_1, x_3, x_4, x_6\}$	U	$\{x_1, x_4\}$
x_2	$\{x_1, x_2, x_3, x_4\}$	$\{x_1, x_2, x_4, x_5\}$	$\{x_2, x_4, x_5, x_6\}$	U	$\{x_2, x_4\}$
x_3	$\{x_1, x_2, x_3, x_4\}$	$\{x_3, x_4, x_6\}$	$\{x_1, x_3, x_4, x_6\}$	$\{x_1, x_3, x_4\}$	$\{x_3, x_4\}$
x_4	$\{x_1, x_2, x_3, x_4\}$	$\{x_1, x_2, x_3, x_4, x_5, x_6\}$	$\{x_1, x_2, x_3, x_4, x_5, x_6\}$	$\{x_1, x_3, x_4\}$	$\{x_1, x_3, x_4\}$
x_5	$\{x_5, x_6\}$	$\{x_1, x_2, x_4, x_5\}$	$\{x_2, x_4, x_5, x_6\}$	$\{x_1, x_5, x_6\}$	$\{x_5\}$
x_6	$\{x_5, x_6\}$	$\{x_1, x_3, x_4, x_6\}$	$\{x_1, x_2, x_3, x_4, x_5, x_6\}$	$\{x_1, x_5, x_6\}$	$\{x_6\}$

注：$R_{B_1}(x_i)$、$T_{B_2}(x_i)$、$N_{B_3}(x_i)$ 和 $K_{B_4}(x_i)$ 分别表示 x_i 的关于 R、N、T 和 K 的不可区分类

定义 7.1.5 (基于复合粗糙集的正域约简)　给出复合决策信息系统 CIS $=$ $(U, C \cup D, V, f)$，$B \subseteq C$，那么 B 被称为复合决策信息系统的一个约简，如果它满足:

(1) $\text{POS}_{C_B}(D) = \text{POS}_{C_C}(D)$;

(2) $\forall b \in B$，$\text{POS}_{C_{B-\{b\}}}(D) \neq \text{POS}_{C_B}(D)$。

7.2　近似集的矩阵表示方法

本节先回顾经典粗糙集模型中的矩阵方法。由此，给出了复合决策信息系统中上、下近似集的布尔矩阵表示。通过引入了基本向量 $H(X)$，可以直观地导出上、下近似集，乃至正域、边界域和负域。紧接着，给出相应的矩阵方法，用于计算复合决策信息系统中粗糙集的近似集。本节为了更高效地处理复合数据，将进一步提出一种新的用于计算近似集的布尔矩阵表示方法。

7.2.1　基于矩阵运算的近似集构造方法

定义 7.2.1　(集合的布尔表示 [261])　令 $U = \{x_1, x_2, \cdots, x_n\}$，$X \subset U$。特征函数 $G(X) = (g_1, g_2, \cdots, g_n)^{\text{T}}$(T 表示转置运算) 定义为

$$g_i = \begin{cases} 1, & x_i \in X \\ 0, & x_i \notin X \end{cases} \tag{7-10}$$

为了更直观地描述布尔矩阵方法，用 $\mathbb{X}$ 代替 $G(X)$。换言之，X 的布尔向量表示为 $\mathbb{X}$。举例来说，令 $U = \{x_1, x_2, x_3, x_4, x_5, x_6\}$，如果 $X = \{x_1, x_3, x_4, x_5\}$，那么 $\mathbb{X} = [1, 0, 1, 1, 1, 0]^{\text{T}}$。

定义 7.2.2 (数据矩阵)　给定复合决策信息系统 CIS $= (U, C \cup D, V, f)$，$U = \{x_1, x_2, \cdots, x_n\}$。令 $B \subseteq C$，那么 U 上关于 B 的数据矩阵表示为 U_B，定义为

$$U_B = [x_1, x_2, \cdots, x_n] \tag{7-11}$$

其中，当 $B = \{b_1, b_2, \cdots, b_l\}$ 时，x_i 为列向量: $(f(x_i, b_1), f(x_i, b_2), \cdots, f(x_i, b_l))^{\text{T}}$。

定义 7.2.3 (关系矩阵)　给定复合决策信息系统 CIS $= (U, C \cup D, V, f)$，$B \subseteq C$。C_B 为 U 上的复合关系，$U_B = [x_1, x_2, \cdots, x_n]$ 为数据矩阵。U 上关于 C_B 的关系矩阵表示为 $R_{C_B} = (r_{ij})_{n \times n}$，定义如下

$$R_{C_B} = U_B^{\text{T}} \circ U_B := \begin{bmatrix} x_1 \circ x_1 & x_1 \circ x_2 & \cdots & x_1 \circ x_n \\ x_2 \circ x_1 & x_2 \circ x_2 & \cdots & x_2 \circ x_n \\ \vdots & \vdots & \ddots & \vdots \\ x_n \circ x_1 & x_n \circ x_2 & \cdots & x_n \circ x_n \end{bmatrix} \in \{0, 1\}^{n \times n} \tag{7-12}$$

或等价地

$$r_{ij} = x_i \circ x_j := \begin{cases} 1, & (x_i, x_j) \in C_B \\ 0, & (x_i, x_j) \notin C_B \end{cases} \tag{7-13}$$

其中, ∘ 表示为对象 (或对象集) 关于 C_B 的复合运算。在上下文不会引起歧义的情况下, R_{C_B} 简写为 R_B。

定理 7.2.1 令 $R_B = (r_{ij})_{n \times n}$ 为 U 上关于 C_B 的关系矩阵, 则有 $r_{ii} = 1$, $1 \leqslant i \leqslant n$。

定义 7.2.4(诱导对角矩阵) 给定复合决策信息系统 CIS $= (U, C \cup D, V, f)$, $B \subseteq C$。C_B 为 U 上的复合关系。$R_B = (r_{ij})_{n \times n}$ 的诱导对角矩阵表示为 Λ_{C_B}, 定义如下

$$\Lambda_{C_B} = \mathrm{diag}\left(\frac{1}{\lambda_1}, \frac{1}{\lambda_2}, \cdots, \frac{1}{\lambda_n}\right) \tag{7-14}$$

其中, $\lambda_i = \sum_{j=1}^{n} r_{ij}$, $1 \leqslant i \leqslant n$。在上下文不会引起歧义的情况下, Λ_{C_B} 简写为 Λ_B。

定理 7.2.2 $\Lambda_B = \mathrm{diag}\left(\frac{1}{|C_B(x_1)|}, \frac{1}{|C_B(x_2)|}, \cdots, \frac{1}{|C_B(x_n)|}\right)$ 且 $1 \leqslant |C_B(x_i)| \leqslant n$, $1 \leqslant i \leqslant n$。

定义 7.2.5(基本向量) n 维列向量表示为 $H(X)$, 称为基本向量, 定义如下

$$H(X) = \Lambda_B R_B \mathbb{X} \tag{7-15}$$

定义 7.2.6(截向量) 令 $0 \leqslant \mu \leqslant \nu \leqslant 1$。$H(X)$ 的 4 种截向量分别表示为 $H^{[\mu,\nu]}(X)$、$H^{(\mu,\nu]}(X)$、$H^{[\mu,\nu)}(X)$ 和 $H^{(\mu,\nu)}(X)$, 定义如下

(1) $H^{[\mu,\nu]}(X) = (h'_i)_{n \times 1}$

$$h'_i = \begin{cases} 1, & \mu \leqslant h_i \leqslant \nu \\ 0, & \text{其他} \end{cases} \tag{7-16}$$

(2) $H^{(\mu,\nu]}(X) = (h'_i)_{n \times 1}$

$$h'_i = \begin{cases} 1, & \mu < h_i \leqslant \nu \\ 0, & \text{其他} \end{cases} \tag{7-17}$$

(3) $H^{[\mu,\nu)}(X) = (h'_i)_{n \times 1}$

$$h'_i = \begin{cases} 1, & \mu \leqslant h_i < \nu \\ 0, & \text{其他} \end{cases} \tag{7-18}$$

(4) $H^{(\mu,\nu)}(X) = (h_i')_{n \times 1}$

$$h_i' = \begin{cases} 1, & \mu < h_i < \nu \\ 0, & \text{其他} \end{cases} \tag{7-19}$$

注： $H(X)$ 的 4 种截向量均为布尔向量。

定理 7.2.3 给定复合决策信息系统 $\text{CIS} = (U, C \cup D, V, f)$, $B \subseteq C$。C_B 为 U 上的复合关系。$\mathbb{X} = (g_1, g_2, \cdots, g_n)^{\text{T}}$ 为 X 的布尔向量表示。那么 X 关于 C_B 的上、下近似集可以由 $H(X)$ 导出。

(1) 上近似集 $\overline{C_B}(X)$ 的 n 维列向量 $\overline{C_B}(\mathbb{X})$

$$\overline{C_B}(\mathbb{X}) = H^{(0,1]}(X) \tag{7-20}$$

(2) 下近似集 $\underline{C_B}(X)$ 的 n 维列向量 $\underline{C_B}(\mathbb{X})$

$$\underline{C_B}(\mathbb{X}) = H^{[1,1]}(X) \tag{7-21}$$

7.2.2 基于布尔矩阵的近似集表示方法

本节给出了近似集的布尔矩阵表示方法。

定理 7.2.4 给定复合决策信息系统 $\text{CIS} = (U, C \cup D, V, f)$, $B \subseteq C$。C_B 为 U 上的复合关系, $R_B = (r_{ik})_{n \times n}$ 为关系矩阵, $\mathbb{X} = (g_1, g_2, \cdots, g_n)^{\text{T}}$ 为 X 的布尔向量表示。那么 X 的上、下近似集可以根据以下方法计算。

(1) 上近似集 $\overline{C_B}(X)$ 的 n 维列向量 $\overline{C_B}(\mathbb{X}) = (u_1, u_2, \cdots, u_n)^{\text{T}}$

$$\overline{C_B}(\mathbb{X}) = R_B \otimes \mathbb{X} \tag{7-22}$$

或等价地

$$u_i = \vee_k (r_{ik} \wedge g_k) \tag{7-23}$$

其中, $\otimes$ 表示布尔矩阵向量乘使得 $u_i = \bigvee\limits_{k=1}^{n} (r_{ik} \wedge g_k)$; $\vee$ 和 $\wedge$ 分别为布尔运算"或"和"与"。

(2) 下近似集 $\underline{C_B}(X)$ 的 n 维列向量 $\underline{C_B}(\mathbb{X}) = (l_1, l_2, \cdots, l_n)^{\text{T}}$

$$\underline{C_B}(\mathbb{X}) = R_B \odot \mathbb{X} \tag{7-24}$$

或等价地

$$l_i = \wedge_k (r_{ik} \rightarrow g_k) \tag{7-25}$$

其中, $\odot$ 表示布尔矩阵向量运算使得 $l_i = \bigwedge\limits_{k=1}^{n} (r_{ik} \rightarrow g_k)$; $\rightarrow$ 表示布尔运算"蕴涵"。

证明 (1) "⇒": $\forall i \in \{1, 2, \cdots, n\}$, 如果 $x_i \in \overline{C_B}(X)(u_i = 1)$, 那么 $C_B(x_i) \cap X \neq \varnothing$ 且 $\exists x_j \in C_B(x_i), x_j \in X$, 这也就是说, $(x_i, x_j) \in C_B$。从而 $r_{ij} = 1$, $g_j = 1$, 且 $\bigvee\limits_{k=1}^{n} (r_{ik} \wedge g_k) = r_{ij} \wedge g_j = 1$。因此, $\forall i \in \{1, 2, \cdots, n\}$, $u_i \to \bigvee\limits_{k=1}^{n} (r_{ik} \wedge g_k)$。

"⇐": $\forall i \in \{1, 2, \cdots, n\}$, 如果 $\bigvee\limits_{k=1}^{n} (r_{ik} \wedge g_k) = 1$, 那么 $\exists j \in \{1, 2, \cdots, n\}$, $r_{ij} = 1$ 且 $g_j = 1$。从而 $x_j \in C_B(x_i)$ 且 $x_j \in X$。那么 $C_B(x_i) \cap X \neq \varnothing$, 换言之, $x_i \in \overline{C_B}(X)$ 且 $u_i = 1$。因此, $\forall i \in \{1, 2, \cdots, n\}$, $u_i \leftarrow \bigvee\limits_{k=1}^{n} (r_{ik} \wedge g_k)$。

所以, $\forall i \in \{1, 2, \cdots, n\}$, $u_i = \bigvee\limits_{k=1}^{n} (r_{ik} \wedge g_k)$, 换言之, $\overline{C_B}(\mathbb{X}) = R_B \otimes \mathbb{X}$。

(2) 证明过程和 (1) 类似, 略。 □

7.2.3 基于布尔矩阵的近似集计算方法

定义 7.2.7(决策矩阵) 给定复合决策信息系统 CIS $= (U, C \cup D, V, f)$, $B \subseteq C$。$U/D = \{D_1, D_2, \cdots, D_m\}$ 为 U 上关于 D 的划分。$\forall D_j \in U/D$, $D_j = (d_{j1}, d_{j2}, \cdots, d_{jn})^{\mathrm{T}}$ 为 D_j 的 n 维列向量。决策矩阵定义为

$$D = [D_1, D_2, \cdots, D_m] = (d_{kj})_{n \times m} \in \{0, 1\}^{n \times m} \tag{7-26}$$

定理 7.2.5 给定复合决策信息系统 CIS $= (U, C \cup D, V, f)$, $B \subseteq C$。$R_B = (r_{ik})_{n \times n}$ 是关于 C_B 的关系矩阵。$\forall j = 1, 2, \cdots, m$, U 上决策 D 的上、下近似集的计算方法如下。

(1) 决策 D 的上近似集的 $n \times m$ 布尔矩阵 $\overline{C_B}(D) = (u_{ij})_{n \times m}$

$$\overline{C_B}(D) = R_B \otimes D \tag{7-27}$$

其中, $\otimes$ 表示布尔矩阵乘使得 $u_{ij} = \bigvee\limits_{k=1}^{n} (r_{ik} \wedge d_{kj})$。

(2) 决策 D 的下近似集的 $n \times m$ 布尔矩阵 $\underline{C_B}(D) = (l_{ij})_{n \times m}$

$$\underline{C_B}(D) = R_B \odot D \tag{7-28}$$

其中, $\odot$ 表示布尔矩阵运算使得 $l_{ij} = \bigwedge\limits_{k=1}^{n} (r_{ik} \to d_{kj})$。

证明 证明过程与定理 7.2.4 类似, 略。 □

7.3　算法设计与复杂度分析

7.3.1　基于布尔矩阵的近似集计算算法

　　根据前面提出的布尔矩阵方法，本节首先提出了用于复合决策模型的粗糙集的近似集计算的串行算法，如算法 7.3.1 所示。

　　算法 7.3.1　**基于 CPU 的近似集计算串行算法** (sequential algorithm for computing CRS approximations (Naive-CPU))

输入: CIS = $(U, C \cup D, V, f)$, $B \subseteq C$。

输出: $\overline{C_B}(D)$ 和 $\underline{C_B}(D)$。

1: $D = (d_{ij})_{n \times m}$; // 构建决策矩阵
2: $R_B = U_B^{\mathrm{T}} \circ U_B$; // 构建关系矩阵
3: $\overline{C_B}(D) = R_B \otimes D$; // 构建上近似集矩阵
4: $\underline{C_B}(D) = R_B \odot D$; // 构建下近似集矩阵
5: **Output** $\overline{C_B}(D)$, $\underline{C_B}(D)$;

　　该算法中的步骤 2 根据定义 7.2.7 来构建决策矩阵。具体采用了两步法：①计算 U 在决策 D 的一个划分，即 $U/D = \{D_1, D_2, \cdots, D_m\}$，用树状结构来存储和构建该划分，对每一个对象，最差的时间复杂为 $O(\log m)$；因此，扫描一次所有数据的复杂度为 $O(n \log m)$；②映射划分到决策矩阵。通过扫描一次构建好的树即可完成这个操作，复杂度为 $O(n)$。因而，构建决策矩阵的复杂度为 $O(n \log m + n)$。步骤 3 根据定义 7.2.3 来构建关系矩阵，时间复杂度为 $O(n^2 \times |B|)$。步骤 4 根据定理 7.2.5 来计算上近似集矩阵，其时间复杂度为 $O(n^2 m)$；同样地，步骤 5 根据定理 7.2.5 来计算下近似集矩阵，其时间复杂度为 $O(n^2 m)$。综上所述，总的时间复杂度为

$$O\left(n \log m + n + n^2 \times |B| + n^2 m + n^2 m\right) = O\left(n^2(|B| + m)\right)$$

　　算法 7.3.1 需要存储 D、R_B、$\overline{C_B}(D)$ 和 $\underline{C_B}(D)$，因此，空间复杂度为

$$O(nm + n^2 + nm + nm) = O\left(n(n + m)\right)$$

特别地，因为 $m \ll n$，所以空间复杂度近似等于 $O(n^2)$。当处理一个含有大量对象的数据集时，这么一个空间复杂度要求更多的存储空间。以 $n = 100000$ 为例，若用布尔类型 (1 B/布尔) 来存储关系矩阵，需要 100000^2 B$= \dfrac{100000^2}{2^{20}}$ MB ≈ 9536.7MB。

7.3.2 基于矩阵的近似集计算的批处理算法

为克服高的存储需求，本节设计了相应的计算复合粗糙集的近似集的批处理算法 (batch algorithm)。根据上面的分析，最大的空间开销就是关系矩阵的存储。算法 7.3.2 描述了所提出的批处理算法。类似地，该算法中的步骤 1 用于构建决策矩阵，其时间复杂度为 $O(n \log m + n)$。步骤 2~步骤 9 在每一个数据块进行重复操作。对于通常的数据集，总的样本数 n 一般不是指定数据块大小 T 的倍数。在算法中，我们用 start 指针 s 和 end 指针 e 来指定当前的数据块。显而易见，除了最后一个数据块，其他数据块的大小总是 T。最后一个数据块的大小为 $n - T\left(\left\lceil \frac{n}{T} \right\rceil - 1\right)$。

为直观显示，给出了图 7-1，对任意 k，首先构建关系矩阵的子矩阵 $\tilde{R}_B$，之后使用公式 $\tilde{R}_B \otimes D$ 和 $\tilde{R}_B \odot D$ 来计算下近似集矩阵、上近似集矩阵的子矩阵。经过 $\left\lceil \frac{n}{T} \right\rceil$ 次后，整个上近似集矩阵 $\overline{C_B}(D)$ 和下近似集矩阵 $\underline{C_B}(D)$ 将被计算完成。在循环中，步骤 6 用来构建关系矩阵的子矩阵，其时间复杂度为 $(e - s)n|B|$；步骤 7 和步骤 8 分别用来计算上近似集矩阵的子矩阵 $\overline{C_B}(D)[s:e]$[①] 和下近似集矩阵的子矩阵 $\underline{C_B}(D)[s:e] = \tilde{R}_B \odot D$，它们的时间复杂度均为 $(e - s)nm$。容易得出，$\sum\limits_{k}(e_k - s_k) = n$，其中 s_k 和 e_k 为第 k 次循环的 start 指针和 end 指针。综上所述，整个过程的时间复杂度为

$$O\left((n \log m + n) + (n \times n|B|) + 2 \times (n \times nm)\right) = O\left(n^2(|B| + m)\right)$$

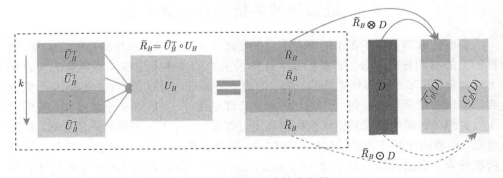

图 7-1 批处理方法的流程图

算法 7.3.2 **基于 CPU 的近似集计算批处理算法** (batch algorithm for computing CRS approximations (Batch-CPU))

输入: $\text{CIS} = (U, C \cup D, V, f)$, $B \subseteq C$, T。

---

① $(\cdot)[s:e]$ 表示矩阵 $(\cdot)$ 的子矩阵 (从第 s 行到第 e 行)。

输出: $\overline{C_B}(D)$, $\underline{C_B}(D)$。

1: $D = (d_{ij})_{n \times m}$; // 构建决策矩阵

2: **for** $k \leftarrow 0$ **to** $\left\lceil \dfrac{n}{T} \right\rceil - 1$ **do**

3:　　$\mathbf{s} \leftarrow kT + 1$; // 起始指针

4:　　$\mathbf{e} \leftarrow \min(kT + T, n)$; // 终止指针

5:　　$\widetilde{U} \leftarrow \{x_{\mathbf{s}}, x_{\mathbf{s}+1}, \cdots, x_{\mathbf{e}}\}$; // 当前数据块对应的对象集

6:　　$\widetilde{R}_B = \widetilde{U}_B^{\mathrm{T}} \circ U_B = \begin{bmatrix} x_{\mathbf{s}} \circ x_1 & x_{\mathbf{s}} \circ x_2 & \cdots & x_{\mathbf{s}} \circ x_n \\ x_{\mathbf{s}+1} \circ x_1 & x_{\mathbf{s}+1} \circ x_2 & \cdots & x_{\mathbf{s}+1} \circ x_n \\ \vdots & \vdots & \ddots & \vdots \\ x_{\mathbf{e}} \circ x_1 & x_{\mathbf{e}} \circ x_2 & \cdots & x_{\mathbf{e}} \circ x_n \end{bmatrix}$; // 构建关系矩阵

7:　　$\overline{C_B}(D)[\mathbf{s} : \mathbf{e}] = \widetilde{R}_B \otimes D$; // 计算上近似集矩阵的子矩阵

8:　　$\underline{C_B}(D)[\mathbf{s} : \mathbf{e}] = \widetilde{R}_B \odot D$; // 计算下近似集矩阵的子矩阵

9: **end for**

10: **Output** $\overline{C_B}(D)$, $\underline{C_B}(D)$;

　　通过使用批处理算法，仅需要存储决策矩阵 D、关系矩阵的子矩阵 $\widetilde{R}_B$、上近似集矩阵 $\overline{C_B}(D)$ 及下近似集矩阵 $\underline{C_B}(D)$。因此，该算法的空间复杂度为

$$O(nm + Tn + nm + nm) = O\left(n(T + m)\right)$$

7.4　近似集的多核并行计算方法

　　前面的章节呈现了布尔矩阵方法及批处理算法用于求复合粗糙集的近似集。根据相关的时间复杂度分析，我们发现计算最密集的步骤发生在关系矩阵的构建和上近似集矩阵、下近似集矩阵的计算。为进一步验证，利用表 7-4 中的前 9 个数据集来测试布尔矩阵算法每一步的运行时间，详见图 7-2。从这 9 个数据集，我们发现极大部分时间用于关系矩阵的构建和上近似集矩阵、下近似集矩阵的计算；相比而言，构建决策矩阵花费的时间相对较少。这个结果与 7.3.1 节中的时间复杂度分析相符合。根据阿姆达尔定律 (Amdahl's law)[262]，我们将用 GPU 来加速计算最密集的部分，也就是关系矩阵的构建和上近似集矩阵、下近似集矩阵的计算，但我们仍然用串行的方法构建决策矩阵。

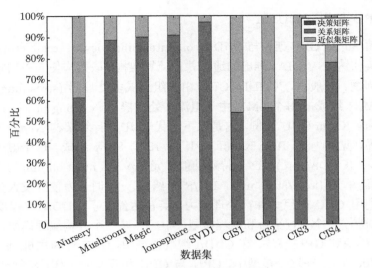

图 7-2 各个步骤运算时间的百分比

7.4.1 近似集的并行计算方法

给定 U_B, 根据定义 7.2.3, 关系矩阵 $R_B = (r_{ij})_{n \times n}$ 可以通过 $R_B = U_B^{\mathrm{T}} \circ U_B$(见式 (7-12)) 或 $r_{ij} = x_i \circ x_j$(见式 (7-13)) 构建。根据后者形式, 容易知道每一个 r_{ij} 可以被独立并行地计算。类似地, 给定决策矩阵 D 和关系矩阵 R_B, 根据定理 7.2.5, 上近似集矩阵 $\overline{C_B}(D) = (u_{ij})_{n \times m}$ 可以通过 $R_B \otimes D$(见式 (7-27)) 或 $u_{ij} = \bigvee\limits_{k=1}^{n} (r_{ik} \wedge d_{kj})$ 计算。后者显示每一个 u_{ij} 可以被独立并行地计算。从粗粒度的视角, 我们发现上近似集矩阵 $\overline{C_B}(D)$ 依赖于关系矩阵 R_B。而从细粒度的视角, 上近似集矩阵的元素并不依赖于所有关系矩阵中的元素, 特别地, 上近似集矩阵的 u_{ij} 仅依赖于关系矩阵中的 $r_{i1}, r_{i2}, \cdots, r_{in}$。这意味着在 $r_{i1}, r_{i2}, \cdots, r_{in}$ 计算完成之后, u_{ij} 就可以被计算。计算 u_{ij} 的表达式也可以写作 $u_{ij} = \bigvee\limits_{k=1}^{n} (r_{ik} \wedge d_{kj}) = \bigvee\limits_{k=1}^{n} ((x_i \circ x_k) \wedge d_{kj})$。

接下来设计了相关的并行算法用于处理每一个数据块, 它的大小为 $T \times |B|$。以第一个数据块 $\widetilde{U}_B = [x_1, x_2, \cdots, x_T]$ 为例, 根据定理 7.2.5, 有 $\overline{C_B}(D)[1:T] = \widetilde{R}_B \otimes D = \widetilde{U}_B^{\mathrm{T}} \circ U_B \otimes D$。$\widetilde{R}_B$ 为 $T \times n$ 布尔矩阵, 因而, 所有关系矩阵的子矩阵里的 $T \times n$ 个元素可以并行地计算。如果使用串行算法, 将执行 $T \times n$ 次, 而在资源足够多的时候, 并行算法只需要执行一次。类似地, 所有上近似集矩阵的子矩阵 $\overline{C_B}(D)[1:T]$ 中的 $T \times m$ 个元素可以被并行计算。上近似集矩阵的子矩阵计算方法同上近似集矩阵。

7.4.2　GPU 架构与 CUDA

下面简单介绍 GPU 架构与 CUDA(compute unified device architecture)。CUDA 是一种由英伟达 (NVIDIA) 推出的通用并行计算架构，该架构使 GPU 能够解决复杂的计算问题。一般地，NVIDIA GPU 由一组流式多处理器 (streaming multiprocessors，SMX) 组成，每个 SMX 由一组流式处理器 (streaming processor，SP) 组成。以 Tesla K20m GPU 为例，它是以下一代 CUDA 计算架构 Kepler GK110 为基础的产品，见图 7-3。Tesla K20m GPU 由 13 个 SMX 组成，每个 SMX 由 192 个 CUDA 核 (CUDA core)、32 个特殊功能单元 (special function unit，SFU) 和 32 个加载/存储单元 (load/store unit，LD/ST) 组成。同时，为使开发人员更容易、更轻松地利用 GPU 的巨大并行处理能力，英伟达提供了 CUDA 编程模型 (简称 CUDA)[263,264]，一个并行平台和编程模型。CUDA 是一个异构编程模型，可以同时调用 CPU 模块和 GPU 模块。在 CUDA 编程模型中，CPU 作为主机 (host)，GPU 作为设备 (device)。在这个模型中，CPU 与 GPU 相互协同工作，串行计算、逻辑事务处理部分由 CPU 负责，GPU 则处理高度线程化的并行计算。CPU 通过内存完成地址存储，GPU 则通过显存来完成。CUDA 对显存进行空间开辟、释放、初始化等操作时需要调用 CUDA API 中的存储管理函数，运行在 GPU 上的 CUDA 并行计算函数称为内核函数 (kernel)。内核函数并不是通常理解的一个完整程序，只是 CUDA 程序中一个可被并行执行的步骤。一个完整的 CUDA 程序包括两部分，如图 7-4 所示，即主机程序和若干个内核函数，主机程序由 CPU 来执行，包括启动内核函数前的数据准备、初始化工作、内核间的数据处理、程序结束前的后处理等串行代码。从图中还能看出 GPU 上线程的组织结构。一个内核函数映射到 GPU 上后，称为一个网格 (grid)。每个网格由若干个线程块 (thread block) 组成，这些线程块可以组成一、二维的结构，每个线程块都有其唯一的坐标 (blockIdx)，用于区别其他线程块。而每个线程块又由若干线程组成，与线程块的组织方式类似，但是能够组成三维结构，每个线程都有唯一的坐标 (threadIdx)，用以区别于其他线程。各个线程可以根据其所在线程块的 blockIdx 和 threadIdx 来访问特定的共享存储、显存区间，以及与其他线程通信。以 Tesla K20m GPU 为例，它具有一个三维线程网格，每维最多可以为 2147483647、65535、65535 个线程块，而每个线程块最多又可以包含 1024 个线程，这对于当前绝大多数程序来说是足够的。CUDA 执行模型采用单指令多线程 (single instruction multiple threads，SIMT) 的执行模型，实现了自动向量化，这是由 CUDA 的线程结构和硬件映射的方式决定的。在实际运行中，线程块会被分割为更小的线程束，称为 warp。线程束的大小由硬件的计算能力版本决定。在目前所有的 NVIDIA GPU 中，一个线程束由连续的 32 个线程组成。warp 中的线程只与线程坐标有关，而与线程块的维度和每一维的尺度没有关系，这种分割方式是由硬件决定的。在硬件中实际运行程序时，warp 才是真正的执行单位。

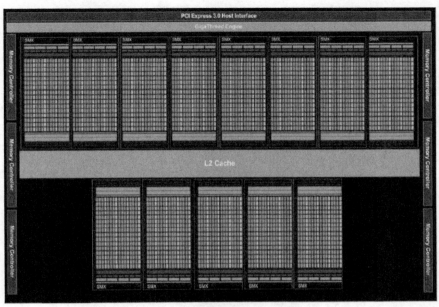

(a) Tesla K20m组成: 13个SMX

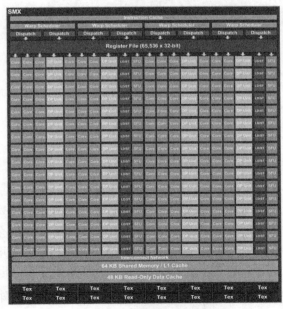

(b) 每个SMX组成: 192CUDA核

图 7-3　Tesla K20m 示意图 [263]

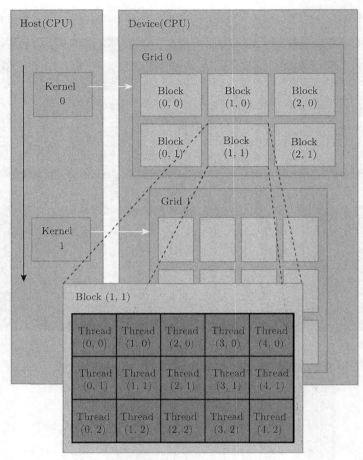

图 7-4　CUDA 编程模型 [263]

7.4.3　基于 Single-GPU 的近似集计算算法

根据 7.4.1 节中介绍的并行方法，首先给出了基于 Single-GPU 的算法与实现，见算法 7.4.1。步骤 1 用于构建决策矩阵，在 CPU 端 (host) 执行。然后，步骤 2 把决策矩阵及数据矩阵从 CPU 端 (host) 传输到 GPU 端 (device) 的全局内存。步骤 8 在 GPU 端构建关系矩阵子矩阵，会运行一个 CUDA 内核函数，并行地执行该过程；步骤 9 和步骤 10 用于在 GPU 端并行计算上近似集矩阵和下近似集矩阵的子矩阵。步骤 3～ 步骤 11 会重复 $\left\lceil \dfrac{n}{T} \right\rceil$ 次。之后，程序把上近似集矩阵和下近似集矩阵从 GPU 端的全局内存传回到 CPU 端。

算法 7.4.1　基于 GPU 的近似集计算算法 (GPU based algorithm for computing

CRS approximations (Single-GPU))

输入: CIS $= (U, C \cup D, V, f)$, $B \subseteq C$, T。

输出: $\overline{C_B}(D)$, $\underline{C_B}(D)$。

1: [Host] $D = (d_{ij})_{n \times m}$; // 构建决策矩阵
2: [Host-to-Device] **Transfer** D, U_B into global memory;
3: **for** $k \leftarrow 0$ **to** $\left\lceil \dfrac{n}{T} \right\rceil - 1$ **do**
4: 　　// 在 GPU 端执行
5: 　　$\mathsf{s} \leftarrow kT + 1$; // 起始指针
6: 　　$\mathsf{e} \leftarrow \min(kT + T, n)$; // 终止指针
7: 　　$\widetilde{U} \leftarrow \{x_{\mathsf{s}}, x_{\mathsf{s}+1}, \cdots, x_{\mathsf{e}}\}$; // 当前数据块对应的对象集
8: 　　[CUDA Kernel] $\widetilde{R}_B = \widetilde{U}_B^\top \circ U_B$; // 并行地构建关系矩阵的子矩阵
9: 　　[CUDA Kernel] $\overline{C_B}(D)[\mathsf{s}:\mathsf{e}] = \widetilde{R}_B \otimes D$; // 并行地计算上近似集矩阵 $\overline{C_B}(D)$
　　　的子矩阵
10: 　　[CUDA Kernel] $\underline{C_B}(D)[\mathsf{s}:\mathsf{e}] = \widetilde{R}_B \odot D$; // 并行地计算下近似集矩阵 $\underline{C_B}(D)$
　　　的子矩阵
11: **end for**
12: [Device-to-Host] **Transfer** $\overline{C_B}(D)$ and $\underline{C_B}(D)$ from global memory;
13: [Host] **Output** $\overline{C_B}(D)$, $\underline{C_B}(D)$.

令 CPU(·)、GPU(·)、COMM(·) 分别为 CPU 端运行时间、GPU 端运行时间及两者之间的通信时间。决策矩阵构建过程跟算法 7.3.2 中一样,会在 CPU 端执行,故其时间复杂度为 CPU($n \log m + n$)。关系矩阵构造、上近似集矩阵和下近似集矩阵的计算时间复杂度近似等于 GPU$(n^2(|B| + m)/p)$,其中 p 为并行度,即 GPU 的总核数。由于决策矩阵、数据矩阵被传输到 GPU 端,而上近似集矩阵和下近似集矩阵恰恰相反,从 GPU 端传输回 CPU 端,故通信复杂度为 COMM($nm+n|B|+nm+nm$) = COMM$(n(|B| + 3m))$。综上所述,该算法的总体复杂度为

$$\mathrm{CPU}(n \log m + n) + \mathrm{GPU}\left(n^2(|B| + m)/p\right) + \mathrm{COMM}\left(n(|B| + 3m)\right)$$

此外,该算法的空间复杂度同算法 7.3.2,即 $O\left(n(T + m)\right)$。

7.4.4　基于 Multi-GPU 的近似集计算算法

在 CUDA 4.0 之后,我们可以很方便地通过流处理方式操作多个 GPU。具体而言,在提出的基于 Multi-GPU 的算法中,采用独立的流来管理不同的 GPU,换言之,所有 GPU 可以同时被执行。在算法 7.2.4 中,步骤 1 同样在 CPU 端构建决策矩阵。给定一组 GPU 设备 G,假设编程从 Device 0 开始,结束于 Device $|G| - 1$。

步骤 2~步骤 14 把全局的起始 start 标记和大小映射给每一个设备。然后，步骤 17 把决策矩阵 D 和数据矩阵 U_B 从 CPU 端传输到所有的 GPU 端 (也就是所有的设备，这里每个 GPU 都有自己的内存空间)。该过程采用异步执行方式，这意味着传输过程可以同时进行。步骤 15~步骤 28 是一个 for 循环，用于循环地构建决策矩阵的子矩阵，计算相应的上近似集矩阵和下近似集矩阵的子矩阵，有点类似算法 7.4.1 中的 for 循环，不同之处在于处理的对象集不同，见步骤 17。每个 GPU 设备负责不同的任务，Device i 负责处理决策矩阵的 (Row s + g_i)~(Row e + g_i) 及相应的上近似集矩阵和下近似集矩阵的行。这里，步骤 18~步骤 26 是一个并行 for 循环，即各个设备均是异步同时执行。计算完成后，步骤 27 会把各个设备上的上近似集矩阵和下近似集矩阵的子矩阵传回到 CPU 端，该过程也是采用异步执行方式。最后，在步骤 29，CPU 端将汇总所有这些子矩阵，合并成上近似集矩阵和下近似集矩阵 (最终结果)。

决策矩阵构建依然与算法 7.4.1 相同，时间复杂度为 $\mathrm{CPU}(n \log m + n)$。关系矩阵构造、上近似集矩阵和下近似集矩阵的计算时间复杂度近似等于 $\mathrm{GPU}(n^2(|B| + m)/(p|G|))$，其中 p 为并行度 (也就是 GPU 的总核数)，$|G|$ 为 GPU 设备的数目。决策矩阵、数据矩阵被传输到所有的 GPU 端，而上近似集矩阵和下近似集矩阵的子矩阵从不同的 GPU 端传输回 CPU 端。因此，通信复杂度近似等于 $\mathrm{COMM}(nm + n|B| + nm + nm) = \mathrm{COMM}(n(|B| + 3m))$。综上所述，总体复杂度为

$$\mathrm{CPU}(n \log m + n) + \mathrm{GPU}\left(\frac{n^2(|B| + m)}{p|G|}\right) + \mathrm{COMM}(n(|B| + 3m))$$

此外，本算法的空间复杂度同算法 7.3.2，即 $O(n(T + m))$。

算法 7.4.2　基于 Multi-GPU 的近似集计算算法 (multi-GPU based algorithm for computing CRS approximations (Multi-GPU))

输入: $\mathrm{CIS} = (U, C \cup D, V, f)$, $B \subseteq C$, T, G。

输出: $\overline{C_B}(D)$, $\underline{C_B}(D)$。

1: [Host] $D = (d_{ij})_{n \times m}$; // 构建决策矩阵
2: **for** $i \leftarrow 0$ **to** $|G| - 1$ **do**
3: 　// 初始化
4: 　**if** $i \neq |G| - 1$ **then**
5: 　　**Let** $Q_i = \left\lceil \dfrac{n}{|G|} \right\rceil$; //GPU 设备 i 处理 Q_i 行
6: 　**else**
7: 　　**Let** $Q_i = n - (|G| - 1)\left\lceil \dfrac{n}{|G|} \right\rceil$; // 最后一个 GPU 设备处理剩余行
8: 　**end if**
9: 　**if** $i \neq 0$ **then**

10:　　　　**Let** $g_i = \sum_i Q_{i-1}$; // GPU 设备 i 的全局起始指针

11:　　**else**

12:　　　　**Let** $g_i = 0$; // GPU 设备 0 的全局起始指针为 0

13:　　**end if**

14: **end for**

15: **for** $i \leftarrow 0$ **to** $|G| - 1$ **do**

16:　　// 异步并行执行

17:　　[Host-to-Device] **Transfer** D, U_B into global memory of Device i **asynchronously**;

18:　　**for** $k \leftarrow 0$ **to** $\left\lceil \dfrac{Q_i}{T} \right\rceil - 1$ **do**

19:　　　　// 在 GPU 设备 i 上执行

20:　　　　s $\leftarrow kT + 1$; // 起始指针

21:　　　　e $\leftarrow \min(kT + T, Q_i)$; // 终止指针

22:　　　　$\widetilde{U} \leftarrow \{x_{s+g_i}, x_{s+1+g_i}, \cdots, x_{e+g_i}\}$; // GPU 设备 i 上当前数据块对应的对象集

23:　　　　[CUDA Kernel] $\widetilde{R}_B = \widetilde{U}_B^\top \circ U_B$; // 并行地构建关系矩阵的子矩阵 // $\overline{C_B}(D)_i$ 和 $\underline{C_B}(D)_i$ 分别是 $\overline{C_B}(D)$ 和 $\underline{C_B}(D)$ 的 $Q \times d$ 子矩阵

24:　　　　[CUDA Kernel] $\overline{C_B}(D)_i[\text{s} : \text{e}] = \widetilde{R}_B \otimes D$; // 并行地计算上近似集矩阵的子矩阵

25:　　　　[CUDA Kernel] $\underline{C_B}(D)_i[\text{s} : \text{e}] = \widetilde{R}_B \odot D$; // 并行地计算下近似集矩阵的子矩阵

26:　　**end for**

27:　　[Device-to-Host] **Transfer** $\overline{C_B}(D)_i$ and $\underline{C_B}(D)_i$ from global memory of Device i **asynchronously**; // $\overline{C_B}(D)[g_i : g_i + Q_i] = \overline{C_B}(D)_i$, $\underline{C_B}(D)[g_i : g_i + Q_i] = \underline{C_B}(D)_i$

28: **end for**

29: [Host] **Output** $\overline{C_B}(D)$ and $\underline{C_B}(D)$;

7.5 实验分析

7.5.1 实验设置

表 7-3 给出了实验中用到的 4 种常用的英伟达 GPU 设备的规格，其中 Tesla C2075、Tesla K20m 为服务器版本的 GPU。主机有 8GB 内存，CPU 采用 Intel(R) Xeon(R) CPU E5410，主频 2.33GHz，操作系统为 Linux CentOS 6.2。串行算法采用 C++ 编写，用 GCC 4.4.6 编译。所有并行算法使用 GPU 实现，采用 CUDA C

编写, 用 NVCC 5.5 编译。

接下来将系统地比较所提出的算法在多个数据集上的性能。表 7-4 给出了 12 个数据集, 其中 7 个来自 UCI 数据仓库 [249], 5 个为自定义 (user-defined, UD) 数据集 [190]。在 UCI 数据集中, 前 4 个为小数据集; 后 3 个为大数据集, 具有数据规模大、维度高等特点。

表 7-3　英伟达 GPU 设备的规格

GPU 型号	CUDA 核数	GPU 主频/MHz	显存大小/GB	计算能力
GeForce GTX285	240	1476	1.0	1.3
GeForce GTX480	480	1401	1.5	2.0
Tesla C2075	448	1147	6.0	2.0
Tesla K20m	2496	706	5.0	3.5

表 7-4　数据集描述

来源	数据集	样本数	属性数					类别数
			符号型	数值型	集值型	缺失型	总数	
UCI	Nursery	12960	8	0	0	0	8	5
UCI	Mushroom	8124	21	0	0	1	22	2
UCI	Magic	19020	0	10	0	0	10	2
UCI	Ionosphere	351	0	34	0	0	34	2
UD	SVD1	10000	0	0	80	0	80	5
UD	CIS1	1000	10	10	10	10	40	10
UD	CIS2	2000	20	20	20	20	80	10
UD	CIS3	4000	40	40	40	40	160	10
UD	CIS4	8000	80	80	80	80	320	10
UCI	MiniBooNE	130064	0	50	0	0	50	2
UCI	P53-old	16772	0	5408	0	0	5408	2
UCI	P53-new	31420	0	5408	0	0	5408	2

在使用这些数据集之前, 首先对每一个数值属性进行简单的归一化。具体而言, 通过以下式子将数值属性 a 的值域缩放到 $[0,1]$

$$a' = \frac{a - a_{\min}}{a_{\max} - a_{\min}} \tag{7-29}$$

在实验中, 如不特别说明, 对于数值属性, 默认邻域半径 $\delta = 0.15$, 采用 2 范数。

7.5.2　批处理算法的性能

本节使用表 7-4 的数据集 MiniBooNE 来测试批处理算法的性能。7.3.2 节和 7.4.3 节分别给出了基于 CPU 的批处理算法Batch-CPU(算法 7.3.2) 和基于 GPU 的批处理算法 Single-GPU(算法 7.4.1)。根据批处理算法易知, 当块尺寸等于数据集的样本数 (这里的 130064) 时, Batch-CPU 算法退化为串行算法 Naive-CPU(算法 7.3.1)。

图 7-5 显示了 Batch-CPU 算法和 Single-GPU 算法的平均运行时间以及关系矩阵 $\tilde{R}_B$ 和决策矩阵 D 的内存消耗。我们发现随着块尺寸的提升，Batch-CPU 算法的运行时间下降；在块大小大于 1000 后，性能提升不明显，即运算时间趋于平稳，这证实了 Batch-CPU 算法和 Naive-CPU 算法拥有一样的时间复杂度。与此相对，关系矩阵的内存消耗急剧上升。而决策矩阵消耗的内存保持不变，这与 Batch-CPU 算法的空间复杂度分析对应。这些结果可以很直观地帮助我们设置合理的块尺寸，兼顾性能的同时使用更少的内存。我们同样测试在块尺寸为 130064 的 Batch-CPU 算法和 Naive-CPU 算法，结果均是 "内存溢出" 的错误。分析其原因，因为 MiniBooNE 有 130064 个样本，根据算法 7.3.1 的空间复杂度分析，需要 n^2 来存储关系矩阵，这意味着需要 130064^2B($\approx$15.75 GB)，而主机内存只有 8GB。

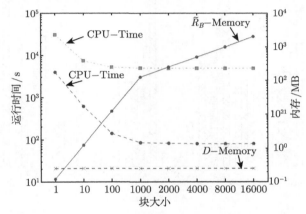

图 7-5   批处理方法在 GPU Tesla K20m 和 CPU 上随块尺寸变化的平均运行时间比较图以及相应的 $\tilde{R}_B$ 和 D 内存消耗

7.5.3 GPU 算法的性能

本节比较表 7-4 中 9 个小数据集上基于 CPU 和 GPU 算法的性能。图 7-6 显示了 CPU 和 4 种 GPU 上的平均运行时间。对于每个 GPU，结果为总体运行时间，包括所有的计算、数据传输等。相应地，表 7-5 给出了加速比 $\Big($speedup $= \dfrac{\text{GPU上运行时间}}{\text{GPU上运行时间}}\Big)$。与 CPU 实现相比，在不同的 GPU 设备上实现获得了平均 23.96x~84.87x(23.96~84.87 倍) 的性能提升 (GeForce GTX285 < Tesla C2075 < GeForce GTX480 < Tesla K20m)。特别地，在数据集 SVD1 上，在 4 种 GPU 设备上分别获得了 96.47x、291.74x、230.27x、345.37x 的加速比，而在数据集 Ionosphere 上只获得了 4.87x~6.74x 的加速比。一个可能的原因是 SVD1 包含了更多的样本，而 Ionosphere 的样本数不多。同时，我们也观察到 GeForce GTX480 在数据集 Magic 和 Ionosphere 的性能比 Tesla K20m 要好。第一，我们发现这两个数据集的属性全为数值型。在处理此类属性时，两两之间的距离会被先计算，进而构建关系矩阵。在我们的实验中，通过遍历所有属性来计算两两的距离。为了加速这个过程，我们设置了判断，若当前的距离已经大于 δ，则遍历将被停止，因为对应的关系矩阵上的元素可以确定为 0。这种加速使得在一个 warp(32 线程，每一个用于计算一对样本之间的距离) 中会不合拍。就是只有一个线程在运行，其他 31 个线程已经完

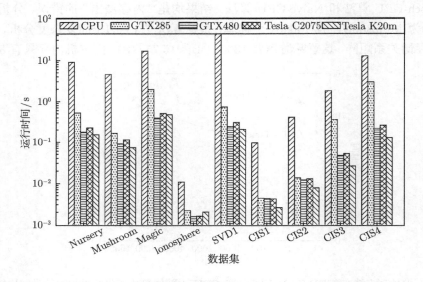

图 7-6　CPU 和多种类型 GPU 上的平均运行时间

表 7-5　加速比

数据集	CPU	GPU			
		GeForce GTX285	GeForce GTX480	Tesla C2075	Tesla K20m
Nursery	1.0	16.96	50.25	39.47	59.02
Mushroom	1.0	27.46	50.08	40.18	62.41
Magic	1.0	8.47	41.55	32.15	34.55
Ionosphere	1.0	4.87	6.74	6.61	5.23
SVD1	1.0	96.47	291.74	230.27	345.37
CIS1	1.0	21.84	22.09	22.60	36.59
CIS2	1.0	30.37	34.09	32.08	53.70
CIS3	1.0	4.98	38.43	34.84	68.35
CIS4	1.0	4.25	57.53	47.65	98.60
平均	**1.0**	**23.96**	**65.83**	**53.98**	**84.87**

成，整个 warp 依然处于激活状态。这样就会引起计算资源的闲置或浪费。第二，这两种 GPU 设备其内部结构有所不同，此外，GeForce GTX480 的主频约为 Tesla K20m 的两倍，这也可能使得其在任务不大的情况下表现略微出色。

7.5.4 Multi-GPU 算法的性能

本节验证提出的基于 Multi-GPU 算法的有效性。该实验使用了表 7-4 中的两个大数据集 P53-old 和 P53-new，及多个 Tesla K20m GPU 设备。特别地，这两个数据集具有样本数多、特征维数高等特点，而且所有属性均为数值型。这里选择第 2 章介绍的 1 范数 (1-norm)、2 范数 (2-norm) 和无穷范数 (infinite-norm)。同时，设置了不同的邻域半径，即 $\delta = 0.3$，$\delta = 0.6$，$\delta = 0.9$。

表 7-6 给出了 CPU、Single-GPU、8-GPUs 在不同数据集上的平均运行时间。与 CPU 实现相比，Single-GPU 在 1 范数、2 范数和无穷范数上分别获得了 46.58x～60.10x、35.75x～52.90x、26.38x～46.86x 的加速比。而 8-GPUs 的实现更是获得了高达 164.02x～334.90x 的性能加速。更直观地，图 7-7 给出了平均运行时间及相应的加速比。可以发现，随着 δ 的增大，运行时间在这三种度量上也逐渐提升。同样地，在这两个数据集上，运行时间随着 GPU 设备数的提升而减小，加速比非常显著。特别地，在无穷范数的实验上几乎获得了线性加速比 (理想加速比)。这些证明了本书提出的 Multi-GPU 算法的有效性。

表 7-6　平均运行时间 (单位：秒) 及加速比

度量 (距离函数)	架构	P53-old			P53-new		
		$\delta = 0.3$	$\delta = 0.6$	$\delta = 0.9$	$\delta = 0.3$	$\delta = 0.6$	$\delta = 0.9$
1-norm	CPU	175.79s	223.26s	252.10s	611.56s	808.54s	926.55s
	Single-GPU	3.22s	4.28s	5.41s	9.79s	13.45s	16.36s
	Speedup	**54.64x**	**52.13x**	**46.58x**	**62.49x**	**60.10x**	**56.63x**
	8-GPUs	0.74s	0.89s	1.03s	2.04s	2.52s	2.96s
	Speedup	**237.66x**	**250.98x**	**243.81x**	**300.47x**	**320.36x**	**313.20x**
2-norm	CPU	297.23s	424.34s	552.75s	1129.11s	1481.03s	1859.49s
	Single-GPU	6.54s	10.61s	15.46s	21.34s	31.17s	43.11s
	Speedup	**45.48x**	**40.01x**	**35.75x**	**52.90x**	**47.52x**	**43.14x**
	8-GPUs	1.23s	1.83s	2.60s	3.72s	5.08s	6.95s
	Speedup	**240.73x**	**232.00x**	**212.50x**	**303.45x**	**291.58x**	**267.65x**
infinite-norm	CPU	339.91s	979.49s	5039.92s	1265.22s	3215.32s	19269.80s
	Single-GPU	8.78s	37.13s	123.88s	27.00s	104.85s	449.30s
	Speedup	**38.73x**	**26.38x**	**40.68x**	**46.86x**	**30.67x**	**42.89x**
	8-GPUs	1.60s	5.97s	16.37s	4.57s	15.18s	57.54s
	Speedup	**211.98x**	**164.02x**	**307.82x**	**276.65x**	**211.76x**	**334.90x**

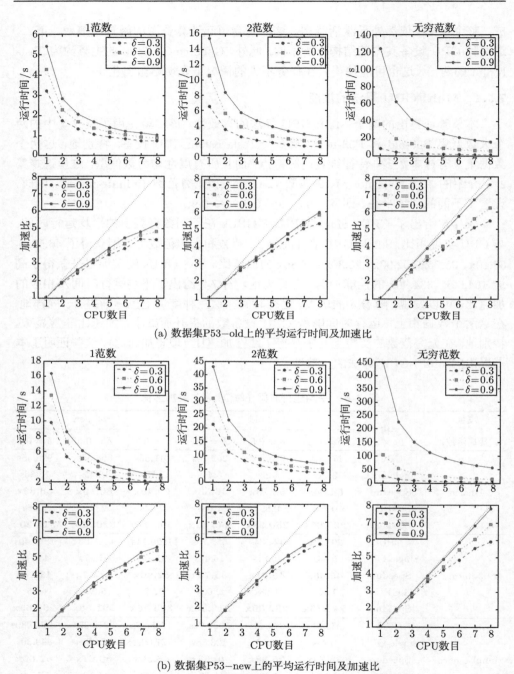

(a) 数据集P53−old上的平均运行时间及加速比

(b) 数据集P53−new上的平均运行时间及加速比

图 7-7　随 δ、度量、GPU 设备数变化的平均运行时间及加速比

7.6 本 章 小 结

在本章中，为应对复杂数据，首先提出了复合关系和复合粗糙集模型。接着给出了计算近似集的布尔矩阵表示方法。利用矩阵操作的特性，提出了基于矩阵的并行方法，用于关系矩阵的构建及上近似集、下近似集的计算。为应对海量、高维数据，本章提出了基于 GPU 的并行计算近似集的算法。进一步地，给出了基于 Multi-GPU 的并行计算近似集的算法。相关的算法在多种不同类型的 GPU 及 GPU 集群上进行实验验证。

(1) 在数据集 MiniBooNE 上，串行算法 (算法 7.3.1) 因其 $O(n^2)$ 的空间复杂度，使得程序"内存溢出"以致在现有的内存下无法计算。改进的批处理算法 (算法 7.3.2) 很好地解决了这个问题，通过控制块尺寸，可以有效控制内存开销，并在 CPU 和 GPU 上均取得不错的性能 (详见 7.5.2 节)。

(2) 在 9 个小数据集上，相比于基于 CPU 的近似集计算算法，基于 GPU 的近似集计算算法的性能显著提升。在四种不同的 GPU 上均取得优异的加速比。其中，在数据集 SVD1 上最为明显，在 GPU 设备 GeForce GTX285、GeForce GTX480、Tesla C2075 和 Tesla K20m 上分别获得了 96.47 倍、291.74 倍、230.27 倍和 345.37 倍的加速比。

(3) 在高维数据集 P53-old、P53-new 上，相比于基于 CPU 的近似集计算算法，基于 Multi-GPU 的近似集计算算法的性能又上了一个台阶，获得了高达 334.90 倍的加速比。

参 考 文 献

[1] Gantz J, Reinsel D. The digital universe in 2020: Big data, bigger digital shadows and biggest growth in the far east. IDC iView: IDC Analyze the Future, 2012: 1-7.

[2] 王成红, 陈伟能, 张军, 等. 大数据技术与应用中的挑战性科学问题. 中国科学基金, 2014, 28(2): 92-98.

[3] 李国杰, 程学旗. 大数据研究未来科技及经济社会发展的重大战略领域 —— 大数据的研究现状与科学思考. 中国科学院院刊, 2012, 27(6): 647-657.

[4] Labrinidis A, Jagadish H. Challenges and opportunities with big data// Proceedings of the VLDB Endowment, 2012, 5(12): 2032-2033.

[5] Vivien M. Biology: The big challenges of big data. Nature, 2013, 498(7453): 255-260.

[6] Staff S. Dealing with data: Challenges and opportunities. Science, 2011, 331(6018): 692-693.

[7] Thanos C, Manegold S, Kersten M. Big Data. Ercim News, 2012.

[8] 李国杰. 大数据研究的科学价值. 中国计算机学会通讯, 2012, 8(9): 8-15.

[9] Ghemawat S, Gobioff H, Leung S T. The google file system//Proceedings of the Nineteenth ACM Symposium on Operating Systems Principles, 2003: 29-43.

[10] Dean J, Ghemawat S. MapReduce: Simplified data processing on large clusters. Communications of the ACM, 2008, 51(1): 107-113.

[11] Chang F, Dean J, Ghemawat S. Bigtable: A distributed storage system for structured data. ACM Transactions on Computer Systems, 2008, 26(2): 1-26.

[12] Malewicz G, Austern M H, Bik A J. Pregel: A system for large-scale graph processing//Proceedings of the 2010 ACM SIGMOD International Conference on Management of Data, 2010: 135-146.

[13] Low Y, Bickson D, Gonzalez J. Distributed GraphLab: A framework for machine learning and data mining in the cloud//Proceedings of the VLDB Endowment, 2012, 5(8): 716-727.

[14] Zaharia M, Das T, Li H. Discretized streams: Fault-tolerant streaming computation at scale//Proceedings of the 24th ACM Symposium on Operating Systems Principles, 2013: 423-438.

[15] 周傲英, 金澈清, 王国仁, 等. 不确定性数据管理技术研究综述. 计算机学报, 2009, 32(1): 1-16.

[16] 王国胤, 张清华, 马希骛, 等. 知识不确定性问题的粒计算模型. 软件学报, 2011, 22(4): 676-694.

[17] Zadeh L A. Fuzzy sets. Information and Control, 1965, 8(3): 338-353.

[18] Pawlak Z. Rough sets. International Journal of Information and Computer Science, 1982, 11(5): 341-356.

[19] 李德毅, 刘常昱, 杜鹢, 等. 不确定性人工智能. 软件学报, 2004, 15(11): 1583-1594.

[20] Leung C K S, Hayduk Y. Mining frequent patterns from uncertain data with MapReduce for big data analytics. Database Systems for Advanced Applications, 2013: 440-455.

[21] Zhang J B, Li T R, Ruan D, et al. A parallel method for computing rough set approximations. Information Sciences, 2012, 194: 209-223.

[22] López V, del Río S, Benitez J M. Cost-sensitive linguistic fuzzy rule based classification systems under the MapReduce framework for imbalanced big data. Fuzzy Sets and Systems, 2015, 258: 5-38.

[23] Wang H, Nie F P, Huang H. Heterogeneous visual features fusion via sparse multimodal machine//Proceedings of the 2013 IEEE Conference on Computer Vision and Pattern Recog-

nition, 2013: 3097-3102.

[24] Meng L, Tan A H, Xu D. Semi-supervised heterogeneous fusion for multimedia data co-clustering. IEEE Transactions on Knowledge and Data Engineering, 2014, 26(9): 2293-2306.

[25] Wu X X, Wang H, Liu C W. Cross-view action recognition over heterogeneous feature spaces//Proceedings of the 2013 IEEE International Conference on Computer Vision, 2013: 609-616.

[26] Zhuang F Z, Luo P, Shen Z Y. Mining distinction and commonality across multiple domains using generative model for text classification. IEEE Transactions on Knowledge and Data Engineering, 2012, 24(11): 2025-2039.

[27] Bandara H D, Jayasumana A P. Distributed, multi-user, multi-application and multi-sensor data fusion over named data networks. Computer Networks, 2013, 57(16): 3235-3248.

[28] Liu L, Yu M Y, Shao L. Multiview alignment hashing for efficient image search. IEEE Transactions on Image Processing, 2015, 24(3): 956-966.

[29] Quellec G, Lamard M, Cazuguel G. Case retrieval in medical databases by fusing heterogeneous information. IEEE Transactions on Medical Imaging, 2011, 30(1): 108-118.

[30] Yu S, Tranchevent L C, Liu X. Optimized data fusion for kernel k-means clustering. IEEE Transactions on Pattern Analysis and Machine Intelligence, 2012, 34(5): 1031-1039.

[31] Wu X, Zhu X, Wu G Q. Data mining with big data. IEEE Transactions on Knowledge and Data Engineering, 2014, 26(1): 97-107.

[32] Zhang S C, You X F, Jin Z. Mining globally interesting patterns from multiple databases using kernel estimation. Expert Systems with Applications, 2009, 36(8): 10863-10869.

[33] Bellogín A, Cantador I, Castells P. A comparative study of heterogeneous item recommendations in social systems. Information Sciences, 2013, 221: 142-169.

[34] Deng T Q, Xie W. Granule-view based feature extraction and classification approach to color image segmentation in a manifold space. Neurocomputing, 2013, 99: 46-58.

[35] Eiter T, Fink M, Schuller P. Finding explanations of inconsistency in multicontext systems. Artificial Intelligence, 2014, 216: 233-274.

[36] Hua M, Pei J. Clustering in applications with multiple data sources-a mutual subspace clustering approach. Neurocomputing, 2012, 92: 133-144.

[37] Lin Y J, Hu X G, Li X M. Mining stable patterns in multiple correlated databases. Decision Support Systems, 2013, 56: 202-210.

[38] Lin Y J, Hu X G, Wu X D. Ensemble learning from multiple information sources via label propagation and consensus. Applied Intelligence, 2014, 41(1): 30-41.

[39] Mehenni T, Moussaoui A. Data mining from multiple heterogeneous relational databases using decision tree classification. Pattern Recognition Letters, 2012, 33(13): 1768-1775.

[40] Shi X X, Liu Q, Fan W. Transfer across completely different feature spaces via spectral embedding. IEEE Transactions on Knowledge and Data Engineering, 2013, 25(4): 906-918.

[41] Xiang S, Yuan L, Fan W. Bi-level multi-source learning for heterogeneous block-wise missing data. NeuroImage, 2014, 102: 192-206.

[42] Cai B P, Liu Y H, Fan Q. Multi-source information fusion based fault diagnosis of ground-source heat pump using Bayesian network. Applied Energy, 2014, 114: 1-9.

[43] Du P J, Liu S C, Xia J S. Information fusion techniques for change detection from multi-temporal remote sensing images. Information Fusion, 2013, 14(1): 19-27.

[44]   Gao J, Liang F, Fan W. A graph-based consensus maximization approach for combining multiple supervised and unsupervised models. IEEE Transactions on Knowledge and Data Engineering, 2013, 25(1): 15-28.

[45]   Gómez-Romero J, Serrano M A, Garcia J. Context-based multi-level information fusion for harbor surveillance. Information Fusion, 2015, 21: 173-186.

[46]   Mnatsakanyan Z R, Burkom H S, Hashemian M R. Distributed information fusion models for regional public health surveillance. Information Fusion, 2012, 13(2): 129-136.

[47]   Ribeiro R A, Falcao A, Mora A. FIF: A fuzzy information fusion algorithm based on multi-criteria decision making. Knowledge-Based Systems, 2014, 58: 23-32.

[48]   Solano M A, Ekwaro-osire S, Tanik M M. High-Level fusion for intelligence applications using recombinant cognition synthesis. Information Fusion, 2012, 13(1): 79-98.

[49]   Zhang Y N, Zhang H C, Nasrabadi N M. Multi-metric learning for multisensor fusion based classification. Information Fusion, 2013, 14(4): 431-440.

[50]   Zitnik M, Zupan B. Data fusion by matrix factorization. IEEE Transactions on Pattern Analysis and Machine Intelligence, 2015, 37(1): 41-53.

[51]   Chen Z H, Lin T Y, Xie G. Knowledge approximations in binary relation: Granular computing approach. International Journal of Intelligent Systems, 2013, 28(9): 843-864.

[52]   Peng J J, Li Y N, Li R M, et al. Multimodal finger feature fusion and recognition based on delaunay triangular granulation//Proceedings of the 6th Chinese Conference on Pattern Recognition, 2014: 303-310.

[53]   Song M L, Pedrycz W. Granular neural networks: Concepts and development schemes. IEEE Transactions on Neural Networks and Learning Systems, 2013, 24(4): 542-553.

[54]   Tan A H, Li J J, Lin G P. Connections between covering-based rough sets and concept lattices. International Journal of Approximate Reasoning, 2015, 56: 43-58.

[55]   Tang X Q, Zhu P. Hierarchical clustering problems and analysis of fuzzy proximity relation on granular space. IEEE Transactions on Fuzzy Systems, 2013, 21(5): 814-824.

[56]   Wang C Z, Shao M W, Sun B Q, et al. An improved attribute reduction scheme with covering based rough sets. Applied Soft Computing, 2015, 26: 235-243.

[57]   Yang X B, Qian Y H, Yang J Y. On characterizing hierarchies of granulation structures via distances. Fundamenta Informaticae, 2013, 123(3): 365-380.

[58]   Zhang H Y, Pedrycz W, Miao D Q. From principal curves to granular principal curves. IEEE Transactions on Cybernetics, 2014, 44(6): 748-760.

[59]   Zhang X Y, Dai J H, Yu Y C. On the union and intersection operations of rough sets based on various approximation spaces. Information Sciences, 2015, 292: 214-229.

[60]   Bargiela A, Pedrycz W. Toward a theory of granular computing for human-centered information processing. IEEE Transactions on Fuzzy Systems, 2008, 16(2): 320-330.

[61]   Calegari S, Ciucci D. Granular computing applied to ontologies. International Journal of Approximate Reasoning, 2010, 51(4): 391-409.

[62]   Castillo C, Yao Y. EvalWare: Granular computing for web applications. IEEE Signal Processing Magazine, 2008, 25(2): 142-144.

[63]   Chen M, Chen L, Hsu C. An information granulation based data mining approach for classifying imbalanced data. Information Sciences, 2008, 178(16): 3214-3227.

[64]   Chen Y, Yao Y. A multiview approach for intelligent data analysis based on data operators.

Information Sciences, 2008, 178(1): 1-20.

[65] Dai P, Ana L, Passoni L, et al. Evaluation of laser dynamic speckle signals applying granular computing. Signal Processing, 2009, 89(3): 266-274.

[66] Herbert J P, Yao J T. A granular computing framework for self-organizing maps. Neurocomputing, 2009, 72(13-15): 2865-2872.

[67] Lin T. Granular computing, practices, theories and future directions// Meyers R A. Encyclopedia on Complexity and Systems. Berlin: Springer, 2009: 4339-4355.

[68] Liu H, Xiong S, Fang Z. FL-GrCCA: A granular computing classification algorithm based on fuzzy lattices. Computers & Mathematics with Applications, 2011, 61(1): 138-147.

[69] Panoutsos G, Mahdi M. A neural-fuzzy modelling framework based on granular computing: Concepts and applications. Fuzzy Sets and Systems, 2010, 161(21): 2808-2830.

[70] Pedrycz W. The design of cognitive maps: A study in synergy of granular computing and evolutionary optimization. Expert Systems with Applications, 2010, 37(10): 7288-7294.

[71] Qian Y H, Liang J Y, Dang C Y. Knowledge structure, knowledge granulation and knowledge distance in a knowledge base, International Journal of Approximate Reasoning, 2009, 50(1): 174-188.

[72] Qiu T, Liu Q, Huang H. A Granular computing approach to knowledge discovery in relational databases. Acta AutomaticaSinica, 2009, 35(8): 1071-1079.

[73] Wu W Z, Leung Y, Mi J S. Granular computing and knowledge reduction in formal contexts. IEEE Transactions on Knowledge and Data Engineering, 2009, 21(10): 1461-1474.

[74] Yager R. Intelligent social network analysis using granular computing. International Journal of Intelligent Systems, 2008, 23(11): 1197-1220.

[75] Yao Y Y. Interpreting concept learning in cognitive informatics and granular computing. IEEE Transactions on Systems, Man and Cybernetics, Part B: Cybernetics, 2009, 39(4): 855-866.

[76] Zheng Z, Hu H, Shi Z. Tolerance relation based information granular space. Lecture Notes in Computer Science, 2005, 3641: 682-691.

[77] Zhu W, Wang F. On three types of covering rough sets. IEEE Transactions on Knowledge and Data Engineering, 2007, 19(8): 1131-1144.

[78] Zhu X, Huang Z. Conceptual modeling rules extracting for data streams. Knowledge-Based Systems, 2008, 21(8): 934-940.

[79] 仇国芳, 马建敏, 杨宏志, 等. 概念粒计算系统的数学模型. 中国科学 (E 辑: 信息科学), 2009, 39(12): 1239-1247.

[80] 梁吉业, 钱宇华. 信息系统中的信息粒与熵理论. 中国科学 E 辑: 信息科学, 2008, 38(12): 2048-2065.

[81] 苗夺谦, 王国胤, 刘清, 等. 粒计算: 过去、现在与展望. 北京: 科学出版社, 2007.

[82] 徐久成, 史进玲, 张倩倩. 基于粒计算的序决策规则提取算法. 模式识别与人工智能, 2009, 22(4): 660-665.

[83] 张铃, 张钹. 基于商空间的问题求解: 粒度计算的理论基础. 北京: 清华大学出版社, 2014.

[84] Skowron A, Wasilewski P. Information systems in modeling interactive computations on granules. Theoretical Computer Science, 2011, 412(42): 5939-5959.

[85] 吴伟志, 高仓健, 李同军. 序粒度标记结构及其粗糙近似. 计算机研究与发展, 2014, 51(12): 2623-2632.

[86] Zhang Q H, Wang J, Wang G Y, et al. The approximation set of a vague set in rough approximation space. Information Sciences, 2015, 300: 1-19.

[87]   Liu G L, Zhu K. The relationship among three types of rough approximation pairs. Knowledge-Based Systems, 2014, 60: 28-34.

[88]   Qian Y H, Zhang H, Li F J, et al. Set-based granular computing: A lattice model. International Journal of Approximate Reasoning, 2014, 55(3): 834-852.

[89]   Xu W H, Pang J Z, Luo S Q. A novel cognitive system model and approach to transformation of information granules. International Journal of Approximate Reasoning, 2014, 55(3): 853-866.

[90]   Yao Y Q, Mi J S, Li Z J. A novel variable precision fuzzy rough set model based on fuzzy granules. Fuzzy Sets and Systems, 2014, 236: 58-72.

[91]   Zhang X Y, Miao D Q. An expanded double-quantitative model regarding probabilities and grades and its hierarchical double-quantitative attribute reduction. Information Sciences, 2015, 299: 312-336.

[92]   Li J H, Mei C L, Xu W H, et al. Concept learning via granular computing: A cognitive viewpoint. Information Sciences, 2015, 298: 447-467.

[93]   Wang G Y, Ma X A, Yu H. Monotonic uncertainty measures for attribute reduction in probabilistic rough set model. International Journal of Approximate Reasoning, 2015, 59: 41-67.

[94]   Jankowski A, Skowron A, Swiniarski R W. Perspectives on uncertainty and risk in rough sets and interactive rough-granular computing. Fundamenta Informaticae, 2014, 129: 69-84.

[95]   Dai J H, Tian H W. Entropy measures and granularity measures for set-valued information systems. Information Sciences, 2013, 240(0): 72-82.

[96]   Huang B, Zhuang Y L, Li H X. Information granulation and uncertainty measures in interval-valued intuitionistic fuzzy information systems. European Journal of Operational Research, 2013, 231(1): 162-170.

[97]   Sun L, Xu J C, Tian Y. Feature selection using rough entropy-based uncertainty measures in incomplete decision systems. Knowledge-Based Systems, 2012, 36: 206-216.

[98]   Adrian R S, George P. Granular computing neural-fuzzy modeling: A neutrosophic approach. Applied Soft Computing, 2013, 13(9): 4010-4021.

[99]   Pedrycz W. Allocation of information granularity in optimization and decision making models: Towards building the foundations of granular computing. European Journal of Operational Research, 2014, 232(1): 137-145.

[100] Pedrycz W, AI-Hmouz R, Balamash A S, et al. Designing granular fuzzy models: A hierarchical approach to fuzzy modeling. Knowledge-Based Systems, 2015, 76: 42-52.

[101] Zhang J B, Li T R, Zia R M, et al. An approach for selection of the proper level of granularity in granular computing// 9th International FLINS Conference on Computational Intelligence: Foundations and Applications, 2010: 722-727.

[102] Wu W Z, Leung Y. Optimal scale selection for multi-scale decision tables. International Journal of Approximate Reasoning, 2013, 54(8): 1107-1129.

[103] Gacek A. Granular modeling of signals: A framework of granular computing. Information Sciences, 2013, 221: 1-11.

[104] Liu Y C, Li D Y, He W, et al. Granular computing based on Gaussian cloud transformation. Fundamenta Informaticae, 2013, 127(1-4): 385-398.

[105] Zhu P F, Hu Q H. Adaptive neighborhood granularity selection and combination based on margin distribution optimization. Information Sciences, 2013, 249: 1-12.

[106] Zhu P F, Hu Q H, Zuo W M, et al. Multi-granularity distance metric learning via neighborhood granule margin maximization. Information Sciences, 2014, 282: 321-331.

[107] Yang X B, Qi Y S, Song X N. Test cost sensitive multigranulation rough set: Model and minimal cost selection. Information Sciences, 2013, 250: 184-199.

[108] Zhang J B, Li T R, Teng F, et al. gMapReduce: A Self-adaption MapReduce Framework Based on Granular Computing//Proceedings of the 11th International FLINS Conference, 2014: 639-644.

[109] Qian Y H, Li S Y, Liang J Y, et al. Pessimistic rough set based decisions: A multigranulation fusion strategy. Information Sciences, 2014, 264: 196-210.

[110] Yang H L, Li S G, Guo Z L, et al. Transformation of bipolar fuzzy rough set models. Knowledge-Based Systems, 2012, 27: 60-68.

[111] Leite D, Costa P, Gomide F. Evolving granular neural networks from fuzzy data streams. Neural Networks, 2013, 38: 1-16.

[112] Feng T, Zhang S P, Mi J S. The reduction and fusion of fuzzy covering systems based on the evidence theory. International Journal of Approximate Reasoning, 2012, 53(1): 87-103.

[113] Pawlak Z. Rough Sets: Theoretical Aspects of Reasoning about Data. Norwell, USA: Kluwer Academic Publishers, 1991.

[114] Yao Y Y. The superiority of three-way decisions in probabilistic rough set models. Information Sciences, 2011, 181: 1080-1096.

[115] Deng X F, Yao Y Y. Decision-theoretic three-way approximations of fuzzy sets. Information Sciences, 2014, 279: 702-715.

[116] Yao Y Y. Probabilistic rough set approximations. International Journal of Approximate Reasoning, 2008, 49(2): 255-271.

[117] Pawlak Z, Wong S K M, Ziarko W. Rough sets: Probabilistic versus deterministic approach. International Journal of Man-Machine Studies, 1988, 29: 81-95.

[118] Yao Y Y, Wong S K M. A decision theoretic framework for approximating concepts. International Journal of Man-Machine Studies, 1992, 37: 793-809.

[119] Yao Y Y. Three-way decisions with probabilistic rough sets. Information Sciences, 2010, 180: 341-353.

[120] Ziarko W. Varable presicion rough set model. Journal of Computer and System Sciences, 1993, 46: 39-59.

[121] Slezak D, Ziarko W. The investigation of the Bayesian rough set model. International Journal of Approximate Reasoning, 2005, 40: 81-91.

[122] Herbert J P, Yao J T. Criteria for choosing a rough set model. Computer and Mathematics with Application, 2009, 57: 908-918.

[123] Liu D, Li T R, Liang D C. Three-way decisions in stochastic decision-theoretic rough sets. LNCS Transactions on Rough Sets, 2014, 18: 110-130.

[124] Liang D C, Liu D. Systematic studies on three-way decisions with interval-valued decision-theoretic rough sets. Information Sciences, 2014, 276: 186-203.

[125] Greco S, Matarazzo B, Slowinski R. Rough approximation of a preference relation by dominance relations. European Journal of Operational Reasearch, 1999, 117(1): 63-83.

[126] Inuiguchi M, Yoshioka Y, Kusunoki Y. Variable-precision dominance-based rough set approach and attribute reduction. International Journal of Approximate Reasoning, 2009, 50(8): 1199-

1214.

[127] Hu Q H, Yu D R, Guo M Z. Fuzzy preference based rough sets. Information Sciences, 2010, 180: 2003-2022.

[128] Kotlowski W, Dembczynski K, Greco S, et al. Stochastic dominance based rough set model for ordinal classification. Information Sciences, 2008, 178(21): 4019-4037.

[129] Huang B, Li H X, Wei D K. Dominance-based rough set model in intuitionistic fuzzy information systems. Knowledge-Based Systems, 2012, 28: 115-123.

[130] Kadzinski M, Greco S, Slowinski R. Robust ordinal regression for dominance-based rough set approach to multiple criteria sorting. Information Sciences, 2014, 283: 211-228.

[131] Twala B E T H, Jones M C, Hand D J. Good methods for coping with missing data in decision trees. Pattern Recognition Letters, 2008, 29(7): 950-956.

[132] 武森, 冯小东, 单志广. 基于不完备数据聚类的缺失数据填补方法. 计算机学报, 2012, 35(8): 1726-1738.

[133] Wu W Z. Attribute reduction based on evidence theory in incomplete decision systems. Information Sciences, 2008, 178(5): 1355-1371.

[134] Qian Y H, Liang J Y, Dang C Y. Incomplete multigranulation rough set. IEEE Transactions on Systems, Man and Cybernetics-Part A: Systems and Humans, 2010, 40(2): 420-431.

[135] Kryszkiewicz M. Rough set approach to incomplete informtaion systems. Information Sciences, 1998, 112: 39-49.

[136] Stefanowski J, Tsoukias A. On the extension of rough sets under incomplete information//Proceedings of the 7th International Workshop on New Directions in Rough Sets, Data Mining and Granular Soft Computing, Berlin: Springer-Verlag, 1999: 73-81.

[137] Stefanowski J. Incomplete information tables and rough classification. Computational Intelligence, 2001, 17(3): 546-564.

[138] 王国胤. Rough 集理论在不完备信息系统中的扩充. 计算机研究与发展, 2002, 39(10): 1238-1243.

[139] Grzymala-Busse J W. Characteristic relations for incomplete data: A generalization of the indiscernibility relation. Transactions on Rough Sets IV, 2005: 58-68.

[140] Grzymala-Busse J W, Clark P G, Kuehunhausen M. Generalized probabilistic approximations of incomplete data. International Journal of Approximate Reasoning, 2014, 55: 180-196.

[141] 吴陈, 杨习贝, 傅凡. 基于全相容性粒度的粗糙集模型. 系统工程学报, 2006, 21(3): 292-298.

[142] 黄兵, 周献中. 不完备信息系统中基于联系度的粗糙集模型拓展. 系统工程理论与实践, 2004, 24(1): 88-92.

[143] 杨习贝, 杨静宇, 於东军, 等. 不完备信息系统中的可变精度分类粗糙集模型. 系统工程理论与实践, 2008, 28(5): 116-121.

[144] Yang X B, Yang J Y, Wu C, et al. Dominance-based rough set approach and knowledge reductions in incomplete ordered informtaion system. Information Sciencs, 2008, 178(4): 1219-1234.

[145] Yang X P, Lu Z J, Li T J. Decision-theoretic rough sets in incomplete information system. Fundamenta Informaticae, 2013, 126(4): 353-375.

[146] Zhang W X, Mi J S. Incomplete information system and its optimal selections. Computers and Mathematics with Applications, 2004, 48: 691-698.

[147] Guan Y Y, Wang H K. Set-valued information systems. Information Sciences, 2006, 176: 2507-2525.

[148] Qian Y H, Dang C Y, Liang J Y, et al. Set-valued ordered informationsystems. Information Sciences, 2009, 179: 2809-2832.

[149] 宋笑雪, 张文修. 不协调集值决策信息系统的属性约简. 计算机工程与应用, 2009, 45(1): 33-35.

[150] 管延勇, 王洪凯, 史开泉. 集值信息系统及其属性约简. 数学的实践与认识, 2008, 38(2): 101-107.

[151] Qian Y H, Liang J Y, Dang C Y. Interval ordered information systems. Computers and Mathematics with Applications, 2008, 56(8): 1994-2009.

[152] Yang X B, Yu D J, Yang J Y, et al. Dominance-based rough set approach to incomplete interval-valued information system. Data & Knowledge Engineering, 2009, 68(11): 1331-1347.

[153] Huang B. Graded dominance interval-based fuzzy objective information systems. Knowledge-Based Systems, 2011, 24(7): 1004-1012.

[154] Leung Y, Fischer M M, Wu W Z, et al. A rough set approach for the discovery of classification rules in interval-valued information systems. International Journal of Approximate Reasoning, 2008, 47: 233-246.

[155] Gong Z T, Sun B Z, Chen D G. Fuzzy rough set theory for the interval-valued fuzzy information systems. Information Sciences, 2008, 178: 1968-1985.

[156] Han Y, Chen S. New roughness measures of the interval-valued fuzzy sets. Expert Systems with Applications, 2011, 38: 2849-2856.

[157] Zhang H Y, Leung Y, Zhou L. Variable-precision-dominance-based rough set approach to interval-valued information systems. Information Sciences, 2013, 244: 75-91.

[158] Li T J, Zhang W X. Rough fuzzy approximations on two universes of discourse. Information Sciences, 2008, 178(3): 892-906.

[159] Zhang H Y, Zhang W X, Wu W Z. On characterization of generalized interval-valued fuzzy rough sets on two universes of discourse. International Journal of Approximate Reasoning, 2009, 51(1): 56-70.

[160] Yan R X, Zheng J G, Liu J L, et al. Research on the model of rough set over dual-universes. Knowledge-Based Systems, 2010, 23: 817-822.

[161] Sun B Z, Ma W M. Fuzzy rough set model on two different universes and its application. Applied Mathematical Modelling, 2011, 35(4): 1798-1809.

[162] Dubois D, Prade H. Rough fuzzy sets and fuzzy rough sets. Journal of General Systems, 1990, 17(2-3): 191-209.

[163] Bodjanova S. Approximation of fuzzy concepts in decision making. Fuzzy Sets and Systems, 1997, 85(1): 23-29.

[164] Moris N N, Yakout M M. Axiomatics for fuzzy rough sets. Fuzzy Sets and Systems, 1998, 16: 327-342.

[165] Radzikowska A M, Kerre E E. A comparative study of fuzzy rough sets. Fuzzy Sets and Systems, 2002, 126: 137-156.

[166] Yeung D S, Chen D, Tsang E C C, et al. On the generalization of fuzzy rough sets. IEEE Transactions on Fuzzy Systems, 2005, 13(3): 343-361.

[167] Mi J S, Leung Y, Zhao H Y, et al. Generalized fuzzy rough sets determined by a triangular norm. Information Sciences, 2008, 178(16): 3203-3213.

[168] Liu G L. Axiomatic systems for rough sets and fuzzy rough sets. International Journal of Approximate Reasoning, 2008, 48(3): 857-867.

[169] Hu Q H, Zhang L, Chen D G, et al. Gaussian kernel based fuzzy rough sets: Model, uncertainty

measures and applications. International Journal of Approximate Reasoning, 2010, 51(4): 453-471.

[170] Liu X D, Pedrycz W, Chai T Y, et al. The development of fuzzy rough sets with the use of structures and algebras of axiomatic fuzzy sets. IEEE Transactions on Knowledge and Data Engineering, 2009, 21(3): 443-462.

[171] Zhang J B, Li T R, Ruan D. A parallel method for computing rough set approximations. Information Sciences, 2012, 194: 209-223.

[172] 张钧波, 李天瑞, 潘毅, 等. 云平台下基于粗糙集的并行增量知识更新算法. 软件学报, 2015, 26(5): 1064-1078.

[173] 钱进, 苗夺谦, 张泽华. 云计算环境下知识约简算法. 计算机学报, 2011, 12: 2332-2343.

[174] 钱进, 苗夺谦, 张泽华, 等. MapReduce 框架下并行知识约简算法模型研究. 计算机科学与探索, 2013, 7(1): 35-45.

[175] Qian J, Lv P, Yue X D, et al. Hierarchical attribute reduction algorithms for big data using MapReduce. Knowledge-Based Systems, 2015, 73: 18-31.

[176] Qian J, Miao D Q, Zhang Z H, et al. Parallel attribute reduction algorithms using MapReduce. Information Sciences, 2014, 279(0): 671-690.

[177] 徐菲菲, 雷景生, 毕忠勤, 等. 大数据环境下多决策表的区间值全局近似约简. 软件学报, 2014, 25(9): 2119-2135.

[178] Zhang J B, Wong J S, Li T R, et al. A comparison of parallel large-scale knowledge acquisition using rough set theory on different MapReduce runtime systems. International Journal of Approximate Reasoning, 2014, 55(3): 896-907.

[179] Zhang J B, Wong J S, Pan Y, et al. A parallel matrix-based method for computing approximations in incomplete information systems. IEEE Transactions on Knowledge and Data Engineering, 2015, 27(2): 326-339.

[180] Li S Y, Li T R, Zhang Z X, et al. Parallel computing of approximations in dominance-based rough sets approach. Knowledgebased Systems, 2015, 87: 102-111.

[181] Blaszczynski J, Slowinski R, Szelag M. Sequential covering rule induction algorithm for variable consistency rough set approaches. Information Sciences, 2011, 181(5): 987-1002.

[182] Chen Y M, Miao D Q, Wang R Z, et al. A rough set approach to feature selection based on power set tree. Knowledge-Based Systems, 2011, 24(2): 275-281.

[183] Hong T, Tseng L, Chien B. Mining from incomplete quantitative data by fuzzy rough sets. Expert Systems with Applications, 2010, 37(3): 2644-2653.

[184] Inuiguchi M, Miyajima T. Rough set based rule induction from two decision tables. European Journal of Operational Research, 2007, 181(3): 1540-1553.

[185] Kaneiwa K. A rough set approach to multiple dataset analysis. Applied Soft Computing, 2011, 11(2): 2538-2547.

[186] Miao D Q, Duan Q, Zhang H. Rough set based hybrid algorithm for text classification. Expert Systems with Applications, 2009, 36(5): 9168-9174.

[187] Wang X, Zhai J, Lu S. Induction of multiple fuzzy decision trees based on rough set technique. Information Sciences, 2008, 178(16): 3188-3202.

[188] Wu W Z, Zhang W X, Li H. Knowledge acquisition in incomplete fuzzy information systems via the rough set approach. Expert Systems, 2003, 20(5): 280-286.

[189] 梁吉业, 李德玉. 信息系统中的不确定性与知识获取. 北京: 科学出版社, 2005.

[190] Zhang J B, Li T R, Chen H M. Composite rough sets for dynamic data mining. Information Sciences, 2014, 257: 81-100.

[191] Liu D, Li T R, Zhang J B. A rough set-based incremental approach for learning knowledge in dynamic incomplete information systems. International Journal of Approximate Reasoning, 2014, 55(8): 1764-1786.

[192] 李天瑞. 基于粗糙集的知识动态更新中若干关键问题研究. 学术动态, 2008, 1: 39-40.

[193] Shan N, Ziarko W. Data-based acquisition and incremental modification of classification rules. Computational Intelligence, 1995, 11(2): 357-370.

[194] Zheng Z, Wang G. RRIA: A rough set and rule tree based incremental knowledge acquisition algorithm. Fundamenta Informaticae, 2004, 59(2-3): 299-313.

[195] Fan Y N, Tseng T L, Chern C C, et al. Rule induction based on an incremental rough set. Expert Systems with Applications, 2009, 36(9): 11439-11450.

[196] Liu D, Li T R, Ruan D. An incremental approach for inducing knowledge from dynamic information systems. Fundamenta Informaticae, 2009, 94(2): 245-260.

[197] Huang C C, Tseng T L, Fan Y N, et al. Alternative rule induction methods based on incremental object using rough set theory. Applied Soft Computing, 2013, 13(1): 372-389.

[198] Zhang J B, Li T R, Ruan D, et al. Neighborhood rough sets for dynamic data mining. International Journal of Intelligent Systems, 2012, 27: 317-342.

[199] Tong L Y, An L P. Incremental learning of decision rules based on rough set theory. The World Congress on Intelligent Control and Automation, 2002: 420-425.

[200] Liang J Y, Wang F, Dang C Y, et al. A group incremental approach to feature selection applying rough set technique. IEEE Transactions on Knowledge and Data Engineering, 2012, 26(2): 294-308.

[201] Ju H R, Yang X B, Song X N, et al. Dynamic updating multigranulation fuzzy rough set: Approximations and reducts. International Journal of Machine Learning and Cybernetics, 2014, 5(6): 981-990.

[202] Chen H M, Li T R, Ruan D, et al. A rough-set-based incremental approach for updating approximations under dynamic maintenance environments. IEEE Transactions on Knowledge and Data Engineering, 2013, 25(2): 274-284.

[203] Tsumoto S, Hirano S. Incremental induction of medical diagnostic rules based on incremental sampling scheme and sub rule layers. Fundamenta Informaticae, 2013, 127(1-4): 209-223.

[204] Li S Y, Li T R, Liu D. Dynamic maintenance of approximations in dominance-based rough set approach under the variation of the object set. International Journal of Intelligent Systems, 2013, 28: 729-751.

[205] Zeng A P, Li T R, Zhang J B, et al. Incremental maintenance of rough fuzzy set approximations under the variation of object set. Fundamenta Informaticae, 2014, 132(3): 401-422.

[206] Lang G M, Li Q G, Cai M J, et al. Incremental approaches to computing approximations of sets in dynamic covering approximation spaces//Proceedings of 9th International Conference on Rough Sets and Knowledge Technology, 2014: 510-521.

[207] Liang F, Sui Y F, Cao C G. An incremental decision tree algorithm based on rough sets and its application in intrusion detection. Artificial Intelligence, 2013, 40: 517-530.

[208] 钱文彬, 杨炳儒, 徐章艳, 等. 基于信息熵的核属性增量式高效更新算法. 模式识别与人工智能, 2013, 01: 42-49.

[209] Chan C C. A rough set approach to attribute generalization in data mining. Information Sciences, 1998, 107: 177-194.

[210] Li T R, Ruan D, Geert W, et al. A rough sets based characteristic relation approach for dynamic attribute generalization in data mining. Knowledge-Based Systems, 2007, 20(5): 485-494.

[211] Qian Y H, Liang J Y, Pedrycz W. Positive approximation: An accelerator for attribute reduction in rough set theory. Artificial Intelligence, 2010, 174(9-10): 597-618.

[212] Cheng Y. The incremental method for fast computing the rough fuzzy approximations. Data & Knowledge Engineering, 2011, 70(1): 84-100.

[213] Zhang J B, Li T R, Ruan D, et al. Rough sets based matrix approaches with dynamic attribute variation in set-valued information systems. International Journal of Approximate Reasoning, 2012, 53: 620-635.

[214] Li S Y, Li T R, Liu D. Incremental updating approximations in dominance-based rough sets approach under the variation of the attribute set. Knowledge-Based Systems, 2013, 40: 17-26.

[215] Shu W H, Shen H. Updating attribute reduction in incomplete decision systems with the variation of attribute set. International Journal of Approximate Reasoning, 2014, 55: 867-884.

[216] Wang F, Liang J Y, Qian Y H. Attribute reduction: A dimension incremental strategy. Knowledge-Based Systems, 2013, 39: 95-108.

[217] Zeng A P, Li T R, Liu D, et al. A fuzzy rough set approach for incremental feature selection on hybrid information systems fuzzy sets and systems. Fuzzy Sets and Systems, 2015, 258: 39-60.

[218] Yang X B, Qi Y S, Yu H L, et al. Updating multigranulation rough approximations with increasing of granular structures. Knowledge-Based Systems, 2014, 64: 59-69.

[219] Chen H M, Li T R, Qiao S J, et al. A rough set based dynamic maintenance approach for approximations in coarsening and refining attribute values. International Journal of Intelligent Systems, 2010, 25: 1005-1026.

[220] Chen H M, Li T R, Ruan D. Maintenance of approximations in incomplete ordered decision systems while attribute values coarsening or refining. Knowledge-Based Systems, 2012, 31: 140-161.

[221] Wang F, Liang J Y, Dang C Y. Attribute reduction for dynamic data sets. Applied Soft Computing, 2013, 13(1): 676-689.

[222] Li S Y, Li T R. Incremental update of approximations in dominance-based rough sets approach under the variation of attribute values. Information Sciences, 2015, 294: 348-361.

[223] Chen H M, Li T R, Luo C, et al. A rough set-based method for updating decision rules on attribute values'coarsening and refining. IEEE Transactions on Knowledge and Data Engineering, 2014, 26(12): 2886-2899.

[224] Qian Y H, Liang J Y, Yao Y Y, et al. MGRS: A multi-granulation rough set. Information Sciences, 2010, 180: 949-970.

[225] Hu Q H, Liu J F, Yu D R. Mixed feature selection based on granulation and approximation. Knowledge-Based Systems, 2008, 21(4): 294-304.

[226] Hu Q H, Yu D R, Liu J F, et al. Neighborhood rough set based heterogeneous feature subset selection. Information sciences, 2008, 178(18): 3577-3594.

[227] 胡清华, 于达仁, 谢宗霞. 基于邻域粒化和粗糙逼近的数值属性约简. 软件学报, 2008, 19(3): 640-649.

[228] Hu Q H, Xie Z X, Yu D R. Hybrid attribute reduction based on a novel fuzzy-rough model and information granulation. Pattern Recognition, 2007, 40: 3509-3521.

[229] An L P, Tong L Y. Rough approximations based on intersection of indiscernibility, similarity and outranking relations. Knowledge-Based Systems, 2010, 23: 555-562.

[230] Abu-Donia H M. Multi knowledge based rough approximations and applications. Knowledge-Based Systems, 2012, 26: 20-29.

[231] Chen H M, Li T R, Zhang J B, et al. Probabilistic composite rough set and attribute reduction// The seventh International Conference on Intelligent Systems and Knowledge Engineering, 2012: 189-197.

[232] Han J W, Kamber M, Pei J. Data mining (Third edition). San Francisco: Morgan Kaufmann Publishers, 2012.

[233] Dash M, Liu H. Feature selection for classification. Intelligent Data Analysis, 1997, 1(3): 131-156.

[234] 姚旭, 王晓丹, 张玉玺, 等. 特征选择方法综述. 控制与决策, 2012, 27(2): 161-166.

[235] Liang J Y, Chin K S, Dang C Y. A new method for measuring uncertainty and fuzziness in rough set theory. International Journal of General Systems, 2002, 31(4): 331-342.

[236] Liang J Y, Xu Z B. The algorithm on knowledge reduction in incomplete information systems. International Journal of Uncertainty Fuzziness and Knowledge-based Systems, 2002, 10(1): 95-103.

[237] Qian Y H, Liang J Y. Combination entropy and combination granulation in rough set theory. International Journal of Uncertainty Fuzziness and Knowledge-based Systems, 2008, 16(2): 179-193.

[238] Slezak D. Approximate entropy reducts. Fundamenta Informaticae, 2002, 53(3-4): 365-390.

[239] Pawlak Z, Skowron A. Rudiments of rough sets. Information Sciences, 2007, 177(1): 3-27.

[240] Grzymala-busse J W. LERS-A system for learning from examples based on rough sets. Theory and Decision Library, 1992: 3-18.

[241] Hu X H, Cercone N. Learning in relational databases: A rough set approach. Computational Intelligence, 1995, 11(2): 323-338.

[242] 王国胤, 于洪, 杨大春. 基于条件信息熵的决策表约简. 计算机学报, 2002, 25(7): 759-766.

[243] Marzena K. Comparative study of alternative types of knowledge reduction in inconsistent systems. International Journal of Intelligence Systems, 2001, 16(1): 105-120.

[244] 张文修, 米据生, 吴伟志. 不协调目标信息系统的知识约简. 计算机学报, 2003, 26(1): 12-18.

[245] Zhang W X, Mi J S, Wu W Z. Approaches to konwledge reductions in incomsistent systems. International Journal of Intelligence Systems, 2003, 18: 989-1000.

[246] Liang J Y, Shi Z Z. The information entropy, rough entropy and knowledge granulation in rough set theory. International Journal of Uncertainty. Fuzziness and Knowledge, 2004, 12(1): 37-46.

[247] Yao Y Y. Probabilistic approaches to rough sets. Expert Systems, 2003, 20(5): 287-297.

[248] 李沐. 大数据: 系统遇上机器学习. 中国计算机学会通讯, 2014, 10(12): 53-57.

[249] Newman D J, Hettich S, Blake C L. UCI Repository of machine learning databases. http://archive.ics.uci.edu/ml[1998].

[250] Chen H M, Li T R, Ruan D. Dynamic maintenance of approximations under a rough-set

based variable precision limited tolerance relation. Journal of Multiple-Valued Logic and Soft Computing, 2012, 18: 577-598.

[251] Dai J H, Wang W T, Tian H W, et al. Attribute selection based on a new conditional entropy for incomplete decision systems. Knowledge-Based Systems, 2013, 39: 207-213.

[252] Yang M, Yang P. A novel approach to improving C-Tree for feature selection. Applied Soft Computing, 2011, 11(2): 1924-1931.

[253] Yao Y Y, Zhao Y. Attribute reduction in decision-theoretic rough set models. Information Sciences, 2008, 178(17): 3356-3373.

[254] 杨明. 一种基于改进差别矩阵的属性约简增量式更新算法. 计算机学报, 2007, 30(5): 815-822.

[255] Yao Y Y, Zhao Y. Discernibility matrix simplication for constructing attribute reducts. Information Sciences, 2009, 179(5): 867-882.

[256] Herrera F, Herrera-Viedma E, Verdegay J L. A model of consensus in group decision making under linguistic assessments. Fuzzy Sets and Systems, 1996, 78: 73-87.

[257] Chen Y L, Hua H W, Tang K. Constructing a decision tree from data with hierarchical class labels. Expert Systems with Applications, 2009, 36: 4838-4847.

[258] Cerri R, Barros R C, Carvalho A C P L F D. Hierarchical multi-label classification using local neural networks. Journal of Computer and System Sciences, 2014, 80(1): 39-56.

[259] Qian Y H, Liang J Y, Li D Y, et al. Measures for evaluating the decision performance of a decision table in rough set theory. Information Sciences, 2008, 178(1): 181-202.

[260] Pawlak Z, Skowron A. Rough sets: Some extensions. Information Sciences, 2007, 177(1): 28-40.

[261] Liu G L. The axiomatization of the rough set upper approximation operations. Fundamenta Informaticae, 2006, 69(3): 331-342.

[262] Amdahl G M. Validity of the single processor approach to achieving large scale computing capabilities//Proceedings of 1967 Spring Joint Computer Conference, 1967: 483-485.

[263] NVIDIA Corporation. NVIDIA CUDA. http://www.nvidia.com/object/cuda_home_new.html[2013-12-20].

[264] NVIDIA Corporation. NVIDIA CUDA C programming guide, version 5.5. http://docs.nvidia.com/cuda/pdf/CUDA_C_Programming_Guide.pdf[2013-12-20].